高职高专机电类专业"十三五"课改教材

电机与 PLC 控制技术

主　编　王皓天　黄俊梅
副主编　罗丹妮　孟　卓

西安电子科技大学出版社

内 容 简 介

　　本书以模块化教学的思路进行编写,通过 11 个教学模块、32 个教学子任务,由浅入深地讲解了电力拖动力学的基本知识、电机控制的特性、设备的选择方法与技巧;介绍了电力拖动系统的转速调节、电动机选择、控制电器、电气控制基本电路;还对 PLC 基础知识、常用指令及应用、数据的处理及控制、综合应用等方面做了详细的介绍。本书图文并茂,可操作性强,语言流畅、准确,内容循序渐进、通俗易懂,便于读者自学。书中的每个实例都提供了解题思路,有利于读者分析问题和解决问题能力的培养。

　　本书是以模块化教学为指导思想编写的,可作为高职高专类院校机电一体化、电气自动化等专业的教材,也可供从事相关研究与应用的工程技术人员使用。

图书在版编目(CIP)数据

电机与 PLC 控制技术/王皓天,黄俊梅主编. —西安:西安电子科技大学出版社,2019.6
ISBN 978 - 7 - 5606 - 5221 - 4

Ⅰ. ① 电… Ⅱ. ① 王… ② 黄… Ⅲ. ① 电机—电气控制系统 ②PLC 技术
Ⅳ. ① TM3 ②TM571.61

中国版本图书馆 CIP 数据核字(2019)第 037420 号

策划编辑　秦志峰
责任编辑　闵远光　秦志峰
出版发行　西安电子科技大学出版社(西安市太白南路 2 号)
电　　话　(029)88242885　88201467　　　邮　编　710071
网　　址　www.xduph.com　　　　　　　　电子邮箱　xdupfxb001@163.com
经　　销　新华书店
印刷单位　陕西天意印务有限责任公司
版　　次　2019 年 6 月第 1 版　2019 年 6 月第 1 次印刷
开　　本　787 毫米×1092 毫米　1/16　印张 17
字　　数　405 千字
印　　数　1~2000 册
定　　价　42.00 元
ISBN 978 - 7 - 5606 - 5221 - 4/TM

XDUP 5523001 - 1

前　　言

电机控制是指对电机的启动、加速、运转、减速及停止进行的控制。根据不同电机的类型及电机的使用场合，有不同的要求及目的。对于电动机，通过电机控制，可以达到快速启动，快速响应，高效率、高转矩输出及高过载能力的目的。PLC是以微处理器为核心的专门为工业现场应用设计的电子系统装置。自1969年美国数字设备公司研制出了第一台可编程控制器(Programmable Logic Controller，PLC)以来，经历了多次完善，目前PLC不再局限于逻辑控制，在运动控制、过程控制等领域也发挥着十分重要的作用，并在世界范围被广泛应用。

本书是根据电气自动化技术专业课程的性质、教学的特点，结合编者多年的电机控制和PLC技术的教学经验进行编写的，编者都是长期从事电气和电子相关专业教学的一线教师。

本书采用模块化教学方式，共由11个教学模块和32个教学子任务组成，涵盖电力拖动动力学、电动机的机械特性、电动机启动设备的选择、电力拖动系统的转速调节、电动机选择、控制电器、电气控制的基本电路、PLC概述、PLC常用指令及应用、数据的处理及控制、PLC综合应用等方面的知识，层次清晰，内容合理。

本书以介绍现代电气设备控制的理论知识、基本工作原理、方式方法为主线，内容实用易懂、循序渐进，从电动机的基本工作原理、控制方式，到如何使用PLC控制电机，层次清晰、深入浅出；知识涵盖面广，包括电动机的工作特性、调速制动、选型，PLC的使用、PLC及电机控制等。在结构设置上，本书采用模块化结构，每个模块由若干任务组成。整本书在内容选取上，着重考虑培养读者的自主分析能力和一定的解决现场实际问题的能力，体现当前高职教育的要求。

本书由陕西能源职业技术学院王皓天、黄俊梅担任主编，罗丹妮、孟卓担任副主编。王皓天编写第一篇模块二、模块六；黄俊梅编写第二篇模块八、模块九、模块十、模块十一；罗丹妮编写第一篇模块三、模块四、模块五；孟卓编写第一篇模块一、模块七。

本书在编写中，得到了陕西能源职业技术学院机电与信息工程学院的大力支持，编者在此表示感谢。此外，对于本书中引用的参考文献的作者，编者也一并表示诚挚的感谢。

由于编者的水平有限，书中不足和疏漏之处在所难免，恳请读者批评指正。

编　者

2019年2月

目　　录

第一篇　电机及电气控制

第二篇　PLC及电机控制应用

第一篇

电机及电气控制

模块一　　电力拖动动力学

任务一　　拖动系统的转矩及运动基本方程式

 任务描述

　　"拖动"是指应用各种原动机使生产机械产生运动，来完成一定的生产任务。用电动机作为原动机来拖动生产机械的拖动方式，称为"电力拖动"。

　　研究分析电力拖动系统中转速、转矩、功率之间的关系，对安全、可靠、合理地利用电动机具有关键意义。

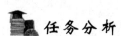 **任务分析**

　　电力拖动系统是一个统一的动力学系统。系统的运动方程式，由电动机产生的电磁转矩与生产机械负载转矩之间的关系决定。要研究电力拖动系统，就必须分析电动机与负载之间的关系。从动力学的角度来看，它们服从统一的动力学规律。

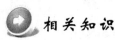 **相关知识**

一、电力拖动装置的组成

　　典型的电力拖动系统由电动机、工作机构、控制设备及电源四部分组成，如图 1-1 所示。

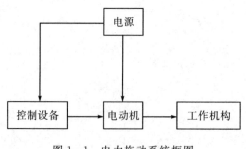

图 1-1　电力拖动系统框图

电动机将电网的电能变为机械能,用以拖动生产机械。工作机构是生产机械为执行某一任务的机械部分。控制设备是为实现电动机的各种运行要求而使用的各种控制电机、电器等。电源是向电动机及电气控制设备供电的部分。

通常,电动机与生产机械的工作机构并不同轴,它们之间还有传动机构,把电动机的运动,经过中间变速或变换运动方式后,再传给生产机械的工作机构。

二、电力拖动系统的转矩

在电力拖动系统的工作过程中,存在以下三种转矩:

(1)拖动转矩:电动机轴上输出的转矩,在一般工程计算中,可认为等于电动机产生的电磁转矩。

(2)阻转矩:生产机械的负载转矩,在通常情况下会阻碍拖动系统的转动。

(3)动态转矩:在电机转速发生变化时,因为电机转子和被它拖动的生产机械具有的惯性而产生的一个惯性转矩。

三、运动方程式

在直线运动系统中,当外力推动物体向前运动时,外力克服物体所产生的摩擦阻力使物体产生加速度运动,其运动规律为牛顿第二定律,即

$$F - F_L = ma$$

同理,在旋转的拖动系统中,当电动机以恒定的转速拖动工作机构稳定运行时,电动机产生的拖动转矩应克服系统的负载转矩。如果要使工作机构变速运行,电动机产生的拖动转矩除克服负载转矩外,还应克服由于运动部分的惯性所引起的动态转矩。按照动力学平衡的观点,即牛顿第二定律,其运动方程式为

$$M - M_L = J \frac{\mathrm{d}\Omega}{\mathrm{d}t} \qquad (1-1)$$

式中:M 为电动机产生的拖动转矩(N·m);M_L 为负载转矩(N·m);$J \dfrac{\mathrm{d}\Omega}{\mathrm{d}t}$ 为惯性转矩(N·m);J 为转动惯量(kg·m²);Ω 为电机轴旋转角速度(rad/s)。

转动惯量是物理学中使用的参数,在实际的工程应用中则采用飞轮惯量 GD^2 来反映转动物体的惯性大小,其单位是 N·m²。两者的关系为

$$J = m\rho^2 = \frac{G}{g}\left(\frac{D}{2}\right)^2 = \frac{GD^2}{4g} \qquad (1-2)$$

式中:m 与 G 为转动部分的质量与重力,单位分别为 kg 与 N;ρ 与 D 为质量 m 的转动半径与直径(m);g 为重力加速度(m/s²)。

通常电动机的转速用每分钟的转数 n 表示,而不用角速度 Ω。

$$\Omega = \frac{2\pi n}{60} \qquad (1-3)$$

将式(1-2)、式(1-3)代入式(1-1),得到运动方程式的实用形式为

$$M - M_L = \frac{GD^2}{375} \frac{dn}{dt} \qquad (1-4)$$

式中:换算常数 375 具有加速度的量纲。

应当注意,GD^2 是代表物体旋转惯性的一个整体物理量,不能分开。电动机电枢(或转子)及其他转动部件的 GD^2 可由产品样本和有关设计资料中查到,但其单位用 kg·m² 表示。为了换成国际单位,将查到的数据乘以 9.81 则换算成 N·m²。

电动机的工作状态可由运动方程式表示出来,分别由式(1-4)可知:

(1) 当 $M > M_L$ 时,$\frac{dn}{dt} > 0$,电力拖动系统处于加速状态。

(2) 当 $M < M_L$ 时,$\frac{dn}{dt} < 0$,电力拖动系统处于减速状态。

在上述两种情况下,拖动系统处于变速过程,称为动态。

(3) 当 $M = M_L$ 时,$\frac{dn}{dt} = 0$,则 $n = 0$ 或 $n =$ 常数,拖动系统静止或以恒定的转速运行,称为稳定运行状态,也称为静态。

四、运动方程式中转矩正负号的分析

应用运动方程式,通常以电动机轴为研究对象。由于电动机运行状态不同,以及生产机械负载类型不同,作用在电动机轴上的电磁转矩 M 及阻转矩 M_L 不仅大小在变化,方向也是变化的。因此转矩 M 与 M_L 都有正负之分,运动方程式可写成

$$\pm M - (\pm M_L) = \frac{GD^2}{375} \frac{dn}{dt} \qquad (1-5)$$

在应用运动方程式时,必须注意转矩的正负号,具体规定如下:

(1) 先规定某一旋转方向(如顺时针方向)为规定正方向,则反向旋转方向(如逆时针方向)为负方向。

(2) 电磁转矩 M 的方向与规定的旋转正方向一致时,M 为正,如图 1-2(a)所示;相反时,M 为负,如图 1-2(b)所示。

(3) 阻转矩 M_L 的方向如与规定正方向相同时为负,如图 1-2(c)所示;相反时为正,如图 1-2(d)所示。

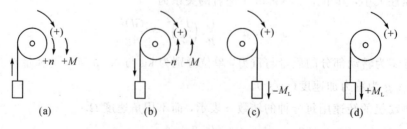

图 1-2　M 和 M_L 的方向与规定正方向的关系

（4）动态转矩 $\dfrac{GD^2}{375}\dfrac{\mathrm{d}n}{\mathrm{d}t}$ 的大小及正负号则由 M 与 M_L 的代数和来决定。

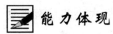 能力体现

一、利用运动方程式进行运动状态的分析

拖动系统的工作状态可由运动方程式进行分析，由式(1-4)可知：

（1）当 $M > M_L$ 时，$\dfrac{\mathrm{d}n}{\mathrm{d}t} > 0$，电力拖动系统处于加速状态。

（2）当 $M < M_L$ 时，$\dfrac{\mathrm{d}n}{\mathrm{d}t} < 0$，电力拖动系统处于减速状态。

在上述两种情况下，拖动系统处于变速过程，称为动态。

（3）当 $M = M_L$ 时，$\dfrac{\mathrm{d}n}{\mathrm{d}t} = 0$，则 $n=0$ 或 $n=$ 常数，拖动系统静止或以恒定的转速运行，称为稳定运行状态，也称为静态。

二、利用运动方程式进行定量计算

例如，对一个斜井提升系统，在系统设备一定（GD^2 一定）和负载一定（M_L 一定）的情况下，根据运动方程式

$$M - M_L = \frac{GD^2}{375}\frac{\mathrm{d}n}{\mathrm{d}t}$$

可知：对提出的一定加速度或减速度要求，可计算出所需的电磁转矩 M，M 为机械特性曲线上的平均加速或减速转矩。根据 M 的大小确定上下切换转矩 M_1、M_2，并确定加速或减速的技术措施（如转子串电阻），进而计算转子电阻的大小，实现所需要的加速或减速要求。

任务二　电力拖动系统转矩的折算

任务描述

一个实际拖动系统往往都具有减速传动机构，是一个多轴系统。若我们对每根轴上转矩、转速、功率进行分析计算，会将过多的精力用到非电气的机械计算上。为简化机械计算，将整个传动机构与负载看成是一个由电动机带动的整体负载，这样可将重点放在电动机转轴的转矩、转速、功率的分析计算上。

任务分析

在将多轴系统简化为单轴系统时，要解决不同转速下转矩大小的折算问题，即在传递

功率相同时，将低速下负载转矩折算到高速的电动机轴上时，其转矩应减小；将低速负载和传动机构的惯性折算到高速电动机轴上时，其反映惯性大小的参数值也应减小。其中，反映负载大小的量有转动的转矩大小和直线运动的作用力大小；反映惯性大小的量有转动的飞轮惯量和直线运动的质量。

 相关知识

电力拖动系统中，电动机和工作机构不一定直接相连，往往装有若干传动齿轮或其他传动机械，形成多轴系统，如图 1-3(a)所示。经过传动装置的变速后，各根传动轴上的转速都不一样，因而各轴上的转矩也不一样。如果在研究这个系统时对每根轴分别列出相应的运动方程式，然后联立求解，显然这是很麻烦的。

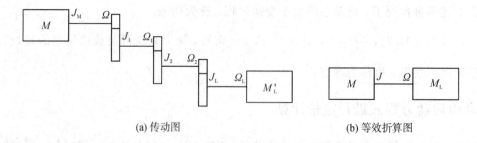

(a) 传动图　　　　　　　　　　　　　(b) 等效折算图

图 1-3　电力拖动系统图

研究电力拖动系统，通常只需要研究电动机轴的运转规律，并不需要研究每根轴的问题。为简化运算，可采用等值折算的方法，把工作机构实际负担的转矩折算成电动机轴需要付出的转矩。这样就将多轴系统折算成为等效的单轴系统，如图 1-3(b)所示。

为了保证折算后的分析计算符合折算前的实际拖动系统，要求折算的原则是：保持拖动系统在折算前后其传送的功率和储存的动能不变。

折算的目标是将所有参数均折算到电动机的转轴上，以电动机轴为研究对象。需要折算的参数有：工作机构的负载转矩 M'_L，系统中各轴（除电动机轴外）的转动惯量 J_1、J_2、…、J_L。对于某些做直线运动的工作机构，还必须把进行直线运动的质量 m 及运动所需克服的阻力 F_L 折算到电动机轴上去。

一、工作机构负载转矩的折算

如图 1-3(b)所示，用电动机轴上的负载转矩 M_L 来反映工作机构轴上的负载转矩 M'_L。折算前，工作机构的功率为

$$P'_L = M'_L \Omega_L \tag{1-6}$$

折算到电动机轴上的功率为

$$P_L = M_L \Omega \tag{1-7}$$

式中：M_L 为折算到电动机轴上的等效负载转矩；Ω 为电动机转子的角速度。

根据折算前后功率不变的原则，应有下列关系：

$$M_L \Omega = M'_L \Omega_L$$

$$M_L = M'_L \frac{\Omega_L}{\Omega} = M'_L \frac{1}{j} \tag{1-8}$$

式中：$j = \frac{\Omega}{\Omega_L} = \frac{n}{n_L}$ 为电动机轴与工作机构轴的转速比。

上式说明，在工作机构的低速轴上，转矩 M'_L 较大，而折算到高速的电动机轴上时，其等效的转矩 M_L 就减小了。实际上在传动过程中，传动机构还存在着功率损耗，此损耗称为传动损耗，可用传动效率 η_G 表示。

（1）电动机工作在电动状态时，由电动机带动工作机构，传动损耗应由电动机承担，电动机输出的功率比生产机械消耗的功率大，这时的功率关系为

$$M_L \Omega = M'_L \Omega_L \frac{1}{\eta_G}$$

$$M_L = M'_L \frac{1}{j \eta_G} \tag{1-9}$$

（2）电动机工作在制动状态时，由工作机构带动电动机，传动损耗就由工作机构承担，传送到电动机轴上的功率比工作机构轴上的功率小。这时的功率关系为

$$M_L \Omega = M'_L \Omega_L \eta_G$$

$$M_L = M'_L \frac{1}{j} \eta_G \tag{1-10}$$

如传动机构采用多级变速，则总的转速比 j 为各级转速比之积，即

$$j = j_1 j_2 \cdots \tag{1-11}$$

一般设备上，电动机在高转速运行，而工作机械在低转速运行，故 $j \gg 1$。

在多级传动中，传动的总效率 η_G 为各级传动效率 η_1、η_2、$\cdots$之积，即

$$\eta_G = \eta_1 \eta_2 \cdots \tag{1-12}$$

不同种类的传动机构，每级效率不同。对于某一具体生产机械，负载大小不同时，效率也不同，一般是空载低，满载高。粗略计算时，可以不考虑这种变化，都可以采用满载效率值来计算。

二、工作机械直线运动作用力的折算

某些生产机械具有直线运动的工作机构，如矿用绞车的钢丝绳以力 F_L 吊质量为 m_L 的重物 G_L，以速度 v_L 上升或下降，如图 1-4 所示。图中力 F_L 在电动机轴上的反映就是负载转矩 M_L，其折算方法与上述相同。

当电动机工作在电动状态时，应有如下关系：

$$M_L \Omega = \frac{F_L v_L}{\eta_G}$$

把电动机角速度化成每分钟的转数 n，则得

$$M_L = 9.55 \frac{F_L v_L}{n \eta_G} \qquad (1-13)$$

当电动机工作在制动状态时，则有如下关系：

$$M_L = 9.55 \frac{F_L v_L}{n} \eta_G \qquad (1-14)$$

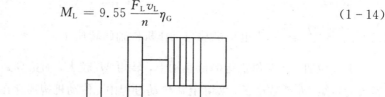
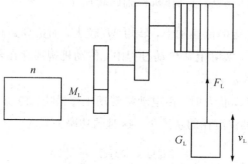

图 1-4　矿井绞车提升装置系统图

三、传动机构与工作机构飞轮惯量的折算

在一个多轴系统中，为了反映系统中不同转轴的转动惯量对运动系统的影响，可以将传动机构各轴的转动惯量 J_1、J_2……及工作机构的转动惯量 J_L 都折算到电动机的轴上，用电动机轴上一个等效的转动惯量 J 表示。由于各轴的转动惯量对运动过程的影响直接反映在各轴所储存的动能上，因此折算原则是：折算前的实际系统与折算后的等效系统所储存的动能相等。若各轴的角速度分别为 Ω_1、Ω_2……，则得下列关系：

$$\frac{1}{2}J\Omega^2 = \frac{1}{2}J_M\Omega^2 + \frac{1}{2}J_1\Omega_1^2 + \frac{1}{2}J_2\Omega_2^2 + \cdots + \frac{1}{2}J_L\Omega_L^2$$

$$J = J_M + J_1\left(\frac{\Omega_1}{\Omega}\right)^2 + J_2\left(\frac{\Omega_2}{\Omega}\right)^2 + \cdots + J_L\left(\frac{\Omega_L}{\Omega}\right)^2 \qquad (1-15)$$

若用飞轮惯量和转速表示，则得

$$GD^2 = GD_M^2 + GD_1^2\left(\frac{n_1}{n}\right)^2 + GD_2^2\left(\frac{n_2}{n}\right)^2 + \cdots + GD_L^2\left(\frac{n_L}{n}\right)^2 \qquad (1-16)$$

或

$$GD^2 = GD_M^2 + \frac{GD_1^2}{j_1^2} + \frac{GD_2^2}{(j_1 j_2)^2} + \cdots + \frac{GD_L^2}{(j_1 j_2 \cdots j_L)^2} \qquad (1-17)$$

一般情况下，在系统总的飞轮惯量中，电动机轴上的飞轮惯量 GD_M^2 所占的比重较大，工作机构轴上飞轮惯量折算值 $GD_L^2(n_L/n)^2$ 所占的比重较小。

四、工作机构直线运动质量的折算

工作机构作直线运动时，其质量 m_L 中储存有动能，造成机械运动的惯性，使速度不能突变。这种直线运动是由旋转的电动机带动的，因此必须把速度为 v_L 的质量 m_L 折算到电动机轴上,用电动机轴上一个转动惯量为 J_L 的转动体与之等效。折算的原则是转动体储存的动能与质量 m_L 中储存的动能相等。即

$$\frac{1}{2}J_L\Omega_L^2 = \frac{1}{2}m_L v_L^2 \tag{1-18}$$

考虑到 $J_L = \frac{GD_L^2}{4g}$,$\Omega_L = \frac{2\pi n_L}{60}$ 及 $m_L = \frac{G_L}{g}$,可把式(1-18)化成用飞轮惯量的表示式。即

$$GD_L^2 = \frac{364G_L v_L^2}{n_L^2} \tag{1-19}$$

通过上述折算,把具有多根轴的既有旋转运动又有直线运动的系统,折算成一个单轴的旋转运动系统。这样仅用一个运动方程式,就可以研究实际的多轴系统了。

能力体现

下面通过一个实际的例题说明如何运用折算的方法将一个多轴系统简化为单轴系统。

【例1-1】 如图1-5所示的双滚筒提升绞车。已知提升高度 $H=200$ m,罐笼内一辆矿车的自重 $G_T=6376$ N,载重 $G_L=9810$ N,罐笼及挂绳设备重 $G_C=15\,696$ N,钢丝绳每米重量 $P=15.69$ N/m,提升电动机转子飞轮惯量 $GD_M^2=255$ N·m²,电动机额定转速 $n_N=975$ r/min,绞车按 $a=0.5$ m/s² 做等加速启动,滚筒直径 $D=2$ m,绞车的转速比 $j=20$,传动效率 $\eta_G=0.9$,折算到滚筒圆周上的滚筒和减速器的重量 $G_D+G_{Ge}=100\,552$ N,每个天轮折算到滚筒圆周上的重量 $G=3532$ N,试计算电动机的启动转矩。

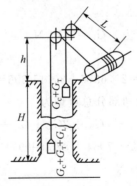

图1-5 双滚筒提升绞车示意图

解 (1)求折算到电动机轴上的负载转矩 M_L 和作用到滚筒圆周上的负载力 F_L。

对于滚筒而言,两罐笼自重、两矿车自重及井口平台以上两根钢丝绳的重量都是平衡的。负载力只是由矿车载重 G_L 和井口平台以下两根钢丝绳长度差的重量 PH 以及系统运动所受到的摩擦阻力造成。对罐笼而言,摩擦阻力为 $0.2G_L$,因此可求出 F_L 为

$$F_L = G_L + 0.2G_L + PH = 1.2G_L + PH$$
$$= 1.2 \times 9810 + 15.69 \times 200$$
$$= 14\,910 \text{ N}$$

作用到滚筒上的负载转矩 M'_L 为

$$M'_L = F_L \frac{D}{2} = 14\ 910 \times \frac{2}{2} = 14\ 910 \text{ N} \cdot \text{m}$$

折算到电动机轴上的负载转矩 M_L 为

$$M_L = M'_L \frac{1}{j\eta_G} = \frac{14\ 910}{20 \times 0.9} \approx 828.3 \text{ N} \cdot \text{m}$$

（2）求折算到电动机轴上的飞轮惯量 GD^2。

作用到滚筒圆周上的运动部分的重量系统中做直线运动的各部分，都是由滚筒通过钢丝绳带动的，它们的运动速度都等于滚筒圆周的线速度，所以这些部分折算到滚筒圆周上的重量就等于它们的实际重量。折算到滚筒圆周上各运动部分的重量有：

① 滚筒及减速器的：

$$G_D + G_{De} = 100\ 552 \text{ N}$$

② 两个天轮的：

$$2G_W = 2 \times 3532 = 7064 \text{ N}$$

③ 两条钢丝绳的：

$$2G_R = 2P(H + h + L + l + \pi Dn)$$
$$\approx 2 \times 15.69 \times (200 + 10 + 20 + 30 + 3.14 \times 2 \times 3)$$
$$\approx 8750 \text{ N}$$

式中：$h = 10$ m，为井口平台与天轮间距离；$L = 20$ m，为钢丝绳弦长；$l = 30$ m，为滚筒上钢丝绳备用长度；$n = 3$，为摩擦圈数。

④ 提升载重：

$$G_L = 9810 \text{ N}$$

⑤ 矿车及罐笼自重：

$$2G_T + 2G_C = 2 \times 6376 + 2 \times 15\ 696 = 44\ 144 \text{ N}$$

于是，折算到滚筒圆周上的运动部分总重量为

$$G = G_D + G_{De} + 2G_W + 2G_R + G_L + 2G_T + 2G_C$$
$$\approx 100\ 552 + 7064 + 8750 + 9810 + 44\ 144$$
$$= 170\ 320 \text{ N}$$

运动部分的飞轮惯量 GD_L^2 为

$$GD_L^2 = 170\ 320 \times 2^2 = 681\ 280 \text{ N} \cdot \text{m}^2$$

折算到电动机轴上总的飞轮惯量 GD^2 为

$$GD^2 = GD_M^2 + \frac{GD_L^2}{j^2} = 255 + \frac{681\ 280}{20^2} = 1958 \text{ N} \cdot \text{m}^2$$

（3）求电动机平均启动转矩 M_{st}

① 启动时间 t_1 为

$$t_1 = \frac{v_{max}}{a} = \frac{1}{a} \frac{\pi D n_N}{60j} \approx \frac{3.14 \times 2 \times 975}{0.5 \times 60 \times 20} \approx 10.2 \text{ s}$$

式中：v_{max} 为提升机的最大速度（m/s）。

② 电动机平均启动转矩 M_{st} 为

$$M_{st} = M_L + \frac{GD^2}{375} \frac{dn}{dt} \approx 828.3 + \frac{1958}{375} \cdot \frac{975}{10.2} = 1327.4 \text{ N} \cdot \text{m}$$

式中：$\dfrac{dn}{dt} = \dfrac{n_N}{t_1}$（按等加速启动考虑）。

思 考 与 练 习

（1）什么是电力拖动系统？它包括哪些部分？各起什么作用？请举例说明。

（2）电力拖动系统的阻转矩分哪几种？各有什么特点？

（3）负载转矩和惯性转矩有什么区别和联系？

（4）转矩的正负号是怎样确定的？

（5）试说明 J 和 GD^2 的概念。

（6）试由拖动系统的运动方程式说明系统的加速、减速、稳定或静止的各种工作状态。

（7）什么叫单轴系统？什么叫多轴系统？多轴的拖动系统为什么要折算成单轴的拖动系统？

（8）把多轴系统折算为单轴系统时，哪些量需要进行折算？折算的原则是什么？

（9）拖动系统如图 1-6 所示。已知罐笼重量 $G_c = 4900$ N，重物重量 $G_L = 11\,770$ N，平衡物重量 $G_b = 7840$ N，电动机额定转速 $n_N = 980$ r/min，罐笼提升速度 $v_L = 2$ m/s，传动效率 $\eta_G = 0.86$。试求折算到电动机轴上的负载转矩。

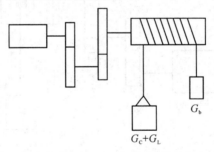

图 1-6　习题（9）的拖动系统图

（10）求图 1-7 所示的拖动系统提升重物时，折算到电动机轴上的负载转矩及折算到电动机轴上的系统直线运动部分的转动惯量。已知罐笼重量 $G_c = 3924$ N，重物重量 $G_L = 9810$ N，提升速度 $v_L = 1.5$ m/s，电动机额定转速 $n_N = 720$ r/min，传动效率 $\eta_G = 0.85$，传动机构及滚筒的转动惯量折算值忽略不计。

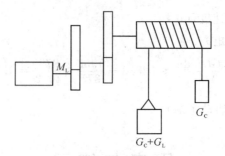

图 1-7　习题(10)的拖动系统图

(11) 拖动系统如图 1-8 所示，已知提升重物 $G_L=19\,620$ N，提升速度 $v_L=0.51$ m/s，滚筒直径 $D=0.4$ m，转子飞轮惯量 $GD_M^2=9.81$ N·m²，滚筒飞轮惯量 $GD_D^2=9.81$ N·m²，齿轮飞轮惯量 $GD_1{}^2=0.98$ N·m²，$GD_2{}^2=19.62$ N·m²，$GD_3{}^2=4.91$ N·m²，$GD_4{}^2=49$ N·m²，电动机转速 $n_N=1450$ r/min，各级转速比 $j_1=6$，$j_2=10$，传动效率 $\eta_1=0.96$，$\eta_2=0.95$，电动机启动时间 $t_1=2$ s。试求电动机的启动转矩。

(12) 拖动系统见图 1-8 所示，已知重物的质量 $m_L=5000$ kg，滚筒直径 $D=1.2$ m，提升速度 $v_L=1.7$ m/s，电动机飞轮惯量 $GD_M^2=62.72$ N·m²，各齿轮飞轮惯量 $GD_1^2=9.8$ N·m²，$GD_2^2=78.4$ N·m²，$GD_3^2=38.2$ N·m²，$GD_4^2=156.8$ N·m²，滚筒飞轮惯量 $GD_D^2=294$ N·m²，各级转速比 $j_1=j_2=6$，每对齿轮效率 $\eta_G=0.94$，启动时间 $t=2$ s，试求电动机的启动转矩。

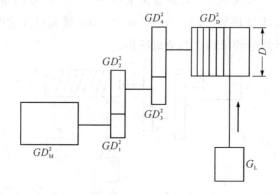

图 1-8　习题(11)及习题(12)的拖动系统图

模块二　电动机的机械特性

任务一　生产机械和电动机机械特性的种类

 任务描述

电动机与生产机械的合理配合是电动机正常运行的基本条件，只有认识了生产机械和电动机特性的规律才能选择适当的电动机去带动负载工作，使电动机稳定运行。

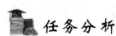 **任务分析**

机械特性是反映转矩与转速之间变化规律的曲线，其变化应从转矩大小与方向、转速大小与方向上去分析，并从稳定运行时应具有相同的转速和转矩去判断拖动系统是否能够稳定运行。

 相关知识

电动机是拖动系统中的原动机，要使生产机械正常并有效地工作，必须使电动机的机械性能满足生产机械的要求。电动机的机械特性是机械性能的主要表现，它决定了电动机在各种运行状态下的工作情况。

在电力拖动系统中，电动机的转矩 M 拖动生产机械做各种形式的运动，以及做各种状态的运行。但是不同类型的生产机械，负载转矩的特性不同。不同类型的电动机，机械特性的形状也不相同。

一、生产机械的负载转矩特性

生产机械在运转中会受到阻转矩的作用，此转矩称为负载转矩 M_L。生产机械负载转矩的大小和许多因素有关，通常把负载转矩与转速 n 的关系 $M_L = f(n)$ 称为生产机械的机械特性，又称负载转矩特性。根据统计，大多数生产机械的负载转矩特性可归纳为以下三种类型。

1. 恒转矩负载特性

当转速变化时，负载转矩大小保持不变，称恒转矩负载特性，如图 2-1 所示。画图时，习惯将 M_L 作为横坐标，把 n 作为纵坐标。矿井提升机、皮带输送机等具有此种特性。

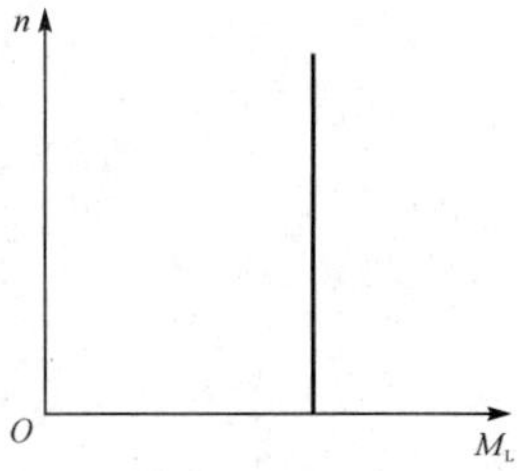

图 2-1　恒转矩负载特性

恒转矩负载又可根据负载转矩方向变化的特点分为两大类,一类是反作用转矩,另一类是位能转矩。

反作用恒转矩负载特性的特点是:负载转矩 M_L 总是阻碍运动的,M_L 的方向始终与转速方向相反。根据 M_L 正负符号的规定,当顺时针方向旋转时,n 为正,转矩 M_L 与正旋转方向相反,应取正号。当逆时针方向旋转时,n 为负,转矩 M_L 为顺时针方向,应取负号,如图 2-2 所示。由图中可知,反作用性质的恒转矩负载特性在第一与第三象限内。采煤机的负载转矩属于这类特性。

位能性质恒转矩负载特性的特点是:负载转矩 M_L 的方向始终保持不变,不随转速方向的改变而改变,如图 2-3 所示。特性在第一与第四象限内。例如矿井提升机的负载对滚筒形成的负载转矩,属于这类特性。如果以电动机顺时针旋转时提升重物,逆时针旋转时下放重物,则不论重物运行方向是提升或是下放,负载的重力作用总是向下的。提升时,M_L 取正号,M_L 阻碍运动。下放时,M_L 方向不变,仍取正号,这时 M_L 驱动运动。

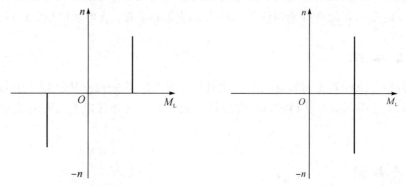

图 2-2　反作用性质恒转矩负载特性　　　图 2-3　位能性质恒转矩负载特性

2. 通风机负载特性

通风机负载转矩从方向上看是反作用转矩,如矿井扇风机、水泵等。其负载转矩的大小与转速的平方成正比,即

$$M_L = Kn^2$$

式中:K 为比例常数。

通风机负载特性曲线是一条抛物线,如图 2-4 所示。

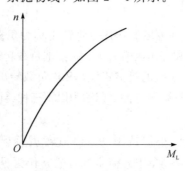

图 2-4　通风机负载特性曲线

3. 恒功率负载特性

某些机床,如车床车削工件,粗加工时,切削量大,因而切削阻力大,应采用低速。精加工时,切削量小,阻力也小,应采用高速。但负载功率基本不变,形成恒功率的负载特性。

负载功率恒定时,负载转矩与转速成反比,即

$$P_L = M_L \Omega = M_L \frac{2\pi n}{60} = \frac{M_L n}{9.55}$$

$$= \frac{K}{9.55} = 常数$$

由此可得

$$M_L = \frac{K}{n}$$

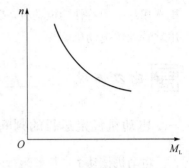

图 2-5 恒功率负载特性

式中:P_L 为负载功率(W)。

恒功率负载特性是一条双曲线,如图 2-5 所示。

二、电动机的机械特性

电动机带动负载运行时给生产机械提供一定的转矩 M,从而驱动它达到一定的转速 n。M 和 n 是生产机械对电动机提出的两项基本要求。确定了 M 和 n 后,不但确定了电动机的运行点,而且电动机的功率 P 也就确定了。

电动机的电磁转矩 M 与转速 n 之间的关系 $n = f(M)$,称为电动机的机械特性。

机械特性是电动机机械性能的主要表现方式,是生产机械选择电动机的主要依据。各种常用电动机的机械特性在《电机与电气控制》中已有初步阐述,它们的机械特性曲线如图2-6所示。其中曲线 1 为同步电动机机械特性,曲线 2 为异步电动机机械特性,曲线 3 为他励直流电动机机械特性,曲线 4 为串励直流电动机机械特性。

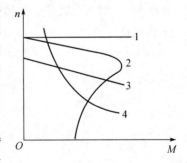

图 2-6 常用电动机的机械特性

为了表征机械特性曲线特性形状的特点,引入了机械特性"硬度"的概念。所谓特性的"硬度",是指电动机转矩的改变引起转速变化的程度,通常用硬度系数 α 表示。特性曲线上任一点的硬度系数,就是该点转矩变化的百分数与转速变化百分数之比,即

$$\alpha = \frac{\Delta M\%}{\Delta n\%} \tag{2-1}$$

根据硬度系数的大小,可以把电动机的机械特性分成三类:

(1)绝对硬特性:当转矩变化时,电动机的转速恒定不变,硬度系数 $\alpha = \infty$。同步电动机机械特性属于此种特性。

(2)硬特性:当转矩变化时,电动机的转速变化不大,硬度系数 $\alpha = -(40 \sim 10)$。因为特性曲线是向下倾斜的,随着转矩的增加,转速略有下降,故硬度系数为负值。异步电动机

机械特性的工作部分和他励直流电动机的机械特性属于硬特性。

（3）软特性：当转矩增加时，转速下降幅度很大，$\alpha=-(5\sim1)$左右。串励直流电动机具有此种特性。

在生产实践中选用何种特性的电动机，要根据生产机械的要求决定。例如，空气压缩机选用绝对硬特性的电动机，矿井提升机、水泵等选用硬特性的电动机，矿用电机车则选用软特性的电动机。

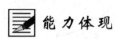 **能力体现**

一、电动机稳定运行的判断

电动机拖动生产机械运行时，负载转矩通过传动机械作用于电动机轴上，所以在系统运行中，电动机的机械特性与生产机械的负载转矩特性是同时存在的。为了分析拖动系统的运行问题，需要把两个特性画在同一坐标图上。要使电动机稳定运行，必须具有以下条件。

1. 必要条件

根据运动方程式可以知道，在电动机的机械特性与生产机械负载转矩特性的交点处，转矩 M 与 M_L 大小相等，方向相反，相互平衡，此时的转速为某一稳定值，此交点称为运行工作点。在工作点处，系统处于稳态。所以两个特性有交点是稳定运行的必要条件。如图 2-7 所示，图中 A 点为他励直流电动机拖动恒转矩负载的一个稳定运行点。如负载转矩由 M_{L1} 增加到 M_{L2}，则电动机转矩也相应增加，系统工作点从 A 点移到 B 点（转速下降），又稳定运行于 B 点。

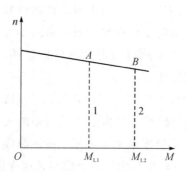

图 2-7　他励直流电动机拖动恒转矩负载的稳定运行条件

2. 充分条件

设拖动系统原来在某交点处稳定运行，由于受到外界的某种干扰作用，如电网电压的波动或负载的突然变化等，使电动机的转速发生变化，离开了原来的工作点。当干扰消除后，拖动系统应有能力使转速恢复到原来交点处的数值，如能满足此条件，则系统是稳定的。现以图 2-8 所示的特性为例，分析如下：

图 2-8(a)中的 M_L 是恒转矩负载特性，因负载转矩不随转速变化，所以 $dM_L/dn = 0$。

设系统原来运行在两条特性曲线的交点在 A 处。如电网电压波动，使机械特性偏高，由曲线 1 转为曲线 2。由于系统机械惯性大，瞬间转速来不及变化，但电动机的转矩却增大到 B 点所对应的值。此时电动机的拖动转矩 M 大于负载转矩 M_L，所以转速就沿着特性曲线 2 由 B 点增加到 C 点。随着转速的升高，电机转矩又重新变小，使 $dM/dn < 0$，最后在 C 点达到新的平衡。当干扰消除后，机械特性由曲线 2 恢复到曲线 1，转速由 C 点过渡到 D 点，此时电机转矩 M 小于负载转矩 M_L，转速下降。随着转速的下降，电机转矩又变大了，仍然是 $dM/dn < 0$，最后恢复到原来的工作点 A，重新稳定运行。

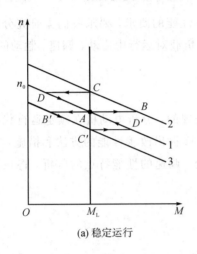
(a) 稳定运行

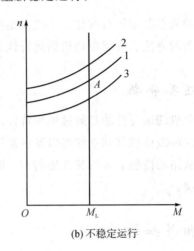
(b) 不稳定运行

图 2-8 恒转矩负载的稳定运行点

反之，如果电网电压波动使机械特性偏低，则也能由分析得出 $dM/dn < 0$。

因为 $dM_L/dn = 0$，而 $dM/dn < 0$，所以

$$\frac{dM}{dn} < \frac{dM_L}{dn} \qquad (2-2)$$

只要满足式(2-2)，系统即能稳定运行。

再分析图 2-8(b)。图中 M_L 仍是恒转矩负载，$dM_L/dn = 0$。但电动机机械特性曲线上翘，如电压波动使机械特性偏高，由曲线 1 转为曲线 2 时，随着 n 的下降，M 也变小，转速越来越低。反之，如电压波动使机械特性偏低，由曲线 1 转为曲线 3 时，随着 n 的升高，M 也变大，使转速越来越高，因而 $dM/dn > 0$，$dM/dn > dM_L/dn$，系统运行不稳定。

上面分析的是恒转矩负载，对通风机负载和恒功率负载，也可得出同样的结论。所以式(2-2)是稳定运行的充分条件。

二、电动机运行状态的判断

电动机在工作中有两种运行状态：

（1）电动机运行状态。电动机运行状态的特点是电动机转矩 M 的方向与实际旋转方向（转速 n 的方向）相同，M 为拖动转矩。此时电网向电动机输入电能，并变为机械能，用来

拖动负载。

（2）制动运行状态。制动运行状态特点是电动机转矩 M 与转速 n 的方向相反，M 为制动转矩。此时电动机吸收机械能，并转变为电能，消耗在电枢（转子）回路中或回馈到电网。

任务二　他励直流电动机的机械特性

 任务描述

电动机在额定运行时往往不能满足负载对运行性能的要求，要求我们去研究分析如何通过人为的办法去改善电动机的运行性能，以达到负载对运行中启动、调速、制动的要求。

任务分析

电动机的运行性能是通过机械特性的形式来表现的，分析电动机在额定运行状态下的机械特性可以体现其基本性能以及性能局限性，从而提出改善性能的方法和措施，本任务主要是从制动性能上分析其性能特点，而对于启动、调速的性能特点的分析，将在其他任务中解决。

相关知识

他励直流电动机电路如图 2-9 所示。图中 R_a 为电枢绕组电阻，R_{pa} 为电枢回路附加电阻、R_{pf} 为调节励磁电流 I_f 的励磁回路附加电阻，E 为电枢绕组切割磁场（磁通 Φ）产生的与电流 I_a 方向相反的感应电势。

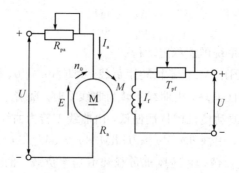

图 2-9　他励直流电动机电路图

一、机械特性方程式

反应直流电动机内部关系的三个基本方程式为

电磁转矩方程式为
$$M = C_m \Phi I_a \qquad (2-3)$$

感应电势方程式为
$$E = C_e \Phi n \qquad (2-4)$$

电枢回路电压平衡方程式为

$$U = E + I_a R \tag{2-5}$$

式中：$R = R_a + R_{pa}$，为电枢回路总电阻（Ω）。

由上面三个式子可以导出用电流 I_a 表示的转速特性方程式和用转矩 M 表示的机械特性方程式，即

$$n = \frac{U}{C_e \Phi} - \frac{R}{C_e \Phi} I_a \tag{2-6}$$

$$n = \frac{U}{C_e \Phi} - \frac{R}{C_e C_m \Phi^2} M \tag{2-7}$$

式中：$C_m = \frac{pN}{2\pi a}$，为与电机结构有关的转矩常数；$C_e = \frac{pN}{60a}$，为与电机结构有关的电势常数。

C_m 与 C_e 的关系为

$$C_m = 9.55 C_e \tag{2-8}$$

在机械特性方程式(2-7)中，当电源电压 U、磁通 Φ、电枢回路总电阻 R 均为常数时，电动机的机械特性如图 2-10 所示，是一条向下倾斜的直线。由机械特性曲线可知，转速 n 随转矩的增大而降低，这说明加大电动机的负载，会使转速下降。

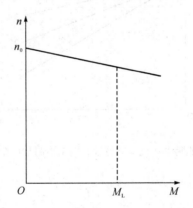

图 2-10　他励直流电动机的机械特性

因为他励电动机的转矩 M 与电枢电流 I_a 成正比，所以机械特性的横坐标既可以用 M 表示，也可以用 I_a 表示。

在式(2-6)、式(2-7)中，当 $I_a = 0$，或 $M = 0$ 时，其转速称为理想空载转速 n_0。

$$n_0 = \frac{U}{C_e \Phi} \tag{2-9}$$

调节 U 或 Φ，可以改变理想空载转速 n_0 的大小。

式(2-7)右边第二项表示电动机带负载后的转速降，用 Δn 表示。

$$\Delta n = \frac{R}{C_e C_m \Phi^2} M = \beta M \tag{2-10}$$

这样，机械特性方程式可以简写为

$$n = n_0 - \beta M \tag{2-11}$$

式中：$\beta = \dfrac{U}{C_e C_m \Phi^2}$，为机械特性的斜率。

斜率越大，则转速降 Δn 越大，机械特性也就越"软"。

二、固有机械特性

他励直流电动机电压及磁通为额定值 U_N 及 Φ_N，且电枢回路中无附加电阻时得到的机械特性，称为固有的机械特性，其方程式为

$$n = \frac{U_N}{C_e \Phi_N} - \frac{R_a}{C_e C_m \Phi_N^2} M \tag{2-12}$$

固有机械特性如图 2-11 中的特性曲线 1 所示。由于电枢内阻 R_a 较小，所以固有机械由式（2-12）可知，只要求出直线上任意两点的坐标，就可绘出固有机械特性。一般选理想空载点（$M=0$、$n=n_0$）及额定运行点（$M=M_N$、$n=n_N$）较为方便。

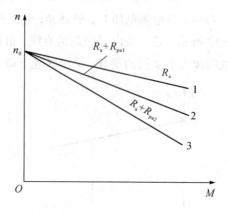

图 2-11　他励电动机固有特性及电枢串附加电阻的人为特性

对于理想空载点

$$n_0 = \frac{U_N}{C_e \Phi_N}$$

$C_e \Phi_N$ 可由电枢回路电压平衡方程式求得，即

$$C_e \Phi_N = \frac{U_N - E_N}{n_N} = \frac{U_N - I_N R_a}{n_N} \tag{2-13}$$

R_a 可以实测，也可以根据电动机在额定运行状态下，铜损耗约占总损耗的 1/2 到 2/3 进行估算，即

$$I_N^2 R_a = \left(\frac{1}{2} \sim \frac{2}{3}\right)(U_N I_N - P_N)$$

$$R_a = \left(\frac{1}{2} \sim \frac{2}{3}\right)\frac{U_N I_N - P_N}{I_N^2} \tag{2-14}$$

式中：P_N 为电动机的额定输出功率（W）。

对于额定运行点

$$M_N = C_m \Phi_N I_N$$

因 $C_m\Phi_N=9.55C_e\Phi_N$，而 I_N 是已知数，M_N 可以算出。n_N 也是已知数，所以额定点可以确定。连接理想空载点和额定运行点的直线，就是所求的固有机械特性曲线。

三、人为机械特性

固有机械特性的性能是由电动机的结构和固有外界条件决定的，其性能不一定能满足负载对电动机的要求。根据特性方程式(2-7)可以看出，人为地改变加在电枢两端的电压 U，或者改变电枢串接的附加电阻 R_{pa}、或者改变主磁通 Φ，都可以改变电动机的拖动性能，也即得到不同的人为机械特性。

1. 电枢串接附加电阻的人为特性

保持电压和磁通为额定值 U_N 及 Φ_N，电枢串接附加电阻 R_{pa} 时，人为特性的方程式为

$$n = \frac{U_N}{C_e\Phi_N} - \frac{R_a + R_{pa}}{C_e C_m \Phi_N^2}M = n_0 - \beta'M \qquad (2-15)$$

由上式可知，理想空载转速 n_0 没有改变，斜率则随 R_{pa} 的增大而加大，即在一定的负载转矩下，转速降 Δn 随 R_{pa} 的增大而增加，人为特性"软"化如图 2-11 中的特性曲线 2 与曲线 3 所示。

2. 改变电枢电压的人为特性

由于电动机的工作电压以额定电压为上限，因此改变电压时，只能在低于额定电压的范围内变化。当磁通为额定值，电枢不串附加电阻时，降低电压的人为特性方程式为

$$n = \frac{U}{C_e\Phi_N} - \frac{R_a}{C_e C_m \Phi_N^2}M = n_0' - \beta'M \qquad (2-16)$$

与固有特性比较，理想空载转速随电压的减小而成正比减小，特性斜率则保持不变。因此人为特性是一组向下移动的平行线，如图 2-12 所示。

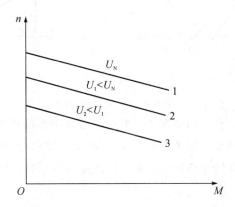

图 2-12 他励电动机降低电压的人为特性

3. 减弱电动机磁通的人为特性

一般他励直流电动机在额定磁通下运行时，电机已接近饱和，改变磁通实际上是减弱励磁。在励磁回路内串接电阻 r_{pf}，能使磁通减弱。

当电压为额定值，电枢不串入附加电阻时，减弱磁通的人为特性方程式为

$$n = \frac{U_N}{C_e\Phi} - \frac{R_a}{C_e C_m \Phi^2}M = n_0' - \beta'M \qquad (2-17)$$

此时转速特性方程式为

$$n = \frac{U_N}{C_e\Phi} - \frac{R_a}{C_e\Phi}I_a \qquad (2-18)$$

因为磁通 Φ 是变量，所以 $n=f(M)$ 和 $n=f(I_a)$ 不能用同一特性曲线表示，而且这时机械特性采用堵转转矩数据表示比较方便。

在式 $(2-17)$ 中，$n_0 = \dfrac{U_N}{C_e\Phi}$ 随 Φ 的减小成反比增大，斜率则随磁通的平方成反比加大，人为特性"软"化，如图 2-13(a) 所示。

在图 2-13(a) 中，M_{KN}、M_{K1}、M_{K2} 分别为由 Φ_N、Φ_1、Φ_2 时的堵转（短路）转矩决定。

$$M_K = C_m \Phi I_K \qquad (2-19)$$

式中的 I_K 是当转速 $n=0$、电枢电势 $E=0$ 时的电枢电流，由于 $I_K = U_N/R_a =$ 常数，且数值很大，故称堵转电流，又叫短路电流。

式 $(2-18)$ 中，当 $n=0$ 时，$I_K=$ 常数，而 n_0 又随 Φ 的减小成反比增大，因而 $n=f(I_a)$ 的人为转速特性是一组通过横坐标 I_K 点的直线，如图 2-13(b) 所示。

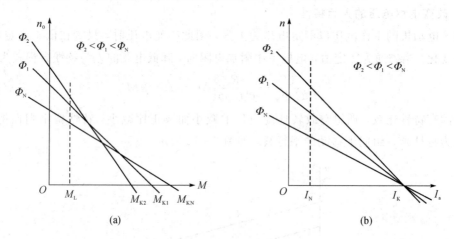

(a)　　　　　　　　　　　　　　　(b)

图 2-13　他励电动机减弱磁通的人为特性

从人为机械特性看出，在一般情况下，电机的端电压常保持为 U_N，电枢回路的电阻又很小，这时因电动机转速较高，负载较轻，$M_L \ll M_K$，故减弱磁通将使电机转速升高。只有当原来电机转速很低，负载转矩特别大，或工作磁通特别小时，如再减弱磁通，反而会发生转速下降的现象。

他励直流电动机人为特性的绘制方法与固有特性的绘制方法相同，只要把相应的参数值代入相应的人为特性方程，即可得出。

四、电气制动方式

在电力拖动系统中，由于生产工艺的要求，往往需要使电动机停转，或者由高速运行迅速转为低速运行，为此需要对电动机进行制动。此外对于具有位能转矩的生产机械，如提升机下放重物，电动机的旋转方向与负载位能转矩的方向一致，为了限制过高的下放速度，以获得稳定的下放速度，也需要对电动机进行制动。

要使电力拖动系统停车，最简单的方法是断开电枢电源，称为自由停车，这种制动减速仅靠很小的摩擦转矩进行，制动时间很长。如果采用机械抱闸进行制动，虽然可以加快停车过程，但使闸瓦磨损严重。对经常处于重复正、反转的拖动系统，为缩短制动时间，可采用电气制动方法，使电动机产生与转速方向相反的转矩，以加快制动减速过程。凡电动机的电磁转矩方向与旋转方向相反时，就称为电动机的制动运行。

电气制动的方法有回馈制动、能耗制动和反接制动三种。

1．回馈制动

回馈制动有两种方式可以实现，即位能负载拖动电动机或降低电压减速的过程，都会产生回馈制动。

1）由位能负载拖动电动机

在具有位能负载的拖动系统中，如提升机下放重物、电车下坡，当转速 n 增大并超过理想空载转速 n_0 时，电动机就由电动状态转变为回馈制动状态。

图 2-14 表示他励电动机拖动提升机下放重物时处于回馈制动的电路图。下放重物时，如电动机转矩 M 的方向与重物转矩 M_L 方向相同，电动机则在本身的电磁转矩 M 和负载位能转矩 M_L 的共同作用下向下放的方向加速，此时尚处于电动运行状态，如图 2-15 所示。随着转速 n 的升高，电机转矩 M 将减小，到 $n=n_0$ 时，$M=0$。但在负载位能转矩 M_L 的带动下，电动机仍继续向下放方向加速，使转速高于理想空载转速。因为 $n>n_0$，则 $E>U$，于是

$$I_a = \frac{U_N - E}{R_a} < 0$$

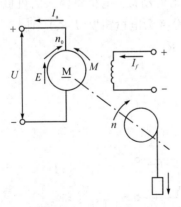
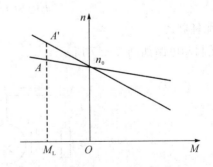

图 2-14　他励电动机回馈制动电路图　　图 2-15　他励电动机回馈制动特性

$I_a<0$，表示电枢电流方向改变，即电流 I_a 与电势方向相同，具有发电并向电网回馈电能的性质。因为磁通 Φ 的方向未变，所以电磁转矩 M 就随 I_a 的反向而反向。M 变得与 n 方向相反，是制动状态。既回馈又制动，故称为回馈制动。由于回馈制动不要改变电机接线，也不改变电机参数，只是在电机轴上加一个位能负载转矩，所以回馈制动的特性方程式仍为

$$n = \frac{U_N}{C_e \Phi_N} - \frac{R_a}{C_e C_m \Phi_N^2} M$$

此时转矩 M 为负值，特性处于第二象限，如图 2-15 中的 $n_0 A$ 线段所示。制动之初，制动转矩 M 小于负载转矩 M_L，电机沿 $n_0 A$ 线段加速下放，随着转速的升高，制动转矩也不断增大，到 A 点时，M 与 M_L 大小相等，方向相反，电机稳定运行于 A 点，重物高匀速下放。

从图中可以看出，在相同的制动转矩作用下，电枢串电阻后，其转速增高。为了限制重物下放速度，回馈制动时，电枢中不应串入附加电阻。

2）降低电枢电压减速

若电机原来工作在电动状态的 A 点，如图 2-16 所示。在突然降低电枢两端的电压瞬间，由于转速来不及变化，电机工作点就沿水平方向由 A 点跃变到 B 点，电枢电势也来不及变化，这就会出现 $E > U$，电枢电流反向，转矩也反向，使电机进入回馈制动状态。在制动转矩作用下，电机迅速减速。当转速降到 $n = n_0'$ 时，制动过程结束。从 n_0' 降到 C 点又属于电动运行状态的减速过程。

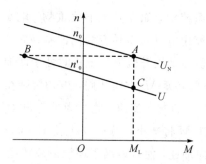

图 2-16　降低电压减速时产生的回馈制动过程

从能量的观点来看，回馈制动时，位能负载带动电动机。电机将输入的机械功率变为电磁功率（EI_a）后，大部分回馈给电网（UI_a），小部分变为电枢铜损（$I_a^2 R_a$），即

$$EI_a = UI_a + I_a^2 R_a \tag{2-20}$$

2. 能耗制动

能耗制动电路如图 2-17 所示。

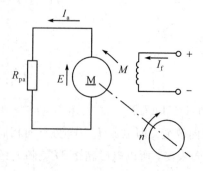

图 2-17　他励电动机能耗制动电路图

　　设电机原处于电动状态运行，制动时，励磁绕组仍接于电源，但将电枢两端从电源断开，并立即把它接到一个附加的制动电阻 R_{pa} 上。在这一瞬间，由于 Φ 与 n 都未变，因此 E 没有变。但电枢已切断电源，则 $U=0$，电枢电流 I_a 为电势 E 所产生。根据电压平衡方程式

$$U = E + I_a(R_a + R_{pa}) = 0$$

则有

$$I_a = -\frac{E}{R_a + R_{pa}}$$

　　显然，电流方向改变，转矩 M 方向也改变，成为制动转矩。在制动过程中，电机由生产机械的惯性作用带动发电，把系统的动能变为电能，消耗在电枢回路的电阻上，故称能耗制动，又叫动力制动。其功率平衡方程式为

$$EI_a = I_a^2(R_a + R_{pa}) \tag{2-21}$$

　　由于 $U=0$，$n_0=0$，故能耗制动特性方程式为

$$n = -\frac{R_a + R_{pa}}{C_e C_m \Phi_N^2} M \tag{2-22}$$

　　由式(2-22)可见，n 为正时，M 为负；$n=0$ 时，$M=0$。所以机械特性处于第二象限，并通过坐标原点，如图 2-18 所示。

　　设制动前电机作电动运行，工作于 A 点。制动开始时，因惯性转速不能突变，工作点移至 B 点。在制动转矩作用下，电动机减速。随着转速的减小，制动转矩也减小，当 $M=0$ 时，$n=0$，电动机停转。

　　如果电动机拖动位能负载，如图 2-19 所示，在正向提升过程中采用能耗制动减速，则当转速制动到零时，在位能负载的作用下，电机将反向加速下放。因 n 反向，所以 E 也反向。此时，$I_a = -\left(\dfrac{-E}{R_a + R_{pa}}\right) > 0$，$M>0$，因此 M 与 n 方向仍然相反，即仍为能耗制动，机械特性位于第四象限，如图 2-18 所示。随着反向转速的增加，制动转矩也增大，直到 $M=M_L$ 时，转速稳定于 C 点，实现重物匀速下放。

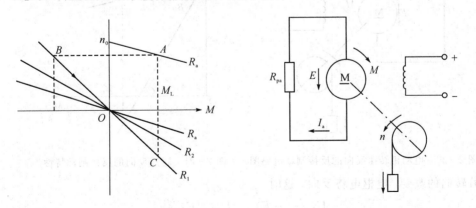

图 2-18　能耗制动特性　　　　　图 2-19　电动机带位能负载的能耗制动电路图

　　改变制动电阻的大小，可得到一组斜率不同的特性曲线。R_{pa} 越小，则特性斜率越小，特性曲线越平，制动转矩越大，制动作用越大。但附加电阻不能太小，否则制动电流及制动

转矩会超过允许值，对电机将造成很大的冲击。如果限制制动电流不超过额定电流的两倍，电枢回路的总电阻应为

$$R_a + R_{pa} \geqslant \frac{E}{2I_N}$$

当 $E \approx U_N$ 时，则可近似认为

$$\frac{E}{2I_N} \approx \frac{U_N}{2I_N}$$

所以电枢中应串的附加电阻为

$$R_{pa} \approx \frac{U_N}{2I_N} - R_a \qquad (2-23)$$

3. 反接制动

反接制动可以用两种方法实现，即转速反向与电枢反接。

1）转速反向的反接制动

转速反向的反接制动电路如图 2-20 所示，它用于位能性负载，例如其可以实现提升机下放重物。

设电动机原先使重物 G 向上提升，在 A 点作电动运行，如图 2-21 所示。当电枢回路串入较大电阻时，电机转速来不及改变，而电磁转矩减小，工作点就由 A 点沿水平线移到人为特性的 B 点。这时电机的电磁转矩 M 小于位能负载转矩 M_L，电机将减速，沿人为特性由 B 点向 C 点变化，到 C 点时，$n=0$，相应的转矩为 M_K。因 $M_K < M_L$，所以在重物的重力作用下，电机反向启动，即电机的转向由原来提升重物变为下放重物，转速逆着电磁转矩的方向旋转，称为转速反向。由于是位能负载倒过来拖着电动机反转的，故又称倒拉反转运行。

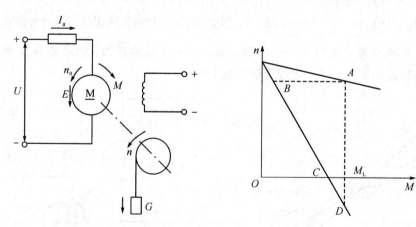

图 2-20　电动机转速反向的反接制动电路图　　图 2-21　转速反向的反接制动特性

随着转向的改变，电枢电势反向。这时

$$I_a = \frac{U_N - (-E)}{R_a + R_{pa}} = \frac{U_N + E}{R_a + R_{pa}} > 0$$

由于 I_a 方向未变，磁通方向也未变，所以电磁转矩方向也没有改变。但转速方向改变了，电机处于制动状态。机械特性方程式为

$$n = \frac{U_N}{C_e\Phi_N} - \frac{R_a + R_{pa}}{C_eC_m\Phi_N{}^2}M \qquad (2-24)$$

上式中：由于 R_{pa} 也很大，所以 β' 很大，$\Delta n > n'_0$，n 为负值，特性处于第四象限，是电动运行特性的延长线。制动初期，制动转矩较小，在位能转矩作用下，反向后的转速增加，E 增大，I_a 和 M 也相应增大。到 D 点时，$M = M_L$，电动机在制动状态下稳定运行，重物匀速下放。

从能量观点看，电流 I_a 与电压 U、电势 E 同方向，电机不但要从电网输入功率，还要从负载中吸取机械功率，共同消耗在电枢回路的电阻上，即

$$UI_a + EI_a = I_a^2(R_a + R_{pa}) \qquad (2-25)$$

2）电枢反接的反接制动

电枢反接的反接制动电路如图 2-22 所示。设电动机原在电动状态下运行，如突然将电枢电源反接，使供电电压反向，则理想空载转速 n_0 反向。但由于惯性作用，电机转速 n 的方向未变，结果 n 与 n_0 方向相反，此时电枢电流为

$$I_a = \frac{-U_N - E}{R_a + R_{pa}} = -\frac{U_N + E}{R_a + R_{pa}} < 0$$

I_a 方向改变，M 方向也改变，为制动转矩。机械特性方程式为

$$n = -\frac{U_N}{C_e\Phi_N} - \frac{R_a + R_{pa}}{C_eC_m\Phi_N{}^2}M \qquad (2-26)$$

由上式可见，n_0 为负值，M 亦为负值，机械特性位于第三象限，如图 2-23 所示。如电动机原来工作在电动状态的 A 点，现将电枢串入电阻，并突然反接，则电磁转矩变为 $-M_B$，转速不突变，$n_B = n_A$，工作点由 A 点移到 B 点，处于反接制动。制动电流 $I_a = \frac{-U_N - E}{R_a + R_{pa}}$，大小决定于 U_N 与 E 之和，制动电流非常大，产生强烈的制动作用，使电机沿特性 BC 迅速减速到零。

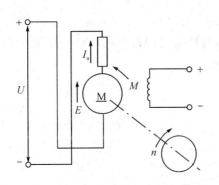

图 2-22　电枢反接的反接制动电路图

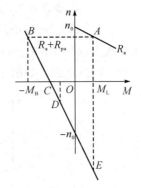

图 2-23　电枢反接的反接制动特性

对于反作用负载，采用电枢反接的反接制动减速，当转速 n 减到零时，如制动转矩小于负载转矩，电机便在 C 点停车。如 $M > M_L$，则电机反向启动，进入反向电动状态，并沿特性 CD 加速到 D 点稳定运行。对于位能性负载，当转速 n 减到零时，由于电磁转矩 M 和负载的位能转矩 M_L 方向相同，在 M 与 M_L 的共同作用下，电机沿特性 CE 反向加速，最后会进入回馈制动状态，并在正点稳定运行。

由于反接制动产生过大的电枢电流和强烈的制动作用，会引起电网电压的波动以及使系统受到很大的机械冲击。为了限制制动电流，电枢回路必须串入很大的附加制动电阻，按照最大电流不超过额定电流的 2 倍，可认为

$$R_a + R_{pa} \geqslant \frac{U_N + E}{2I_N} \approx \frac{2U_N}{2I_N} = \frac{U_N}{I_N}$$

所以

$$R_{pa} \geqslant \frac{U_N}{I_N} - R_a \qquad (2-27)$$

与式(2-23)比较，反接制动的 R_{pa} 比能耗制动的 R_{pa} 差不多大 1 倍，机械特性曲线比能耗制动特性曲线陡得多，因而制动作用更为强烈。

能力体现

下面通过两个案例说明如何利用电动机铭牌参数和运行要求绘制机械特性曲线和确定运行条件。

【例 2-1】 有一台他励直流电动机的数据如下：$P_N = 40 \text{ kW}$，$U_N = 220 \text{ V}$，$I_N = 212 \text{ A}$，$n_N = 750 \text{ r/min}$。试绘制：① 固有机械特性；② 磁通为 $0.8\phi_N$ 时的人为机械特性。

解 （1）绘制固有机械特性曲线。

$$R_a = \frac{U_N I_N - P_N}{2I_N^2} = \frac{220 \times 212 - 40 \times 10^3}{2 \times 212^2} \approx 0.074 \ \Omega$$

$$C_e \Phi_N = \frac{U_N - I_N R_a}{n_N} \approx \frac{220 - 212 \times 0.074}{750} \approx 0.272$$

$$n_0 = \frac{U_N}{C_e \Phi_N} \approx \frac{220}{0.272} = 809 \ \text{r} \cdot \text{min}$$

$$C_m \Phi_N = 9.55 C_e \Phi_N \approx 9.55 \times 0.272 \approx 2.598$$

$$M_N = C_m \Phi_N I_N \approx 2.598 \times 212 \approx 551 \ \text{N} \cdot \text{m}$$

通过理想空载点($M=0$，$n_0 = 809 \text{ r/min}$)与额定点($M_N \approx 551 \text{ N} \cdot \text{m}$，$n_N = 750 \text{ r/min}$)即可绘出固有机械特性曲线，如图 2-24 所示。

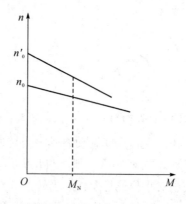

图 2-24 例 2-1 的固有机械特性曲线

（2）绘制 $\phi = 0.8\phi_N$ 时的人为特性。

$$n_0' = \frac{U_N}{0.8C_e\Phi_N} \approx \frac{220}{0.8 \times 0.272} \approx 1011 \text{ r/min}$$

$$\Delta n = \frac{R_a}{C_e C_m \Phi_N^2} M_N = n_0 - n_N \approx 809 - 750 = 59 \text{ r/min}$$

$$\Delta n' = \frac{R_a}{C_e C_m (0.8\Phi_N)^2} M_N \approx \frac{\Delta n}{0.8^2} \approx \frac{59}{0.64} \approx 92 \text{ r/min}$$

$$n_1' = n_0' - \Delta n' = 1011 - 92 = 919 \text{ r/min}$$

通过点（$M=0$，$n_1' = 1011$ r/min）与点（$M_L \approx 551$ N·m，$n_N \approx 919$ r/min）即可绘出人为机械特性曲线，如图 2-24 所示。

【例 2-2】　有一台他励直流电动机的数据如下：$P_N = 100$ kW，$U_N = 220$ V，$I_N = 475$ A，$n_N = 475$ r/min。试求在 n_N 下进行能耗制动时串接的制动电阻值，并绘制机械特性曲线。

解　（1）求制动电阻。

根据最大制动电流不超过 $2I_N$ 的要求，即

$$I_B = 2I_N = 2 \times 475 = 950 \text{ A}$$

$$R_a = \frac{U_N I_N - P_N}{2I_N^2} = \frac{220 \times 475 - 100 \times 10^3}{2 \times 475^2} = 0.01 \text{ }\Omega$$

$$R_{pa} = \frac{U_N}{2I_N} - R_a = \frac{220}{2 \times 475} - 0.01 = 0.222 \text{ }\Omega$$

（2）绘制机械特性曲线。

$$C_e\Phi_N = \frac{U_N - I_N R_a}{n_N} = \frac{220 - 475 \times 0.01}{475} = 0.453$$

$$C_m\Phi_N = 9.55 C_e\Phi_N = 9.55 \times 0.453 = 4.326$$

因能耗制动是一条位于第二象限并通过原点的直线，制动开始点的转速 $n_N = 475$ r/min，电流 $I_B = -950$ A，故

$$M_B = C_m\Phi_N I_B = 4.326 \times (-950) = -4110 \text{ N·m}$$

通过点（-4110，475）与原点即可绘出能耗制动机械特性，如图 2-25 所示。

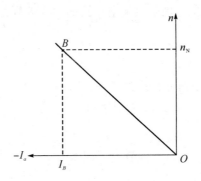

图 2-25　例 2-2 的能耗制动机械特性

任务描述

　　串励直流电动机在矿山运输机车中得到广泛应用，对其性能特点的分析有助于正确、安全、合理地使用串励电机车。

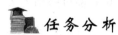 **任务分析**

　　通过对其机械特性曲线的分析，认识串励直流电动机在负载变化时的速度自动调节、过载能力、启动能力等方面的特点，以及电气制动方法和性能。此外，掌握由电动机铭牌参数来绘制机械特性曲线的方法，为启动、调速、制动等性能的分析打下良好的基础。

 相关知识

　　串励直流电动机的电路如图 2 - 26 所示。图中 R_a 为电枢绕组电阻，R_{pa} 为电枢回路串接的附加电阻，R_f 为励磁绕组电阻。因励磁绕组线径粗，匝数少，所以励磁绕组的电阻值很小。

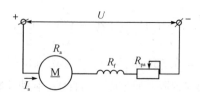

图 2 - 26　串励直流电动机电路图

　　串励电动机的电枢电流 I_a 就是励磁电流，磁通 Φ 随电枢电流变化，两者的关系为 $\Phi = f(I_a)$，这就是串励直流电动机与他励直流电动机的主要区别。

一、机械特性方程式

　　串励直流电动机的电压平衡方程式为

$$U = E + I_a(R_a + R_f) \tag{2-28}$$

电磁转矩为

$$M = C_m \Phi I_a \tag{2-29}$$

反电势为

$$E = C_e \Phi n \tag{2-30}$$

　　由上述三个基本方程式可以求出和他励直流电动机形式上相同的特性方程。以电流 I_a

表示的转速特性方程式为

$$n = \frac{U - I_a R}{C_e \Phi} \qquad (2-31)$$

以转矩 M 表示的机械特性方程式为

$$n = \frac{U}{C_e \Phi} - \frac{R}{C_e C_m \Phi^2} M \qquad (2-32)$$

式中：$R = R_a + R_f + R_{pa}$，表示电枢电路总电阻。

在式(2-31)、式(2-32)中，磁通 Φ 是电枢电流 I_a 的函数，它们的关系可用电机磁路的磁化曲线说明，如图 2-27 所示。因磁化曲线不能用准确的公式表示，故方程式(2-31)与式(2-32)是非线性关系，不能用解析方法表示。

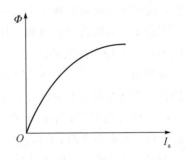

图 2-27　串励直流电动机磁化曲线

二、固有机械特性

固有特性是指当电压 $U = U_N$，电枢没有串入附加电阻时所具有的特性，其固有转速特性方程式为

$$n = \frac{U_N - I_a(R_a + R_f)}{C_e \Phi} \qquad (2-33)$$

由磁化曲线可知，串励电动机当磁路未饱和时，磁通与电流成线性关系，即

$$\Phi = K I_a \qquad (2-34)$$

此时电机转矩可表示为

$$M = C_m \Phi I_a = C_m K I_a^2 = C I_a^2 \qquad (2-35)$$

将式(2-34)代入式(2-33)，得

$$n = \frac{U_N}{C_e K I_a} - \frac{R_a + R_f}{C_e K I_a} I_a = \frac{a}{I_a} - B \qquad (2-36)$$

式中：$a = \dfrac{U_N}{C_e K}$，$B = \dfrac{R_a + R_f}{C_e K}$，均为常数。

式(2-36)表明，串励直流电动机的转速特性是一条双曲线，其渐近线方程为 $I_a = 0$ 和 $n = -B$ 两条直线，如图 2-28 所示。

再把式(2-35)代入式(2-36)，可得串励电动机的机械特性方程，即

$$n = \frac{a}{\sqrt{\dfrac{M}{C}}} - B = \frac{A}{\sqrt{M}} - B \qquad (2-37)$$

式中：$A = a\sqrt{C} = \dfrac{U_N \sqrt{C}}{C_e K}$，为常数。

式(2-37)表明，磁路未饱和时，$n = f(M)$ 接近于双曲线。

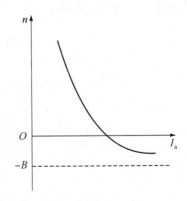

图 2-28　串励直流电动机的转速特性

由磁化曲线看出，当 I_a 增大到磁路饱和时，Φ 等于常数。因 $M = C_m \Phi_N I_a$，则 M 与 I_a 成正比，机械特性可近似地认为是一条斜直线。

实际上，电机的磁化曲线是连续变化的，因此串励电动机的机械特性是由轻载时的双曲线随负载增加而逐渐趋向于一条直线，如图 2 - 29 所示。

应当指出，通过式（2 - 36）和式（2 - 37）得到的机械特性，只能对串励电动机进行定性的分析。

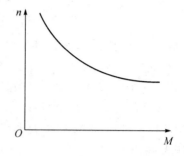

由机械特性可知，串励电动机实质上不存在理想空载转速。电机空载时，I_a 接近于零，主极磁通只有很小的剩磁，n_0 必将超过额定转速很多倍，造成电机的损坏，这是不允许的。因此串励电动机不容许空载运行，也不能用皮带传动，以免因皮带断开或脱落时，电机发生"飞车"危险。

图 2 - 29　串励直流电动机的机械特性

由机械特性可以看出，电机负载增加时，转速降落较大，特性呈"软"特性。这种特性称为牵引特性，它适用于起重运输设备。如矿用电机车采用串励电动机拖动，当负载增加时，转速自动降低，起到安全保护作用。

三、人为机械特性

串励直流电动机可以采用在电枢回路中串接附加电阻、降低电源电压以及改变磁通等方法获得各种人为特性。

1. 电枢串接附加电阻的人为特性

供电电压为额定值时，电枢串附加电阻的人为特性方程式为

$$n = \frac{U_N}{C_e \Phi} - \frac{R_a + R_f + R_{pa}}{C_e C_m \Phi^2} M \qquad (2 - 38)$$

与固有特性比较，串接 R_{pa} 后，I_a 和 Φ 未变，但电阻压降增大。由 $E = U - I_a(R_a + R_f + R_{pa})$ 可知，在相同的负载电流下，反电势变小，转速降低。故人为特性在固有特性的下方，其形态与固有特性相似，如图 2 - 30 所示。

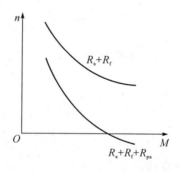

图 2 - 30　串励直流电动机电枢串接附加电阻的人为特性

2. 降低电源电压的人为特性

电枢不串附加电阻，降低电源电压的人为特性方程式为

$$n = \frac{U}{C_e\Phi} - \frac{R_a + R_f}{C_e C_m \Phi^2} M \qquad (2-39)$$

人为特性如图 2-31 所示。在相同的电枢电流 I_a 和电磁转矩 M 下，降低电压 U 后，电机转速 n 降低，但特性硬度未变。故人为特性由固有特性平行下移。

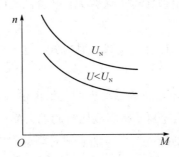

图 2-31　串励直流电动机降低电源电压的人为特性

3. 励磁绕组并联分路电阻的人为特性

电路如图 2-32 所示。励磁绕组未并联 R_b 时，$I_f = I_a$。励磁绕组并联 R_b 后，$I_f = \frac{R_b}{R_b + R_f}$，即 $I_f < I_a$，磁通减弱。机械特性位于固有特性的上面，如图 2-33 中曲线 2 所示。与固有特性 1 比较，它的机械特性显得更"软"。

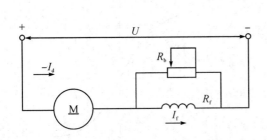

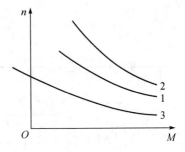

图 2-32　串励直流电动机励磁绕组并联分路电阻的电路图　　图 2-33　串励直流电动机改变磁通的人为特性

4. 电枢绕组并联分路电阻的人为特性

电路如图 2-34 所示。当电枢两端并联分路电阻 R_b 后，则 $I_f = I_a + I_b$，磁通增加。同时，由于 I_b 在电阻 R_{pa} 上引起附加电压降，使电枢两端电压降低，导致转速大大降低，机械特性位于固有特性之下，如图 2-33 中曲线 3 所示。特性硬度较大，有理想空载转速。

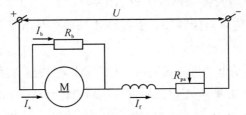

图 2-34　串励直流电动机电枢绕组并联分路电阻的电路图

四、电气制动方法

串励电动机有两种制动状态：能耗制动与反接制动。在正常接线情况下不能实现回馈制动，因为串励电动机的理想空载转速为无穷大，电动机的反电势 E 无法超过电网电压 U。

1. 能耗制动

实现能耗制动时，可以将励磁绕组接成自励方式，也可接成他励方式。

1）自励能耗制动

自励能耗制动是将具有一定转速的电动机的电枢由电源断开，用附加电阻将电枢与励磁绕组接通。应该注意，自励能耗制动是靠剩磁自励的，在连接励磁绕组时，必须保持励磁电流的方向和制动前相同，使励磁电流产生的磁通对剩磁起助磁作用，如图 2-35 所示，否则不能产生制动转矩。

将电动状态的电路断开接成能耗制动电路时，剩磁磁通方向未变，电机因惯性继续旋转，切割剩磁磁通而产生电动势。

在电动势的作用下，电枢电流改变方向，故转矩 M 亦改变方向，M 为制动转矩。机械特性如图 2-36 所示。由图可知，在制动中，高速时制动转矩大，低速时制动转矩小，延迟了制动时间。

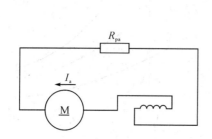

图 2-35　串励电动机自励能耗制动电路图　　图 2-36　串励电动机自励能耗制动的机械特性

自励能耗制动不需要外接励磁电流，因而可以在断电事故状态下，进行安全制动。矿用电机车的串励电动机采用此种制动。

2）他励能耗制动

他励能耗制动是在制动时将电枢绕组脱离电源接到电阻上，而励磁绕组仍接在电源上，形成他励。由于励磁绕组电阻很小，要在励磁回路中接入附加的限流电阻 r_{pf}，如图 2-37 所示。

这时的工作状态与他励电动机能耗制动一样，其机械特性为通过原点的斜直线，如图 2-38 所示。由图可知，当电机从 A 点开始进入他励能耗制动后，电机沿 BO 线减速，直到转速为零。若是位能负载，由于位能负载转矩的作用，使电机反转，最后在 C 点稳定运行，实现低匀速下放，以防止超速。

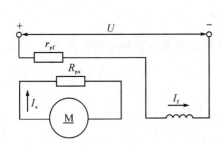

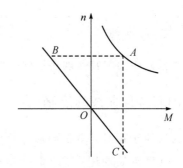

图 2-37 串励电动机他励能耗制动电路图　　图 2-38 串励电动机他励能耗制动的机械特性

2. 反接制动

串励电动机的反接制动有两种，即用于位能负载的转速反向反接制动（如图 2-39 所示）和电枢反接的反接制动（如图 2-40 所示）。

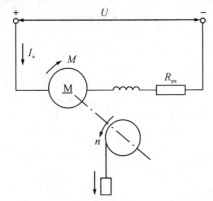

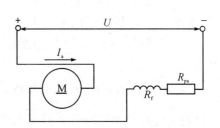

图 2-39 串励电动机转速反向反接制动电路图　　图 2-40 串励电动机电枢反接的制动电路图

串励电动机反接制动的物理现象与他励电动机相同，转速反向的机械特性为电动状态人为特性在第四象限的延长线，如图 2-41 所示，电枢反接的机械特性则在第二象限，如图 2-42 所示。

必须指出，为了得到反向的转矩，磁通 Φ 与电流 I_a 只能有一个改变方向，通常是改变 I_a 的方向，即反接电枢，而励磁电流 I_f 及磁通 Φ 仍维持原来方向。反接制动时，电枢回路必须串入足够大的附加电阻，以限制制动电流。

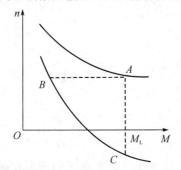

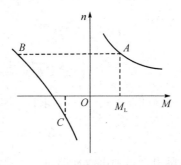

图 2-41 串励电动机转速反向特性　　图 2-42 串励电动机电枢反接的机械特性

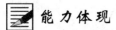 能 力 体 现

本任务能力主要体现在根据铭牌参数和外界条件计算和绘制机械特性曲线。

一、固有特性曲线的绘制

为了便于运算，电机制造厂用实验的方法绘出了各种系列电机的通用特性，载于产品样本中，作为计算依据。特性曲线的坐标采用相对额定值，其中转速用 n^* $\left(n^* = \dfrac{n}{n_N}\right)$ 表示，电流用 I^* $\left(I^* = \dfrac{I_a}{I_N}\right)$ 表示，转矩用 M^* $\left(M^* = \dfrac{M}{M_N}\right)$ 表示。图 2-43 绘出了 ZZ 系列串励电动机的通用特性。图中 $n^* = f(I^*)$ 的曲线 1 对应于机座号 1~4，曲线 2 对应于机座号 5~8。$M^* = f(I^*)$ 为电机输出转矩与电枢电流的关系。在忽略损耗的条件下，M 也可表示电磁转矩。

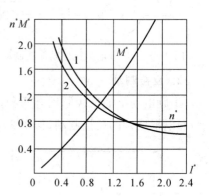

图 2-43　ZZ 系列串励电动机的
　　　　　通用特性

在通用特性基础上，固有特性的绘制方法可归纳如下：

（1）查出电机铭牌上的额定数据 P_N、U_N、I_N 和 n_N。

（2）由 $M_N = 9550 \dfrac{P_N}{n_N}$ 计算出电机额定输出转矩。

（3）给出一系列的 I^* 值，从产品样本中的电机通用特性 $n^* = f(I^*)$ 和 $M^* = f(I^*)$ 中找出相应的 n^* 与 M^* 值。

（4）把 n^* 与 M^* 换算成用绝对单位表示的 n 与 M 实在值，则得出 $n = f(M)$ 的固有特性。

二、电枢串附加电阻人为特性的绘制

串励电动机固有转速特性方程式为

$$n = \frac{U_N - I_a(R_a + R_f)}{C_e \varPhi}$$

则有

$$C_e \varPhi = \frac{U_N - I_a(R_a + R_f)}{n} \tag{2-40}$$

式中：$(R_a + R_f)$ 可根据式（2-14）求得，即

$$R_a + R_f = \frac{3}{4} \frac{U_N I_N - P_N}{I_N^2} \tag{2-41}$$

由于串励电动机的电枢回路包含了串励绕组，以致使额定负载下的铜损比他励电动机要大，故采用 3/4 的系数。

当电压恒定，电枢串附加电阻时，人为特性的转速方程式为

$$n' = \frac{U_{\mathrm{N}} - I_{\mathrm{a}}(R_{\mathrm{a}} + R_{\mathrm{f}} + R_{\mathrm{pa}})}{C_e \Phi} \qquad (2 - 42)$$

则

$$\frac{n'}{n} = \frac{U_{\mathrm{N}} - I_{\mathrm{a}}(R_{\mathrm{a}} + R_{\mathrm{f}} + R_{\mathrm{pa}})}{U_{\mathrm{N}} - I_{\mathrm{a}}(R_{\mathrm{a}} + R_{\mathrm{f}})}$$

所以

$$n' = n \times \frac{U_{\mathrm{N}} - I_{\mathrm{a}}(R_{\mathrm{a}} + R_{\mathrm{f}} + R_{\mathrm{pa}})}{U_{\mathrm{N}} - I_{\mathrm{a}}(R_{\mathrm{a}} + R_{\mathrm{f}})} \qquad (2 - 43)$$

人为特性的绘制方法是：把通用特性 $n^* = f(I^*)$ 上各点的 I^* 值换算成用绝对单位表示的 I_{a} 值，将给定的附加电阻 R_{pa} 与换算的 n 和 I_{a} 值代入式(2-43)，算出对应的人为特性上一系列的 n' 值，连接这些点，则绘出人为转速特性 $n = f(I_{\mathrm{a}})$ 曲线。利用转矩与电流的关系 $M = f(I_{\mathrm{a}})$，可绘出人为机械特性 $n = f(M)$ 曲线。

三、降低电源电压人为特性的绘制

用上述同样的分析方法，可得降压后的 n'。

$$n' = n \times \frac{U - I_{\mathrm{a}}(R_{\mathrm{a}} + R_{\mathrm{f}})}{U_{\mathrm{N}} - I_{\mathrm{a}}(R_{\mathrm{a}} + R_{\mathrm{f}})} \qquad (2 - 44)$$

在给定电流 I_{a} 的条件下，电机转速降低，特性硬度没变。人为特性绘制方法与电枢串电阻时相同。

矿用电机车用的串励电动机，一般称牵引电动机。电动机制造厂一般不会给出通用特性，而是按电机车运行速度 u、牵引力 F 和电流 I 给出工作特性 $v = f(I)$ 与 $F = f(I)$。图 2-44 绘出了矿用电机车牵引电动机的特性曲线，图中牵引力用 kg 表示，计算时要换算成国际单位。

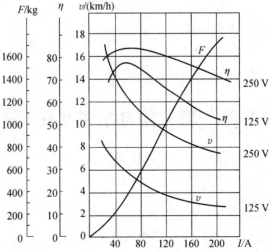

图 2-44　矿用电机车 ZQ 型牵引电动机工作特性

【例 2-3】　一台串励直流电动机的铭牌数据如下：$P_N=17$ kW，$U_N N=220$ V，$I_N=92$ A，$n_N=630$ r/min。试绘制：① 固有机械特性；② 电枢串接附加电阻 $R_{pa}=0.5\Phi$ 的人为机械特性。

解　（1）绘制固有机械特性。

① 计算电机额定输出转矩：

$$M_N = 9550 \frac{P_N}{n_N} = 9550 \times \frac{17}{630} = 257.7 \text{ N} \cdot \text{m}$$

② 给出一系列的 I^* 值，从通用特性中（图 2-43）找出相应的 n^* 与 M^* 值，列入表 2-1 中。

表 2-1　案例 2-3 数据表

I^*	0.4	0.6	0.8	1.0	1.2	1.6	2.0
n^*	1.80	1.40	1.18	1.10	0.94	0.80	0.70
M^*	0.23	0.50	0.70	1.00	1.30	1.89	2.56
n	1134	882	743	693	592	504	441
M	59.2	128.8	180.3	257.7	335	487	659.7
I_a	36.8	55.2	73.6	92.0	110.4	147.2	184
n'	1035	764	607	529	419	296	200

③ 把 n^* 与 M^* 换算成绝对单位表示的 n 与 M 值，列入表 2-1 中。

④ 绘出 $n = f(M)$ 的固有特性，如图 2-45 中曲线 1 所示。

（2）绘制电枢串 $R_{pa}=0.5$ Ω 的人为特性。

① 计算包括励磁绕组在内的电枢电阻：

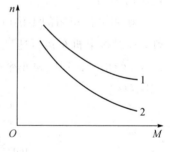

$$R_a + R_f = \frac{3}{4} \frac{U_N I_N - P_N}{I_N^2}$$

$$= \frac{3 \times (220 \times 92 - 17 \times 10^3)}{4 \times 92^2} = 0.29 \text{ Ω}$$

② 将 I^* 换算成用绝对单位表示的 I_a 值，列入表 2-1 中。

③ 用式（2-43）算出 n'。

④ 绘出 $n' = f(M)$ 的人为特性，如图 2-45 中曲线 2 所示。

图 2-45　例 2-3 的机械特性

任务四　异步电动机的机械特性

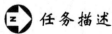 **任务描述**

异步电动机是目前煤矿井下使用最广泛的电动机，掌握好该电动机的运行性能对在使用中合理进行启动、调速、正反转、制动等均具有重要意义。

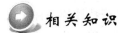任务分析

异步电动机的机械性能是通过机械特性来反映的，分析其机械特性的变化规律以及特性曲线上的特殊点对掌握其运行特性是主要任务。此外，根据负载的需要改善其运行性能体现了对电动机的合理利用。

相关知识

异步电动机的工作原理是在定子中通入三相交流电流，产生旋转磁场，依靠电磁感应作用，使转子绕组感生电流，产生电磁转矩，从而实现拖动作用。

所谓"异步"是指电机转速 n 低于旋转磁场转速（同步转速 n_0），转子与旋转磁场之间存在相对运动，这是异步电动机工作的关键。

旋转磁场的转速为

$$n_0 = \frac{60f}{p} \tag{2-45}$$

式中：f 为电网频率；P 为电机磁极对数。

电动机的转差率为

$$s = \frac{n_0 - n}{n_0} \tag{2-46}$$

异步电动机结构简单，制造方便，运行可靠，价格低廉，广泛地应用于矿山电力拖动系统。

一、机械特性方程式

因异步电动机的转速与转差率存在式（2-46）的关系，所以异步电动机的机械特性除用 M 与 n 的函数形式表示外，也可以用 M 与 s 的函数形式表示。

由于异步电动机 M 与 n 的机械特性呈非线性关系，在分析机械特性表达式时，把转速 n（或转差率 s）作为自变量，把电磁转矩 M 作为因变量，写成 $M = f(n)$ 或写成 $M = f(s)$ 更为方便。不过，画特性曲线时，习惯上仍以横坐标为 M，纵坐标为 n（或 s）。

异步电动机的机械特性有以下三种表达形式。

1. 物理表达式

$$M = C_m \Phi I_2' \cos\varphi_2 \tag{2-47}$$

式中：C_m 为异步电动机转矩系数；Φ 为异步电动机每极磁通；I_2' 为转子电流折算值；$\cos\varphi_2$ 为转子回路的功率因数。

$$C_m = \frac{m_1 p N_1 K_1}{\sqrt{2}} \tag{2-48}$$

式中：m_1 为定子绕组相数；N_1 为定子每相串联匝数；K_1 为定子绕组系数。

$$I_2' = \frac{E_2'}{\sqrt{\left(r_1 + \dfrac{r_2'}{s}\right)^2 + (x_1 + x_2')^2}} \approx \frac{E_2'}{\sqrt{\left(\dfrac{r_2'}{s}\right)^2 + (x_1 + x_2')^2}} \tag{2-49}$$

式中：E_2' 为转子电势折算值；r_1、x_1 为定子绕组每相的电阻和漏抗；r_2'、x_2' 为转子绕组每相电阻和漏抗的折算值。

$$\cos\varphi_2 = \frac{r_2'}{\sqrt{(r_2')^2 + s^2(x_1 + x_2')^2}} = \frac{r_2'/s}{\sqrt{\left(\dfrac{r_2'}{s}\right)^2 + (x_1 + x_2')^2}} \qquad (2-50)$$

结合式(2-47)、式(2-49)与式(2-50)可以看出 N 与 S 有关。式(2-47)反映了在不同的转速时，M 与 Φ 及转子电流有功分量 $I_2'\cos\varphi_2$ 间的关系，因此它是机械特性的一种表现形式。在物理上，这三个量的方向必须遵循左手定则，故称为物理表达式。用它分析异步电动机在各种运行状态下的转矩 M 与磁通 Φ 及转子电流有功分量 $I_2'\cos\varphi_2$ 间的方向关系比较方便。

2. 参数表达式

物理表达式不能直接反映异步电动机转矩与电机一些参数的关系，为此需要知道机械特性的参数表达式。

根据电机学知识可以推导出异步电动机机械特性的参数表达式为

$$M = \frac{3p}{2\pi}\frac{U_1^2}{f_1}\frac{r_2'/s}{\left(r_1 + \dfrac{r_2'}{s}\right)^2 + (x_1 + x_2')^2} \qquad (2-51)$$

当电机磁极对数 p 不变并忽略定子相电阻 r_1 时，式(2-51)可简写为

$$M = A\frac{U_1^2}{f_1}\frac{r_2'/s}{\left(\dfrac{r_2'}{s}\right)^2 + (x_1 + x_2')^2} \qquad (2-52)$$

或

$$M = A\frac{U_1^2}{f_1}\frac{r_2'}{{r_2'}^2 + s^2(x_1 + x_2')^2} \qquad (2-53)$$

式(2-52)给出了以转差率 s 表示的异步电动机机械特性的参数表达式。当 r_1、x_1、x_2 给定后，可绘出 $M = f(s)$ 曲线，习惯上将机械特性曲线绘制成 $s = f(M)$，如图 2-46 所示。

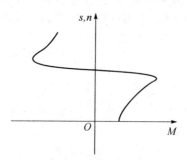

图 2-46　异步电动机机械特性

由式(2-52)可知，当 x、x_2、f_1、U_1 恒定时，在给定某个转矩的条件下，r_2'/s 比值为一常数，表明转差率 s 与转子回路电阻折算值成正比，即

$$\frac{r'_2}{s} = \frac{r'_2 + r'_f}{s'}$$

因为在 $r'_2 = K^2 r_2$ 式中，K 为变比，所以

$$\frac{r_2}{s} = \frac{r_2 + r_f}{s'} \qquad (2-54)$$

上式说明，当转矩一定时，转差率与转子回路电阻成正比，也可以说在同一转矩下，转子电阻之比等于转差率之比。

式 $(2-52)$ 为二次方程式，故在某一转差率 s_m 时，转矩有一最大值 M_{max}，称为异步电动机的最大转矩。

s_m 是产生最大转矩 M_{max} 时对应的转差率，称为临界转差率。将式 $(2-51)$ 对转差率 s 求导数，并让 $\dfrac{\mathrm{d}M}{\mathrm{d}s} = 0$，即可求得

$$s_m = \pm \frac{r'_2}{\sqrt{r_1^2 + (x_1 + x'_2)^2}} \qquad (2-55)$$

将式 $(2-55)$ 代入式 $(2-51)$，得最大转矩为

$$M_{max} = \pm A \frac{U_1^2}{f_1} \cdot \frac{1}{2\left[\pm r_1^2 + \sqrt{r_1^2 + (x_1 + x'_2)^2}\right]} \qquad (2-56)$$

式中：正号表示电动运行状态，负号适用于发电运行状态。

通常 $r_1 \ll x_1 + x'_2$，r_1^2 值不超过 $(x_1 + x'_2)^2$ 的 5%，故 r_1 可以忽略，上述二式可近似地写成

$$s_m \approx \pm \frac{r'_2}{x_1 + x'_2} \qquad (2-57)$$

$$M_{max} \approx \pm A \cdot \frac{U_1^2}{f_1} \cdot \frac{1}{2(x_1 + x'_2)} \qquad (2-58)$$

由式 $(2-57)$ 与式 $(2-58)$ 可知：

(1) 当电机各参数及电源频率不变时，M_{max} 与 U_1^2 成正比，s_m 与 U_1 无关。

(2) 当电源频率及电压不变时，s_m 和 M_{max}，都与 $x_1 + x'_2$ 近似地成反比。

(3) s_m 与 r'_2 成正比，M_{max} 则与 r'_2 无关。

异步电动机还有一个重要参数，即启动转矩 M_{st}，它是异步电动机开始启动时的电磁转矩。因为此时 $n=0$，$s=1$，代入式 $(2-52)$，得

$$M_{st} \approx A \frac{U_1^2}{f_1} \cdot \frac{r'_2}{(r'_2)^2 + (x_1 + x'_2)^2} \qquad (2-59)$$

对于绕线型异步电动机，转子回路可串接附加电阻 r_{pa}，此时公式为

$$M_{st} \approx A \frac{U_1^2}{f_1} \cdot \frac{r'_2 + r'_{pa}}{(r'_2 + r'_{pa})^2 + (x_1 + x'_2)^2} \qquad (2-60)$$

由式 $(2-60)$ 可见，启动转矩仅与电机本身参数及电源有关，与负载无关。在转子回路串入一定的附加电阻 r_{pa}，可以增大启动转矩，改善启动性能。

3. 实用表达式

参数表达式对于分析转矩与电机参数间的关系是很有用的。但是，由于定子与转子参数 r_1、x_1、r_2^2 及 x_2' 未记入电机的产品目录，用参数表达式来绘制机械特性或进行分析计算就很不方便，所以人们希望能用电机的一些技术参数和额定数据来绘制机械特性，为此我们在这里导出只与外部运行参数有关的实用表达式。

将式(2-51)除以式(2-56)，并考虑式(2-55)，忽略 r_1，经整理后得

$$M = \frac{2M_{max}}{\dfrac{s_m}{s} + \dfrac{s}{s_m}} \tag{2-61}$$

上式说明了 M 与 s 的关系，用它来进行特性的计算与绘制，方便实用，故称为实用表达式。式中的 M_{max} 与 s_m 可从电机产品目录中查出的数据求得。

电动机的最大转矩 M_{max} 与额定转矩 M_N 之比，表示了电机的过载性能，其公式为

$$\frac{M_{max}}{M_N} = \lambda_m$$

所以

$$M_{max} = \lambda_m M_N \tag{2-62}$$

式中：λ_m 为电机过载系数，载于电机产品目录中；M_N 为 $9550\dfrac{P_N}{n_N}$。

当 $s = s_N$ 时，$M = M_N$，代入式(2-61)，得

$$M_N = \frac{2M_{max}}{\dfrac{s_N}{s_m} + \dfrac{s_m}{s_N}}$$

$$\frac{2}{\dfrac{s_N}{s_m} + \dfrac{s_m}{s_N}} = \frac{M_N}{M_{max}} = \frac{1}{\lambda_m}$$

$$\frac{s_m}{s_N} + \frac{s_N}{s_m} - 2\lambda_m = 0$$

解得

$$s_m = s_N(\lambda_m \pm \sqrt{\lambda_m^2 - 1}) \tag{2-63}$$

实际情况是 $s_m > s_N$，故上式取正号。

一般异步电动机在额定负载范围内运行，它的转差率很小，$\dfrac{s}{s_m} \ll \dfrac{s_m}{s}$，如忽略 $\dfrac{s}{s_m}$，式(2-61)可简化为

$$M = \frac{2M_{max}}{s_m}s \tag{2-64}$$

上式为机械特性的近似计算公式。经过上述简化，使异步电动机的机械特性呈线性变化关系，称为特性的工作部分，使用更为方便。

应用近似计算公式时，其临界转差率可用 $s = s_N$、$M = M_N$ 代入式(2-64)求得为

$$s_m = 2\lambda_m s_N \tag{2-65}$$

二、固有机械特性

固有机械特性是指电动机工作在额定电压与额定频率下，按规定的接线方式接线（如接成星形或三角形），并在定、转子回路不外接电阻（电抗或电容）时所获得的特性曲线。图 2-47 所示为电动状态的固有机械特性，图中有四个反映电机工作的特殊运行点。

（1）启动点 A：特点是 $n=0(s=1)$，$M=M_{st}$。

（2）同步点 B：特点是 $n=n_0(s=0)$，$M=0$。

（3）额定点 C：特点是 $n=n_N(s=s_N)$，$M=M_N$。

（4）临界点 D：特点是 $s=s_m$，$M=M_{max}$。

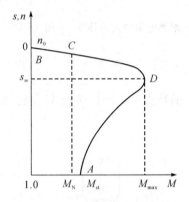

图 2-47 电动状态的固有机械特性

三、人为机械特性

由机械特性参数表达式可知，除了自变量 s 和因变量 M 外，若改变电机的某一个参数或电源的一个参数，可得到不同的人为特性。下面仅分析两种人为特性。

1. 转子串三相对称附加电阻的人为特性

在绕线型异步电动机转子回路内三相分别串接同样大小的电阻 r_{pa}，由式（2-52）、式（2-57）及式（2-58）可知，串接 r_{pa} 后，特性的形状不变，n_0 不变，M_{max} 也不变，s_m 则随 r_{pa} 的增加而增长。由式（2-60）可知，M_{st} 亦随 r_{pa} 改变。开始 M_{st} 随 r_{pa} 的增加而增大，当 $r'_2+r'_{pa}=x_1+x'_2$ 时，$s_m=\dfrac{r'_2+r'_f}{x_1+x'_2}=1$，$M_{st}=M_{max}$。如 r_{pa} 再继续增加，则 M_{st} 将开始减小。如图 2-48所示，人为特性为通过 n_0 的一簇曲线。

2. 降低定子电压的人为特性

当定子的端电压 U_1 降低时，由参数表达式可知，电动机的电磁转矩（包括最大转矩 M_{max} 和启动转矩 M_{st}）将与 U_1^2 成正比地减小，但 s_m 因与电压无关，保持不变，n_0 也不变。降压后的转矩 M' 为

$$M' = M \left(\frac{U'_1}{U_N}\right)^2 \tag{2-66}$$

式中：M 为电压为额定值 U_N 时的转矩。

人为特性如图 2-49 所示，图中绘出了电压为 $0.8U_N$ 及 $0.6U_N$ 时的人为特性。

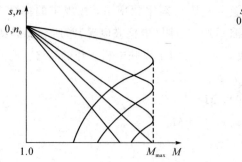
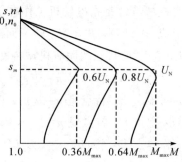

图 2-48　转子串三相对称附加电阻的人为特性　　图 2-49　降低定子电压的人为特性

四、异步电动机的制动

异步电动机电动运行状态的特点是电动机转矩 M 与转速 n 的方向一致，如图 2-50(a) 所示。

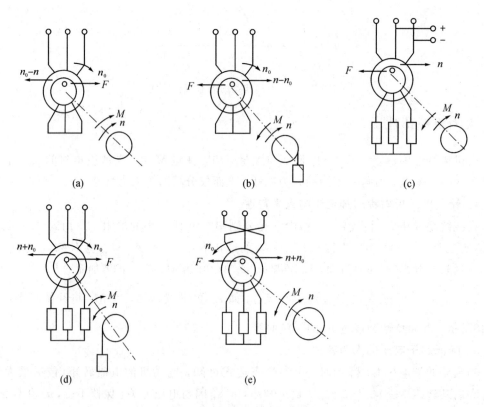

图 2-50　异步电动机的各种运行状态

在电动状态下，$n < n_0$，由式(2-46)可知，这时 $0 \leqslant s \leqslant 1$，转子对定子旋转磁场的相对

速度为 $n_0 - n$，方向朝左。由右手定则确定感应电势 E_2 及转子电流有功分量 $I_2'\cos\varphi_2$ 的方向是垂直于纸面向外。再由左手定则确定带流转子在磁场中所受电磁力 F 的方向是朝右，从而确定电磁转矩 M 的方向是与转速 n 方向相同，M 为拖动转矩，以带动负载。机械特性位于第一象限或第三象限，如图 2-51 所示。图中曲线 1 为正转电动运行状态，曲线 2 为反向运行电动状态。

从能量方面分析，电机的输入功率 P_1、电磁功率 P_{em} 及输出的机械功率 P_2 分别为

$$P_1 = 3U_1 I_1 \cos\varphi \qquad (2-67)$$

$$P_{em} = 3I_2'^2 \frac{r_2'}{s} \qquad (2-68)$$

$$P_2 = 3I_2'^2 r_2' \frac{1-s}{s} \qquad (2-69)$$

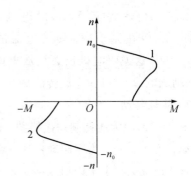

电动运行时，电动机从电网吸取电能，输出机械能。其功率关系为 $P_1 > 0$，$P_{em} > 0$，$P_2 > 0$。

图 2-51　电动状态下异步电动机的机械特性

制动运行状态有三种，其共同特点是：电动机转矩 M 与转速 n 方向相反，M 为制动转矩，以实现制动。此时电机由轴上吸取机械能，并能转换为电能。

笼型异步电动机与绕线型异步电动机的制动状态相同，但由于笼型电动机的制动运行性能较差，拖动煤矿机械的笼型电动机大都没有采用下述三种电气制动，故此处仅以绕线型异步电动机的接线图为例来分析制动运行状态。

1. 回馈制动

若异步电动机在电动运行状态时，由于某种原因（例如位能负载的作用），在转向不变的条件下，使 $n > n_0$ 时，电机便处于回馈制动状态。

矿井提升机下放重物，如电机原来转矩方向与重物下放方向相同，则电动机在电磁转矩 M 与重物位能转矩 M_L 的共同作用下很快加速。随着 n 的升高，M 将减小，当 $n = n_0$ 时，$M = 0$。由于尚有负载位能转矩的作用，电机仍朝下放方向继续加速，于是出现了 $n > n_0$，转子对定子旋转磁场的相对转速变为 $n - n_0$，方向朝右，如图 2-50(b) 所示。这时转子切割磁场的方向与电动运行时相反，用右手定则确定转子感应电势及感应电流的方向是垂直于纸面向里，用左手定则指出电磁力 F 方向朝左，改变了转矩 M 的方向，使 M 与 n 方向相反，M 为制动转矩，限制了重物下放的速度。

制动时，电机接线方式未变，电源及电机参数也未变，机械特性方程式与电动状态时相同。这时 n 与 n_0 同向，但因 $n > n_0$，则 $s = \dfrac{n_0 - n}{n} < 0$，$I_2'\cos\varphi_2 < 0$，$M < 0$，故特性位于第二象限，如图 2-52 所示。当制动转矩与负载位能转矩平衡时，电动机便以大于 n_0 的速度稳定运行，图中 A 点即为电机高匀速下放重物的稳定运行点。

若在转子回路中串接附加电阻，可得人为特性。但转子回路中串入电阻越大，稳定的转速也越高，所以一般在回馈制动时，转子回路不串接电阻，以免转速过高。

由于转子电流 $I_2'\cos\varphi_2<0$，则从电动机相量图的分析得知定子电流 $I_1\cos\varphi_1<0$，电机输入功率 $P_1<0$。同时因 $s<0$，则电磁功率 $P_{em}<0$，输出机械功率 $P_2<0$。由此可见，此时电机已成为发电机，它吸取负载的机械功率转换成电磁功率，由转子传递到定子，再向电网回馈，故为回馈制动。但在制动中，转子电流的无功分量 $I_2\sin\varphi_2>0$，这说明电机仍必须从电网吸取无功电流（励磁电流），以建立旋转磁场。

2. 能耗制动

图 2-50(c)为能耗制动接线图。设电机原来

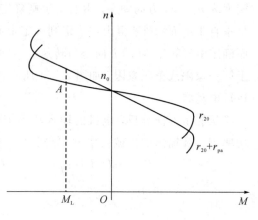

图 2-52 回馈制动的机械特性

在电动状态下运行，为了制动停车，将电机脱离三相交流电源，并立即在定子两相绕组内通入直流电流，在定子内形成一个不旋转的恒定直流磁场。转子因惯性继续旋转，切割此恒定磁场，从而感应出电势，产生转子电流。根据左手定则确定转子电流和恒定磁场作用所产生的转矩方向与转子转速方向相反，所以是制动转矩。此时电机把原来储存的动能或重物的位能吸收后变成电能，消耗在转子电路中，因此称为能耗制动。为限制和得到不同的制动特性，在转子回路中须串接附加电阻。

定子通直流后，感应电机已成为稳极同步发电机，其负载为转子回路电阻。为了分析制动运行特性的方便，要把它看成感应发电机。为此可以用三相交流电流产生的旋转磁势 F_1 等效代替直流电流产生的直流磁势 F_{dc}，也就是用一个等效的三相交流电流 I_1 代替实际的直流励磁电流 I_{dc}。这样就可以应用电动状态时机械特性的分析方法和所得到的结论。

直流励磁电流与交流电流的等效关系与电动机定子绕组的接法以及通入直流的方式有关，假设定子一相断开，另外两相串联接入直流电时，可以证明其等效关系为

$$I_{dc}=\sqrt{\frac{3}{2}}I_1=1.33I_1 \tag{2-70}$$

能耗制动的转差率为

$$s=\frac{n}{n_0} \tag{2-71}$$

因为所谓转差率是指转子对定子磁场的相对转速与同步转速之比，现定子磁场静止，相对转速就是转子本身的转速。

制动开始时，$n\approx n_0$，$s=1$。制动结束时，$n=0$，$s=0$。所以 s 的变化范围在 1～0 之间。

经过交流等效后，能耗制动机械特性方程式可仿照式(2-52)写出，即

$$M=A\frac{(I_1x_m)^2}{f}\cdot\frac{r_2'/s}{\left(\frac{r_2'}{s}\right)^2+(x_m+x_2')^2} \tag{2-72}$$

式中：x_m 为励磁电抗；x_2' 为制动开始时转子的漏抗。

临界转差率为

$$s_m = \frac{r'_2}{x_m + x'_2} \tag{2-73}$$

最大转矩为

$$M_{\max} = A \frac{(I_1 x_m)^2}{f} \frac{1}{2(x_m + x'_2)} \tag{2-74}$$

能耗制动转矩实用公式为

$$M = \frac{2M_{\max}}{\dfrac{s}{s_m} + \dfrac{s_m}{s}} \tag{2-75}$$

从上述公式可以看出，能耗制动机械特性具有和电动状态相似的形态，位于第二象限，如图 2-53 所示。

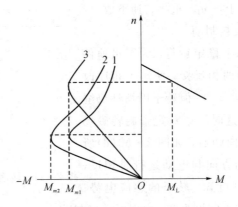

图 2-53 能耗制动的机械特性

当增大转子回路电阻时，则 s_m 增大，但 $M_{\max}$ 不变，如图中特性曲线 1 与 3 所示。如保持转子回路电阻不变，增加直流励磁电流 I_{dc}，则 s_m 不变，I_1 增加，$M_{\max}$ 与 I_1^2 成正比增加，如图中特性曲线 2 所示。所以调节转子回路电阻或调节直流励磁电流，可得到所需的制动特性。

采用能耗制动时，考虑到既要有较大的制动转矩，又不要使定、转子回路电流过大而引起绕组过热，根据经验，对绕线型异步电动机能耗制动所需直流励磁电流和转子串接的附加电阻可按下列公式计算，即

$$I_{dc} = (2 \sim 3)I_0 \tag{2-76}$$

一般可取 $I_0 = (0.2 \sim 0.5)I_{1N}$，可得

$$r_{pa} \approx (0.2 \sim 0.4) \frac{E_{2N}}{\sqrt{3} I_{2N}} \tag{2-77}$$

式中：E_{2N} 为转子堵转时，滑环间的感应电势；I_{2N} 为转子额定电流。

特性曲线 1、2、3 是在假定电机磁路不饱和的情况下绘制的。如果磁路饱和，则励磁电抗 x_m 将随着 s 变化。所以要想精确计算能耗制动的机械特性，还需知道异步电动机的磁化曲线。

3. 反接制动

异步电动机的反接制动可分为转速反向和定子两相反接两种制动状态。

1）转速反向的反接制动

接线如图 2-50(d)所示。在电动机转子回路中串接较大电阻，并按提升重物的方向接入电源。则电动机产生启动转矩 M_{st} 的方向与重物位能转矩 M_L 的方向相反，且 $M_{st} < M_L$。于是在重物转矩 M_L 的作用下，迫使电动机以与 M_{st} 相反的方向加速旋转，这就是转速反向。这时电动机的转矩 M 起着限制下放速度的作用，故为制动转矩。

转速反向后，$n_0 > 0$，$n < 0$，则 $s = \dfrac{n_0 - (-n)}{n_0}$ > 1，$I_2' \cos\varphi_2 > 0$，$M > 0$，故机械特性位于第四象限，是电动运行机械特性的延长线，如图 2-54 所示。随着反向转速的增加，制动转矩 M 也增大，直到 $M = M_L$ 时，转速稳定于 $-n_B$，重物匀速下放。

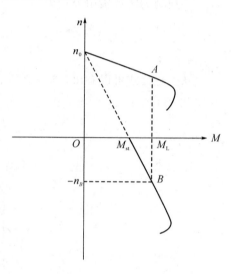

图 2-54 转速反向的反接制动的机械特性

2）定子两相反接的反接制动

设电机原在电动状态下稳定运行，为了迅速停车或反向，突然将定子的两相反接，使定子相序改变，旋转磁场方向改变，$n_0 < 0$。但转子因惯性仍继续朝原方向旋转，$n > 0$，这时转子对定子旋转磁场的相对速度为 $n + n_0$，方向朝右，如图 2-50(e)所示。由于转子切割磁场的方向与电动运行时相反，则由右手定则和左手定则可知，转子的感应电势、电流方向改变，转矩 M 的方向也改变，出现了反接制动。

由于 $n_0 < 0$，$n > 0$，$s = \dfrac{-n_0 - n}{-n_0} > 1$，$I_2' \cos\varphi_2 < 0$，$M < 0$，故机械特性位于第二象限，是反转电动运行机械特性的延长线，如图 2-55 所示。由图看出，在制动转矩 M 和负载转矩 M_L 共同作用下，电机转速很快下降，相当于特性的 BC 段，当到达 C 点时，$n = 0$，制动过程结束。

如要停车，应立即切断电源，否则电机将会反向启动。当负载是较小的反抗性负载时，工作点会由第二象限过渡到第三象限，进入反向电动状态，沿着 CD 线段加速到 D 点稳定运行。

当负载是位能转矩时，则转速将超过 $|-n_0|$，最后进入第四象限的回馈制动，并于正点匀速下放。

转差率 $s > 1$ 是反接制动的特点。不论是转速反向的反接制动还是定子两相反接的反接制动，其功率关系都是 $P_1 > 0$，$P_{em} > 0$，$P_2 < 0$。即电动机从轴上输入机械功率，电网又向电机输入电功率，两部分功率都消耗在转子电阻上，所以能量损

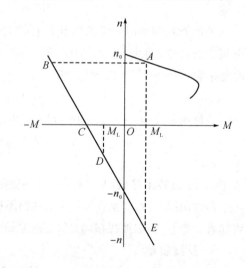

图 2-55 定子两相反接的反接制动的机械特性

耗是很大的。为了限制制动电流，转子回路中应串入足够大的电阻，以保护电机不致由于过热而损坏。

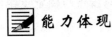 能 力 体 现

一、完整机械特性的绘制

具体绘制方法如下：

1. 固有机械特性的绘制

根据电机铭牌和产品目录的技术数据算出 $M_{\max}$ 与 s_m，并在 s 的变化范围内取若干个不同的 s 值，代入实用表达式，解出相应的 M 值，逐点绘制。

2. 转子串附加电阻人为机械特性的绘制

串电阻后特性方程式不变，最大转矩不变，临界转差率改变。将新的临界转差率代入实用表达式，由给出的各 s 值计算出相应的各 M 值，逐点绘出。

二、工作部分的绘制

由式(2-64)可知，异步电动机机械特性的工作部分为一条直线，故只要求出两点的坐标即可绘出。

1. 固有机械特性的绘制

为运算方便起见，可选用同步点与额定点绘制，也可选用同步点与临界点绘制，如图 2-56 中的 n_0 与 A 点或 n_0 与 C 点。

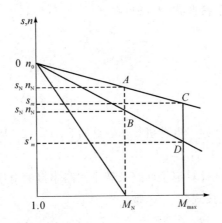

图 2-56 固有特性与转子串电阻的人为特性

同步点坐标为：$M=0$，$s=0$(或 $n=n_0$)。

额定点坐标为：$M=M_N$，$s=s_N$(或 $n=n_N$)，其中额定转矩由公式 $M_N=9550\dfrac{P_N}{n_N}$ 算出。

临界点坐标为：$M=M_{\max}$，$s=s_m$，其中 $M_{\max}=\lambda_m M_N$，$s_m=2\lambda_m s_N$。

2. 转子串入电阻人为机械特性的绘制

转子串入附加电阻后，同步点未变。但在额定转矩的条件下，额定转差率随电阻成正比增大，在最大转矩条件下，临界转差率也随电阻成正比增大。故可用同步点与额定点绘制，或采用同步点与临界点绘制。

若取额定点，需算出在 $M=M_N$ 时加电阻后新的额定转差率 s_N'。从图 2-56 可见，在额定转矩 M_N 下，按照式(2-54)有

$$\frac{r_2}{s_N} = \frac{R_{2N}}{s_{st}}$$

式中：$s_{st}=1$，为电动机启动瞬间的转差率；r_2 为转子绕组电阻；R_{2N} 为转子回路额定电阻，是一个没有物理含义的借用数值。

$$R_{2N} = \frac{E_{2N}}{\sqrt{3}\,I_{2N}} \tag{2-78}$$

所以

$$r_2 = s_N R_{2N} = s_N \frac{E_{2N}}{\sqrt{3}\,I_{2N}} \tag{2-79}$$

转子串接电阻 r_{pa} 后，在额定转矩 M_N 下，仍按照式(2-54)有

$$\frac{r_2 + r_{pa}}{s_N'} = \frac{R_{2N}}{s_{st}}$$

所以

$$s_N' = \frac{r_2 + r_{pa}}{R_{2N}} \tag{2-80}$$

如选临界点绘制，则必须计算出在 $M=M_{max}$ 时加电阻后的临界转差率 s_m'。从图 2-56 可见，在最大转矩 M_{max} 下，按照式(2-54)有

$$\frac{r_2}{s_m} = \frac{r_2 + r_{pa}}{s_m'}$$

所以

$$s_m' = s_m\left(\frac{r_2 + r_{pa}}{r_2}\right) = s_m\left(1 + \frac{r_{pa}}{r_2}\right) \tag{2-81}$$

【例 2-4】　一台绕线型异步电动机技术数据如下：$P_N=5$ kW，$I_0=7.5$ A，$U_{1N}=380$ V，$n_N=940$ r/min，$I_{1N}=14.9$ A，$E_{2N}=164$ V，$I_{2N}=20.6$ A，$r_1=1.11$ Ω。进行能耗制动时，直流电压 $U=220$ V。试计算定子回路及转子回路串接的电阻。

解　(1) 直流励磁电流按式(2-76)取

$$I_{dc} = 3I_0 = 3 \times 7.5 = 22.5 \text{ A}$$

(2) 定子回路总电阻为

$$R_s = \frac{U}{I_{dc}} = \frac{220}{22.5} = 9.78 \ \Omega$$

(3) 定子回路串接电阻为

$$r = R_s - 2r_1 = 9.78 - 2 \times 1.11 = 7.56 \ \Omega$$

(4) 转子串接电阻按式(2-81)有

$$r_{pa} = 0.3 \frac{E_{2N}}{\sqrt{3} I_{2N}} = 0.3 \times \frac{164}{\sqrt{3} \times 20.6} = 1.4\ \Omega$$

【例 2-5】　一台绕线型异步电动机技术数据如下：$P_N = 60$ kW，$U_{1N} = 380$ V，$n_N = 577$ r/min，$E_{2N} = 253$ V，$I_{2N} = 160$ A，$\lambda_m = 2.9$。试绘制：① 固有机械特性；② 转子串接电阻 $r_{pa} = 2r_2$ 时的人为特性。

解　(1) 绘制固有机械特性。

① 计算电动机的 M_N、s_N、M_{max} 与 s_m：

$$M_N = 9550 \frac{p_N}{n_N} = 9550 \times \frac{60}{577} = 993.1\ \text{N} \cdot \text{m}$$

$$s_N = \frac{n_0 - n_N}{n_0} = \frac{600 - 577}{600} = 0.038$$

$$M_{max} = \lambda_m M_N = 2.9 \times 993.1 = 2880\ \text{N} \cdot \text{m}$$

$$s_m = s_N(\lambda_m + \sqrt{\lambda_m^2 - 1}) = 0.038 \times (2.9 + \sqrt{2.9^2 - 1}) = 0.214$$

② 将 M_{max}、s_m 代入实用表达式，即

$$M = \frac{2 \times 2880}{\dfrac{s}{0.214} + \dfrac{0.214}{s}}$$

③ 在 0~1 的范围内取不同的 s 值代入上式中，解出相应的 M 值，列入表 2-2 中。按表中 M、s 值，逐点绘出曲线，如图 2-57 中的曲线 1 所示。

表 2-2　案例 2-5 中的 M、s、s' 值

M	0	993	1280	2210	2709	2880	2726	2396	1824	1438	1175
S	0	0.038	0.05	0.1	0.15	0.214	0.3	0.4	0.6	0.8	1.0
S'	0	0.115	0.15	0.3	0.45	0.642	0.9				

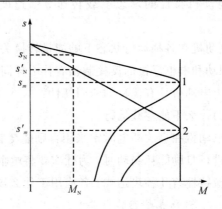

图 2-57　例 2-5 的机械特性

(2) 绘制 $r_{pa} = 2r_2$ 的人为机械特性。

① 计算电动机转子回路电阻：

$$r_2 = s_N \frac{E_{2N}}{\sqrt{3} I_{2N}} = 0.038 \times \frac{253}{\sqrt{3} \times 160} = 0.035 \ \Omega$$

$$r_2 + 2r_2 = 0.035 + 0.035 \times 2 = 0.105 \ \Omega$$

② 计算电阻为 0.105Ω 时的 s'_m：

$$s'_m = s_m \left(1 + \frac{r_{pa}}{r_2} \right) = 3s_m = 3 \times 0.214 = 0.642$$

③ 将 M_{max}、s'_m 代入实用表达式：

$$M = \frac{2 \times 2880}{\dfrac{s'}{0.642} + \dfrac{0.642}{s'}}$$

④ 在给定 M 值下，分别算出相应的各 s' 值。对于线性特性可用下式计算：

$$s' = s \frac{r_2 + r_{pa}}{r_2} = s \frac{3r_2}{r_2} = 3s$$

计算结果列入表 2-3 中，按 M、s'，逐点绘出，如图 2-59 曲线 2 所示。

思 考 与 练 习

(1) 什么是电动机机械特性的硬度系数？什么叫绝对硬特性、硬特性与软特性？

(2) 电动运行与制动运行的根本区别在哪里？

(3) 电动机有哪几种运行状态？试说明各种运行状态的物理现象。

(4) 正向电动状态和反向电动状态的机械特性为什么在直角坐标系的第一、第三象限？

(5) 他励直流电动机电枢串附加电阻、降低电枢电压或减少主磁通时，机械特性有什么变化？

(6) 电动机固有机械特性与人为机械特性在运行条件上有何区别？

(7) 试说明他励直流电动机特性的理想空载转速 n_0、速度降落 Δn 及斜率 β 的物理概念。

(8) 试说明他励直流电动机在各种运行状态下的能量转换关系。

(9) 转速反向的反接制动和电枢反接的反接制动有什么异同之处？

(10) 为什么说串励直流电动机具有优良的牵引特性？

(11) 串励直流电动机为什么不能空载运行？

(12) 为什么串励直流电动机在事故断电时常采用自励能耗制动停车？

(13) 串励直流电动机进行自励能耗制动时，为什么要将电枢绕组反接？

(14) 异步电动机的机械特性有几种表达式？各应用于什么场合？

(15) 异步电动机的 M_{max}、S_m 与哪些参数有关？

(16) 说明异步电动机在各种运行状态下转矩 M 与转差率 s 的大小及正负符号。

(17) 异步电动机能耗制动是怎样产生的？

(18) 如何调节绕线型异步电动机的能耗制动特性？

（19）一台他励直流电动机的技术数据如下：$P_N = 30$ kW，$U_N = 220$ V，$I_N = 160$ A，$n_N = 750$ r/min，$R_a = 0.1$ Ω，在额定状态下工作。现进行电枢反接制动，最大制动转矩为额定转矩的两倍。试求反接制动时串接的附加电阻值，并绘出机械特性。

（20）一台他励直流电动机的额定数据如下：$P_N = 22$ kW，$U_N = 220$ V，$I_N = 125$ A，$n_N = 1450$ r/min，试绘出下列机械特性。

① 固有机械特性；

② 当电枢回路总电阻为 $50\%R_N$ 时的人为机械特性；

③ 当电枢回路总电阻为 $150\%R_N$ 时的人为机械特性；

④ 当电枢电压为 $50\%U_N$ 时的人为机械特性；

⑤ 当主极磁通为 $80\%\phi_N$ 时的人为机械特性。

（21）题（20）中的电机采用能耗制动，制动开始转速 $n = 1000$ r/min，制动电流为 $2I_N$，电枢应串多大的附加电阻？画出机械特性。

（22）一台他励直流电动机的技术数据如下：$P_N = 29$ kW，$U_N = 440$ V，$I_N = 76.2$ A，$n_N = 1050$ r/min。试求：

① 额定电磁转矩与轴上额定转矩；

② 理想空载转速；

③ 固有机械特性方程；

④ 电枢串接 $R_{pa} = 2R_N$ 时的机械特性方程式；

⑤ 主磁通为 $50\%\phi_N$ 时的机械特性方程式。

（23）一台他励直流电动机的技术数据如下：$P_N = 10$ kW，$U_N = 220$ V，$I_N = 53$ A，$n_N = 1100$ r/min，$R_a = 0.3$ Ω，试求在回馈制动状态下：

① 当回馈电流为 53 A，在固有机械特性上的转速；

② 在额定转矩下以 $n = 1450$ r/min 的速度运行时，电枢串接的附加电阻值。

（24）题（23）中的电机作起重机的电动机用，拖动额定负载。试问：

① 如何实现以 $n = 600$ r/min 的速度下放重物；

② 如何实现以 $n = 1400$ r/min 的速度下放重物。

（25）题（23）的电机数据，试求：

① 负载转矩为 $0.8M_N$ 时，电动机的稳定转速；

② 负载转矩为 $0.8M_N$ 时，电枢串接 $P_{pa} = 3R_a$ 时的稳定转速。

（26）一台串励直流电动机额定数据如下：$P_N = 22.4$ kW，$U_N = 220$ V，$I_N = 116$ A，$n_N = 910$ r/min。试绘制：

① 固有机械特性；

② 电枢串附加电阻 $R_{pa} = 2(R_a + R_f)$ 的人为机械特性。

（27）一绕线型异步电动机的技术数据如下：$P_N = 300$ kW，$U_{1N} = 6000$ V，$I_{1N} = 35$ A，$n_N = 1480$ r/min，$E_{2N} = 380$ V，$I_{2N} = 491$ A，$\lambda_m = 2.4$。试求：

① 额定转矩 M_N，最大转矩 M_{max} 和临界转差率 s_m；

② 负载为 $1.4M_N$ 时，电机的转速；

③ 电动机的转速为 600 r/min 时，电机的转矩。

(28) 一绕线型异步电动机技术数据如下：$P_N = 132$ kW，$U_{1N} = 380$ V，$I_{1N} = 260$ A，$n_N = 580$ r/min，$E_{2N} = 232$ V，$I_{2N} = 360$ A，$\lambda_m = 2$。试求：

① 负载转矩为 $0.6M_N$ 时，电机的转速；

② 保持负载不变，欲使转速下降为 400 r/min，转子应串的附加电阻。

(29) 一绕线型异步电动机技术数据如下：$P_N = 75$ kW，$U_{1N} = 380$ V，$I_{1N} = 148$ A，$n_N = 720$ r/min，$E_{2N} = 223$ V，$I_{2N} = 220$ A，$\lambda_m = 2.4$。试绘制：

① 固有机械特性；

② 转子串 $50\%R_{2N}$ 时的人为机械特性。

(30) 一台电动机技术数据如题(29)，试求：

① 启动转矩；

② 启动转矩等于最大转矩时，转子回路的总电阻。

(31) 一台电动机技术数据如题(29)，电机带位能性负载，$M_L = M_N$，试求：

① 以转速 $n = -150$ r/min 稳定下放时，转子应串的附加电阻；

② 以转速 $n = -300$ r/min 稳定下放时，转子应串的附加电阻。

(32) 一绕线型异步电动机技术数据如下：$P_N = 112$ kW，$U_{1N} = 380$ V，$I_{1N} = 209$ A，$n_N = 970$ r/min，$E_{2N} = 153$ V，$I_{2N} = 468$ A，$\lambda_m = 1.8$。

① 绘出固有机械特性。

② 欲使启动转矩为 $1.2M_N$ 时，转子串入的附加电阻是多少？

③ 欲使电机在满载条件下转速降为 700 r/min 时，转子串入的附加电阻是多少？

(33) 题(29)的电机数据，设电机原来拖动重物 $M_L = \dfrac{1}{3}M_N$ 向上提升，现采用定子两相反接的反接制动，其制动转矩不超过 $2M_N$。试求：

① 反接制动时，转子应串入的附加电阻；

② 当制动到 $n = 0$ 时不切断电源，电机最终的运行状态及此状态下的稳定转速。

(34) 一绕线型异步电动机 $P_N = 132$ kW，$U_{1N} = 380$ V，$n_N = 584$ r/min，$E_{2N} = 232$ V，$I_{2N} = 360$ A，$\lambda_m = 2$。

① 绘出固有机械特性的工作部分；

② 当 $M_L = 0.8M_N$，$n = 0.4n_0$ 时，转子应串入的附加电阻是多少？

模块三　电动机启动设备的选择

任务一　　绕线式异步电动机启动电阻的计算及选择

任务描述

启动是电动机工作的第一个过程，保证启动按性能需要进行是通过启动电阻的大小来实现的。所以合理计算确定启动电阻的大小对拖动性能具有重要意义。

任务分析

启动电阻的大小根据启动加速度的要求为条件进行计算的，同时要考虑到启动时电动机的上下切换转矩大小，以保证启动的速度和平稳性。此外，还应该考虑到预张力在提升机中的作用。只有综合考虑了各方面的因素，所选择的启动电阻才是合理的。

相关知识

绕线型异步电动机可采用转子串金属电阻和频敏变阻器两种方法启动，对于需要调速的设备一般选配金属电阻。

合理选择启动电阻，既可以限制启动电流，又能增大启动转矩，并使电动机平稳启动。

根据启动电阻切除方法不同，可分为平衡启动电阻和不平衡启动电阻两种。煤矿大中型提升机的绕线型电动机都采用平衡电阻启动，这里介绍平衡启动电阻解析计算法。

绕线型电动机在启动过程中每切除一段电阻，启动电流就要冲击一次。启动电阻段数越多，电流冲击越小，但控制就会复杂，所以启动电阻段数的确定要综合考虑，一般如电机容量较大，段数也应该较多。我国目前生产的电控设备有三种常用产品，即五级、八级和十级，下面以五级为例来分析计算依据。

五级电阻中有一级预备级，四级加速级，八级和十级则有二级预备级，其余为加速级。

五级启动电阻的接线简图如图 3-1 所示，启动特性如图 3-2 所示。启动过程可简述如下：

当电动机定子接通电源时，转子串入全部电阻，电动机运行在预备级电阻 R_{pr} 特性曲线上，此时电动机启动转矩等于负载转矩 M_L。在 R_{pr} 上作短暂停留便用加速接触器 K_1V 短接预备段电阻 r_{pr}，使电动机运行在加速级 R_1 上，此时电动机转矩等于尖峰转矩 M_1。随着电动机转速升高，转矩逐渐减小，当电动机转矩达到切换转矩 M_2 时，再用加速接触器 K_2V 短接 r_1，使电动机运行于第二级加速级电阻 R_2 上。以后用同样方法切除电阻 r_2、r_3、r_4，电动机便运行于固有特性曲线的 r_{20} 上的 Q 点，此时电动机转矩等于负载转矩 M_L，开始等速运行，启动完毕。

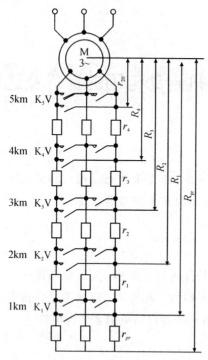

图 3-1 绕线型电动机转子串五级
平衡启动电阻的接线图

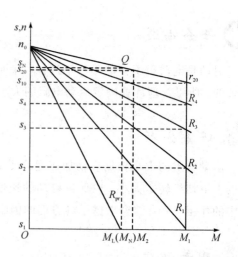

图 3-2 五级平衡启动电阻的启动特性

一般取尖峰转矩 $M_1 \leqslant M_{\max}$，取切换转矩 $M_2 = (1.1 \sim 1.2)M_L$（一般情况负载转矩 M_L 等于电动机额定转矩 M_N）。由于转子串入的启动电阻值较大，可认为功率因数基本不变，M 与 I 成正比，因此图中横坐标也可以用电流表示。转子绕组的固有电阻 r_{20} 可按下式计算：

$$r_{20} = s_N R_{2N} = s_N \frac{E_{2N}}{\sqrt{3} I_{2N}}$$

如转子绕组与启动电阻之间的连接引线较长，可取转子电阻为转子绕组固有电阻的 1.5 倍，即

$$r'_{20} = 1.5 r_{20} \tag{3-1}$$

1. 加速级电阻的计算

由异步电动机机械特性方程分析可知："在同一转矩下转子电阻之比等于转差率之比"，这是加速级电阻计算的理论依据。

对应于图 3-2 中的转矩 M_1，有

$$\frac{R_1}{R_2} = \frac{s_1}{s_2}, \ \frac{R_2}{R_3} = \frac{s_2}{s_3}, \ \frac{R_3}{R_4} = \frac{s_3}{s_4}, \ \frac{R_4}{r_{20}} = \frac{s_4}{s_{10}} \tag{3-2}$$

对应于转矩 M_2，则有

$$\frac{R_1}{R_2} = \frac{s_2}{s_3}, \frac{R_2}{R_3} = \frac{s_3}{s_4}, \frac{R_3}{R_4} = \frac{s_4}{s_{10}}, \frac{R_4}{r_{20}} = \frac{s_{10}}{s_{20}} \tag{3-3}$$

式中：s_{10} 为在固有特性曲线上对应于 M_1 的转差率；s_{20} 为在固有特性曲线上对应于 M_2 的转差率。

由以上两式可得到各级启动电阻之间的关系为

$$\frac{R_1}{R_2} = \frac{R_2}{R_3} = \frac{R_3}{R_4} = \frac{R_4}{r_{20}} = q \tag{3-4}$$

由此可见，各加速级启动电阻成等比级数，q 称为公比。如已知公比 q 和转子电阻 r_{20}，则各级电阻为

$$\begin{cases} R_4 = qr_{20} \\ R_3 = qR_4 = q^2 r_{20} \\ R_2 = qR_3 = q^3 r_{20} \\ R_1 = qR_2 = q^4 r_{20} \end{cases} \tag{3-5}$$

如有 n 级，则

$$R_1 = q^n r_{20} \tag{3-6}$$

或

$$\frac{R_1}{r_{20}} = q^n \tag{3-7}$$

各段启动电阻为

$$\begin{aligned} r_4 &= R_4 - r_{20} = r_{20}(q-1) \\ r_3 &= R_3 - R_4 = qr_{20}(q-1) = qr_4 \\ r_2 &= R_2 - R_3 = q^2 r_{20}(q-1) = qr_3 \\ r_1 &= R_1 - R_2 = q^3 r_{20}(q-1) = qr_2 \end{aligned} \tag{3-8}$$

根据加速电阻的计算原理，对应 M_1 有

$$\frac{R_1}{r_{20}} = \frac{s_1}{s_2} = \frac{1}{s_{10}} \tag{3-9}$$

在固有特性曲线的工作段上 $M \propto s$，则

$$\frac{s_N}{s_{10}} = \frac{M_N}{M_1}$$

或

$$\frac{1}{s_{10}} = \frac{M_N}{s_N M_1} \tag{3-10}$$

比较式(3-7)、式(3-9)和式(3-10)，有如下关系：

$$q^n = \frac{R_1}{r_{20}} = \frac{1}{s_{10}} = \frac{M_N}{s_N M_1} \tag{3-11}$$

故

$$q = \sqrt[n]{\frac{M_N}{s_N M_1}} \tag{3-12}$$

由于 $M_1 = q M_2$，上式也可写为

$$q = \sqrt[n+1]{\frac{M_N}{s_N M_2}} \tag{3-13}$$

用这种方法计算启动电阻时，首先要确定 M_1 或 M_2。对于频繁启动或重载启动的机械，一般预选尖峰转矩 $M_1 = 0.9 M_{max}$，计算公比后，校核切换转矩是否满足 $M_2 \geqslant (1.1 \sim 1.2) M_L$（或 M_N）；对于不经常启动的机械，往往预选切换转矩 $M_2 = (1.1 \sim 1.2) M_L$，计算公比后，校核尖峰转矩 M_1 是否满足 $M_1 \leqslant 0.9 M_{max}$。如果不满足，则需重新确定 M_1 或 M_2，重新计算公比。

对于有加速要求的机械设备，还要计算平均启动转矩，看其是否满足加速要求。平均启动转矩 M_{av} 可用尖峰转矩与切换转矩的几何或算术平均值来计算，即

$$M_{av} = \sqrt{M_1 M_2} \quad \text{或} \quad M_{av} = \frac{M_1 + M_2}{2} \tag{3-14}$$

在制造厂家供货时，为了简化计算方法，一般按经验公式法提供启动电阻，虽然准确性较差，但安装时经适当调整，也可用于工作不繁忙的提升机。经验公式列于表 3-1 中。

表 3-1　电动机转子五级电阻计算的经验公式

级　数	各级编号	计　算　公　式		
		各段电阻	通电持续率 $JC\%$	平均启动电流
五级磁力站	$Q_0 \sim Q_{11}$	$r_1 = 1.75 R_{2N}$	$JC_1\% = 40 \sim 100$	$0.4 I_{2N}$
	$Q_{11} \sim Q_{21}$	$r_2 = 0.3 R_{2N}$	$JC_2\% = 0.9 JC_1\%$	$1.3 I_{2N}$
	$Q_{21} \sim Q_{31}$	$r_3 = 0.2 R_{2N}$	$JC_3\% = 0.7 JC_1\%$	$1.9 I_{2N}$
	$Q_{31} \sim Q_{41}$	$r_4 = 0.1 R_{2N}$	$JC_4\% = 0.8 JC_1\%$	$2 I_{2N}$
	$Q_{41} \sim Q_{51}$	$r_5 = 0.04 R_{2N}$	$JC_5\% = 0.9 JC_1\%$	$2 I_{2N}$
八级磁力站	$Q_0 \sim Q_{11}$	$r_1 = 1.4 R_{2N}$	$JC_1\% = 40 \sim 100$	$0.4 I_{2N}$
	$Q_{11} \sim Q_{21}$	$r_2 = 0.5 R_{2N}$	$JC_2\% = 0.9 JC_1\%$	$0.9 I_{2N}$
	$Q_{21} \sim Q_{31}$	$r_3 = 0.3 R_{2N}$	$JC_3\% = 0.4 JC_1\%$	$1.7 I_{2N}$
	$Q_{31} \sim Q_{41}$	$r_4 = 0.2 R_{2N}$	$JC_4\% = 0.7 JC_1\%$	$1.7 I_{2N}$
	$Q_{41} \sim Q_{51}$	$r_5 = 0.12 R_{2N}$	$JC_5\% = 0.8 JC_1\%$	$1.7 I_{2N}$
	$Q_{51} \sim Q_{61}$	$r_6 = 0.07 R_{2N}$	$JC_6\% = 0.85 JC_1\%$	$1.7 I_{2N}$
	$Q_{61} \sim Q_{71}$	$r_7 = 0.04 R_{2N}$	$JC_7\% = 0.9 JC_1\%$	$1.7 I_{2N}$
	$Q_{71} \sim Q_{81}$	$r_8 = 0.02 R_{2N}$	$JC_8\% = 0.95 JC_1\%$	$1.7 I_{2N}$

2. 预备级电阻的计算

在矿井提升机的拖动系统中，为了防止传动机构和工作机械在启动时受到尖峰转矩的过大冲击，在电动机加速级电阻之前串入较大的预备级电阻，产生一个小于或等于负载转

矩的预备级转矩。此时作用在工作机械的拖动转矩不能使提升机启动加速，经短暂停留后，切除预备级电阻，提升机才开始加速。

对于具有一级预备级的启动系统，一般取预备级转矩 $M_{pr} = M_N$，则转子电流为额定值，即 $I_{pr} = I_{2N}$，所以预备级电阻可由下式计算：

$$R_{pr} = \frac{E_{2N}}{\sqrt{3} I_{pr}} = \frac{E_{2N}}{\sqrt{3} I_{2N}} = R_{2N} \tag{3-15}$$

对于具有两级预备级的启动系统，一般选取第一预备级转矩 $M_{pr1} = \frac{1}{3} M_N$，则 $I_{pr1} = \frac{1}{3} I_{2N}$，第一预备级电阻为

$$R_{pr1} = \frac{E_{2N}}{\sqrt{3} \times \frac{1}{3} I_{2N}} = 3R_{2N} \tag{3-16}$$

第二预备转矩仍取 $M_{pr2} = M_N$，则第二预备级电阻为

$$R_{pr2} = R_{2N}$$

能力体现

【例 3-1】　一台绕线型电动机，已知：$P_N = 380$ kW，$n_N = 735$ r/min，$E_{2N} = 527$ V，$I_{2N} = 445$ A，$\lambda_m = 2.3$，启动电阻加速级 $n = 6$，重载启动。试求各级电阻。

解　(1) 计算转子电阻。

$$s_N = \frac{n_0 - n_N}{n_0} = \frac{750 - 735}{750} = 0.02$$

$$R_{2N} = \frac{E_{2N}}{\sqrt{3} I_{2N}} = \frac{527}{\sqrt{3} \times 445} \approx 0.684 \ \Omega$$

$$r_{20} = s_N R_{2N} = 0.02 \times 0.684 \approx 0.0137 \ \Omega$$

(2) 预选尖峰转矩。

$$M_1 = 0.9 M_{max} = 0.9 \lambda_m M_N = 0.9 \times 2.3 M_N = 2.07 M_N$$

(3) 计算公比。

$$q = \sqrt[n]{\frac{M_N}{s_N M_1}} = \sqrt[6]{\frac{1}{0.02 \times 2.07}} \approx 1.7$$

(4) 校核切换转矩。

$$M_2 = \frac{M_1}{q} = \frac{2.07 M_N}{1.7} \approx 1.218 M_N$$

因为 $M_2 > 1.2 M_N$，所以符合要求。

(5) 计算各段电阻。

$$r_6 = (q-1) r_{20} \approx (1.7-1) \times 0.0137 = 0.009\ 59 \ \Omega$$

$$r_5 = q r_6 = 1.7 \times 0.009\ 59 \approx 0.0163 \ \Omega$$

$$r_4 = qr_5 \approx 1.7 \times 0.0163 \approx 0.0277 \ \Omega$$
$$r_3 = qr_4 \approx 1.7 \times 0.0277 \approx 0.0471 \ \Omega$$
$$r_2 = qr_3 \approx 1.7 \times 0.0471 \approx 0.08 \ \Omega$$
$$r_1 = qr_2 \approx 1.7 \times 0.08 = 0.136 \ \Omega$$

任务二　异步电动机启动电抗器及自耦变压器的选择

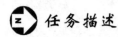 **任务描述**

　　直接启动不能满足启动电流限制要求时，比较简单的启动方法就是降压启动。而降压电抗器或自耦变压器参数不合理时可能导致无法启动或达不到限制启动电流的目的。所以，合理选择运行参数是降压启动必须要进行的工作。

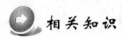 **任务分析**

　　启动参数的计算是根据启动电压、启动转矩、启动电流的要求进行的。要根据条件的要求确定所选择设备的型号、额定参数和工作参数。

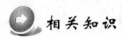 **相关知识**

一、启动电抗器的计算与选择

　　(1) 根据生产机械实际需要的启动转矩求允许的启动电压相对值。

$$K_u = \frac{U_{st}}{U_N} \geqslant \sqrt{\frac{M'_{st}}{M_{st}}} \tag{3-17}$$

式中：U_{st} 为实际启动电压，V；M'_{st} 为生产机械实际需要的启动转矩，一般 $M'_{st} = (0.45 \sim 0.7)M_N$；$M_{st}$ 为额定电压下的启动转矩。

　　(2) 计算电动机的启动阻抗。

$$Z_{st} = \frac{U_N}{\sqrt{3}I_{st}} \tag{3-18}$$

式中：I_{st} 为电动机的全压启动电流，A。

　　(3) 计算每相外加电抗值。

$$X_R = \sqrt{\left(\frac{Z_{st}}{K_u}\right)^2 - R_{st}^2} - X_{xt} \tag{3-19}$$

式中：R_{st} 为电动机的启动电阻，$R_{st} = Z\cos\varphi_{st}$；$X_{st}$ 为电动机的启动电抗，$X_{st} = Z_{st}\sin\varphi_{st}$；$\cos\varphi_{st}$ 为电动机启动时的功率因数，一般取 $\cos\varphi_{st} = 0.25 \sim 0.3$。

　　(4) 计算电抗器的额定电流。

因电抗器的启动时间是按短时设计的，故应把电动机的启动电流换算到电抗器设计启动时间下的电流值

$$I_R = K_u I_{st} \sqrt{\frac{n t_{st}}{t_R}} \qquad (3-20)$$

式中：n 为连续启动次数，按实际情况而定，一般选 3 次；t_{st} 为启动一次所需要的时间；t_R 为电抗器的设计启动时间。

因 t_{st} 很难事先求得，可按 $I_R = K_u I_{st}$ 来选择电抗器，根据实际生产中 t_{st} 来限制连续启动次数 n。

（5）计算加入电抗器后实际的启动电流。

$$I'_{st} = \frac{U_N}{\sqrt{3}(Z_{st} + X_R)} \qquad (3-21)$$

根据计算的电抗值、启动电流可从产品样本中选择合适的电抗器。

二、自耦变压器的选择

启动自耦变压器一般与控制电器组装在一起构成自耦减压启动器或称启动补偿器。在电动机功率较大，而又不适于用星形-三角形启动的低压电动机上，可以选用这种启动方式。

常用的自耦减压启动器有 QJ2A、QJ3 和 XJ01 型等几种，每种型号有若干个规格，可控制电动机容量在 28～300 kW 之间，自耦变压器有 80% 和 65%（或 60%）的抽头，以供选择。

自耦减压启动器技术数据中给出了额定电流、启动时间和所控制电动机的功率，选择时可根据电动机的额定数据对照产品样本确定其型号、规格。

能力体现

【例 3-2】　已知 JKZ2500-2 型笼型电动机的参数如下：$U_N = 6000$ V，$I_N = 280$ A，$P_N = 2500$ kW，$I_{st}/I_N = 5.75$，$M_{st}/M_n = 0.99$，试计算启动外加电抗值。

解　（1）计算允许的启动电压相对值。

$$K_u = \frac{U_{st}}{U_N} = \sqrt{\frac{M'_{st}}{M_{st}}} = \sqrt{\frac{0.45 M_N}{0.99 M_N}} = 0.674$$

（2）计算直接启动时的电流。

$$I_{st} = 5.75 I_N = 5.75 \times 280 = 1610 \text{ A}$$

（3）计算接入电抗器后的启动电流。

$$I'_{st} \approx K_U I_{st} = 0.674 \times 1610 = 1082 \text{ A}$$

（4）计算电动机每相的启动阻抗。

$$Z_{st} = \frac{U_N}{\sqrt{3} I_{st}} = \frac{6000}{\sqrt{3} \times 1610} \approx 2.15 \Omega$$

（5）计算接入电抗器后每相启动阻抗。

$$Z'_{st} = \frac{U_N}{\sqrt{3}\,I'_{st}} = \frac{6000}{\sqrt{3} \times 1082} \approx 3.19\ \Omega$$

（6）计算每相外加电抗。

$$X_R \approx Z'_{st} - Z_{st} \approx 3.19 - 2.15 = 1.04\ \Omega$$

查产品样本，选取 QKSJ－5600/6 型电抗器，额定电流 1350 A，标准电抗值 1.05 Ω。由于选择值与计算值相同，故不必计算实际启动电流。

思 考 与 练 习

（1）绕线型异步电动机加速级启动电阻计算的理论依据是什么？

（2）提升机为什么要设置两个预备级？各起什么作用？

（3）一台 JR－126－6 绕线型异步电动机，技术数据如下：$P_N = 155\ kW$，$U_{1N} = 380\ V$，$I_{1N} = 292\ A$，$n_N = 980\ r/min$，$E_{2N} = 218\ V$，$I_{2N} = 453\ A$，$\lambda_m = 1.9$，用以拖动绞车，采用五级平衡启动电阻（$n = 4$）。试计算启动电阻值。

（4）一台笼型电动机，技术数据如下：$P_N = 460\ kW$，$U_N = 6000\ V$，$I_N = 54\ A$，$I_{st}/I_N = 506$，$M_{st}/M_N = 1.18$，$n_N = 988\ r/min$。试计算串电抗器降压启动的电抗值。生产机械要求最小启动转矩不低于 $0.5M_N$。

模块四　电力拖动系统的转速调节

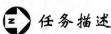

任务一　　调速的意义与调速指标

任务描述

生产机械(如矿井提升机、电机车等)在不同转速下工作时,其工作的可靠性、安全性、运行效率可能会有很大的区别。因而,如何根据运行中各方面的要求选用合理的运行速度就具有十分重要的意义。

任务分析

分析调速技术指标的内涵、各个指标之间的联系和制约,通过分析应建立起技术指标与经济指标之间合理关系的概念,建立技术指标应根据生产的够用需要提出来,而不应无限拔高。

 ### 相关知识

根据生产工艺的要求,人为地改变电力拖动系统的转速,称为转速调节。

某些生产机械(如矿井提升机、电机车等)要求在不同的情况下以不同的转速工作,而良好的调速特性不仅可以满足生产工艺的要求,而且可以实现高产、优质、安全地生产。

电力拖动系统的调速方法有机械和电气两种方式。前者是采用机械变速装置,电动机本身的转速是不变的;后者是改变电动机参数或电源参数,从而改变电动机的机械特性,达到调速的目的。电气调速方式可以简化传动系统、提高机械效率、操作方便、便于实现自动控制,是本任务研究的内容。

需要注意,调速与转速波动是两个不同的概念。转速波动是指电动机在某条特性曲线上运行时,由于负载变化而引起了转速变化,此时电动机的稳定工作点偏离了原来特性曲线上的工作点,但负载恢复后,还应该返回原工作点。如图 $4-1(a)$ 所示,原工作点为 A,当负载增加时,转速略有降低,工作点偏移至 B,当负载复原后,工作点应仍返回 A。电气调速是在负载不变的条件下,人为地改变机械特性,从而改变了转速,此时的稳定工作点是从一条特性曲线转移到另一条特性曲线。如图 $4-1(b)$ 所示,电动机原来稳定运行在特性曲线 1 上的 A 点,调速后将运行在特性曲线 2 或 3 上的 C 点,但负载没有变化。

由于同一种电机有许多不同的调速方法，为了合理地选择调速方法，分析、比较其调速性能，我们规定了一些技术与经济指标。

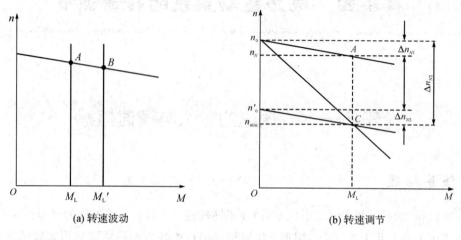

(a) 转速波动　　　　　　　　　　　　　　　(b) 转速调节

图 4-1　转速波动与转速调节

一、技术指标

用以衡量技术性能的优劣，有以下四项指标：

1. 调速范围

定义为电动机在额定负载下可能获得的最大转速 n_{max} 与最小转速 n_{min} 的比值，用 D 来表示。

$$D = \frac{n_{max}}{n_{min}} \qquad (4-1)$$

不同的生产机械要求调速范围是不同的，例如矿井提升机 $D=20\sim50$，机床 $D=20\sim120$。

2. 静差率

为了比较调速前后电动机运行在不同机械特性曲线上转速变化的大小，采用静差率来表示。

电动机在某条机械特性上运行时，由理想空载到额定负载的转速降落 Δn_N 与理想空载转速（同步转速）n_0 之比值，称为静差率，用占 $\delta\%$ 来表示。

$$\delta\% = \frac{\Delta n_N}{n_0} \times 100\% = \frac{n_0 - n_N}{n_0} \times 100\% \qquad (4-2)$$

由上式可以看出，静差率与电动机机械特性的硬度及理想空载转速有关。如图 4-1(b) 所示，当 n_0 相同时，特性硬度越大，静差率越小，相对稳定性越高，图中特性 1 与特性 2 的 n_0 相同，但特性 1 的硬度高于 2，故 1 比 2 的稳定性高。当特性硬度相同时，n_0 越高，相对稳定性越高，图中特性 1 与 3 平行，硬度相同，$\Delta n_{N1} = \Delta n_{N3}$，$n_0 > n_0'$，则 $\delta_1\% < \delta_3\%$，故特性 1 比特性 3 的稳定性高。

静差率的大小也是由生产机械的工艺要求所决定的，它的大小反映了生产机械对调速精度的要求。但是静差率越小，调速范围就会越窄，二者是相互制约的，其关系如下：

由图 $4-1(b)$ 可知，调速前 $n_{\max} = n_N$，调速后由 1 变为 3，其关系表达式为

$$\Delta n_{N1} = \Delta n_{N3} = \Delta n_N$$

$$n_{\min} = n_0' - \Delta n_N$$

一般调速系统对静差率的要求是指在最低稳态转速下的静差率，即空载转速为最小值时的静差率为

$$\delta = \frac{\Delta n_N}{n_0^2}$$

将以上关系代入式 $(4-1)$，得

$$D = \frac{n_{\max}}{n_{\min}} = \frac{n_N}{n_0' - \Delta n_N} = \frac{n_N}{n_0'\left(1 - \dfrac{\Delta n_N}{n_0'}\right)} = \frac{n_N}{\dfrac{\Delta n_N}{\delta}(1 - \delta)} = \frac{n_N \delta}{\Delta n_N(1 - \delta)} \qquad (4-3)$$

3. 调速平滑性

调速平滑性与调速级数有关，在调速范围内，电动机转速变化的次数叫调速级数，级数越多平滑性越好。平滑性用平滑系数 φ 表示，其定义为相邻两级转速的比值。如某个调速级转速为 n_i，则

$$\varphi = \frac{n_i}{n_{i-1}} \qquad (4-4)$$

当 $\varphi = 1$ 时，为无级调速，平滑性最好。

4. 调速的允许输出

允许输出是指电动机在不同转速时所能承担负载的大小。电动机在稳定运行时，其允许输出功率主要决定于电机的发热，而发热又主要决定于负载电流的大小。在调速过程中，转速不同，只要电流不超过额定值 I_N，电机长期运行时，其发热就不会超过允许限度。因此额定电流是电机长期工作的利用限度。

不同电动机使用不同的调速方法时，其允许输出转矩与功率的变化规律是不同的，基本上可分为恒转矩输出与恒功率输出两类。

例如，他励直流电动机采用电枢串电阻与降压调速时，$\Phi = \Phi_N$，$I = I_N$。此时

$$M = C_m \Phi_N I_N = M_N = 常数$$

$$P = \frac{Mn}{9550} = Cn$$

可见，电枢串电阻和降压调速时，允许输出转矩为常数，而允许输出功率则与转速成正比，故属于恒转矩调速方式。

而采用弱磁调速时，Φ 是变化的。Φ 与 n 的关系为

$$\Phi = \frac{U_N - I_N R_N}{C_e n} = \frac{A}{n} \qquad (4-5)$$

由此公式可得

$$M = C_m \frac{A}{n} I_N = \frac{B}{n}$$

$$P = \frac{B}{n} \frac{n}{9550} = 常数$$

可见，弱磁调速时，其允许输出转矩与转速成反比，允许输出功率为常数，所以属于恒功率调速方式。

由此可知，采用不同的调速方法时其最大允许输出的转矩、功率的变化规律是不同的。而不同负载在实际运行中工作在不同速度时其转矩、功率的大小变化也是不同的。当调速方法与负载性质相一致时，可以实现在高速、中速、低速各个阶段电动机容量都得到充分利用。例如，恒转矩负载应该采用恒转矩的串电阻或降压调速；而恒功率的负载则应该采用恒功率的弱磁调速。

调速时的最大允许输出既是技术指标（保证调速运行中不因过载损坏），也是经济指标（各个调速阶段均能充分利用）。

二、经济指标

选择调速方式时，在满足了技术指标的同时，还应考虑经济指标，它主要决定于调速系统的设备投资、电能损耗、维修费用等。应力求做到设备投资少、耗电小、维修费用低。

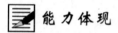 能力体现

一、调速指标的确定

【例 4-1】 一直流调速系统采用降压调速方法，已知电动机的 $n_N = 900$ r/min，高速机械特性的理想空载转速 $n_0 = 1000$ r/min。如果在额定负载下低速机械特性的转速 $n_{min} = 100$ r/min，相应的理想空载转速 $n_0' = 200$ r/min。试求：① 电动机在额定负载下运行的调速范围和静差率；② 如果要求低速静差率 $\delta\% \leqslant 20\%$，则额定负载下的调速范围是多少？能否满足原有的要求？

解　（1）低速调速范围和静差率。

$$D = \frac{n_{max}}{n_{min}} = \frac{900}{100} = 9$$

$$\delta\% = \frac{n_0' - n_{min}}{n_0'} \times 100\% = \frac{200 - 100}{200} \times 100\% = 50\%$$

（2）当 $\delta\% \leqslant 20\%$ 时。

$$D' = \frac{n_N \delta}{\Delta n_N (1 - \delta)} = \frac{900 \times 0.2}{100(1 - 0.2)} = 2.25$$

显然，不能满足原调速范围 $D = 9$ 的要求。

二、调速方法与负载的合理配合

图 4-2 绘出了允许输出的转矩 $M = f(n)$ 和允许输出的功率 $P = f(n)$ 的曲线。图中以

额定转速 n_N 为界，$n < n_N$ 时为恒转矩调速区，$n > n_N$ 时为恒功率调速区。

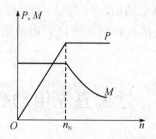

图 4-2　允许输出的转矩与功率

恒转矩调速必须拖动恒转矩负载，即 $M_L = C$（常数），$P_L = A_n$，其负载线如图 4-3(a)中的虚线所示。这是因为电动机无论在高速 n_1 时，还是在低速 n_2 时，均能满足 $P \geqslant P_L$ 和 $M \geqslant M_L$，并且二者接近，电动机既不过载，又不欠载，均能被充分利用。

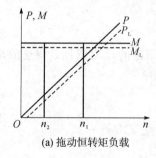
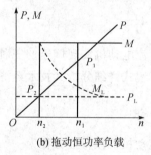

(a) 拖动恒转矩负载　　　　　　　　　　(b) 拖动恒功率负载

图 4-3　恒转矩调速与负载的配合

如果恒转矩调速用于拖动恒功率负载，由于负载的 $P_L = C$，$M_L = E/n$（C、E 为常数），如图 4-3(b)中虚线所示。为了保证电动机在高速 n_1 和低速 n_2 时均不过载，只能以低速时电动机允许输出功率 P_2 来选择电动机，满足 $P_2 \geqslant P_L$，而高速时电动机允许输出功率 $P_1 < P_L$，从而使电动机在高速时不能充分利用。反之，若以高速时电动允许输出功率 P_1 来选择电动机，即 $P_1 \geqslant P_L$，则低速时电动机允许输出功率 $P_2 < P_L$，从而造成低速过载。

同理，对于恒功率调速也应该拖动恒功率负载，如图 4-4(a)所示。

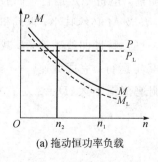
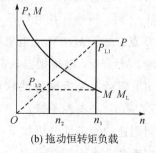

(a) 拖动恒功率负载　　　　　　　　　　(b) 拖动恒转矩负载

图 4-4　恒功率调速与负载的配合

如果恒功率调速拖动恒转矩负载，从图 4-4(b)中可以看出：当以高速时负载功率 P_{L1} 选择电动机，即 $P \geqslant P_{L1}$，而低速时由于电动机允许输出功率 $P \gg P_{L2}$，使其不能充分利用；反之，若以低速时负载功率 P_{L2} 选择电动机，$P \geqslant P_{L2}$，则高速时电动机就会过载，即 $P \ll P_{L1}$。

电动机允许输出的转矩和功率只表示电动机利用的限度，并不代表实际输出，实际输出的大小取决于其所拖动的负载。

任务二　　他励直流电动机的调速

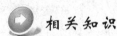

任务描述

矿井大型提升机常采用他励直流电动机拖动，拖动中对速度的调节是经常性的。分析调速的过程和技术经济性对合理使用并管理提升拖动系统具有现实意义。

任务分析

分析他励直流电动机实现调速的三种方式、调速的理论依据、调速的动态过程，并通过特性曲线和方程式详细分析其技术经济指标。

相关知识

他励直流电动机机械特性方程为

$$n = \frac{U}{C_e\Phi} - \frac{R}{C_eC_m\Phi^2}M \qquad (4-6)$$

由上式分析可知，他励直流电动机其调速方法有三种，即电枢串电阻、降低供电电压和减小工作磁通。

一、电枢串电阻调速

电枢回路串电阻后，在电阻上产生压降，使电枢端电压降低。

电枢串电阻的调速过程如图 4-5 所示。串电阻前，电机稳定运行于固有特性曲线的 A 点；当串入电阻 r_{pa} 时，转速 n 及电势 E 不能突变，I_a 及 M 必然减小，电动机工作点移至人为机械特性的 B 点；由于 $M<M_L$，电机将沿着 R_a+R_{pa} 特性曲线减速，E 减小，I_a 与 M 增加；当到 C 点时，$M=M_L$，电机则以较低转速 n'_N 稳定运行，完成调速。

因为电枢串电阻后人为机械特性软化，所以调速范围不大（$D=2$ 左右），稳定性较差（$\delta\% = 30\sim50$ 左右），平滑性不好。

电枢串电阻调速的经济性分析如下：

电机从电网吸收功率 P_1 为

$$P_1 = UI_a = EI_a + I_a^2R$$

式中：R 为电枢回路总电阻，Ω。

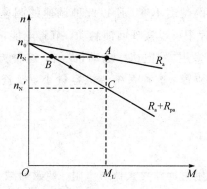

图 4-5 他励直流电动机电枢串电阻的调速过程

损耗功率 ΔP 为

$$\Delta P = I_a^2 R = UI_a\left(1 - \frac{E}{U}\right) = P_1\left(1 - \frac{C_e\Phi n}{C_e\Phi n_0}\right) = P_1\frac{n_0 - n}{n_0} \tag{4-7}$$

效率 η 为

$$\eta = \frac{P_1 - \Delta p}{P_1} = 1 - \frac{\Delta p}{P_1} = 1 - \frac{n_0 - n}{n_0} = \frac{n}{n_0} \tag{4-8}$$

由式(4-7)、式(4-8)可知,随着 n 的减小,损耗增大,效率降低,所以这种调速方法不经济。

电枢串电阻调速的优点是方便简单,控制设备不复杂,调速电阻可兼做启动电阻,因而适用于短时调速。

二、降低供电电压调速

改变电动机的供电电压,可以调速。因为电枢电压一般只能在低于额定电压的范围内变化,因此,只能采用降压调速。降压调速的过程如图4-6所示。设电动机原来稳定运行于固有特性曲线的 A 点,其转速为 n_N,当供电电压由 U_N 降为 U 时,电动机运行点过渡到 B 点。

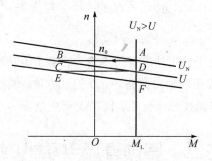

图 4-6 降压调速的过程

显然电机此时处于回馈制动状态,在制动转矩作用下,电机很快减速,到 C 点时开始进入电动减速;随着转速降低,电机转矩增加,到 D 点时电机 $M = M_L$,又开始稳定运行,但转速却降为 n_N'。如继续降低供电电压,转速仍可降低。

降低供电电压调速特性的硬度不变，所以此种调速的调速范围大，静差率较小，稳定性好，平滑性好。在调速过程中可以实现回馈制动，节省电能，比较经济。

降低电机供电电压过去多用"发电机—电动机"组，这种方法设备较多，初期投资大。目前，逐渐采用晶闸管整流装置，这种系统装机容量小，投资少，成本低，是今后的发展方向。

三、弱磁调速

弱磁调速就是在电动机励磁回路接入调节电阻，使磁通减小，实现调速。

从他励直流电动机机械特性方程可知，磁通减弱时，理想空载转速升高，特性斜率增大，但前者较后者增加的较快，一般用于在额定转速向上调速。

弱磁调速的过程如图 4-7 所示。调速前，电动机稳定运行于 A 点，减弱磁通后，电动机工作点过渡到磁通为 Φ 的特性上的 B 点，由于 $M > M_L$，电动机便加速；到达 C 点时，即以高于 n_N 的转速稳定运行。

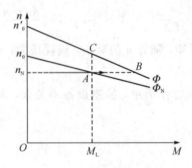

图 4-7　弱磁调速的过程

如果保持调速前后电动机电压和电流不变，减弱磁通后，电动机转矩和输出功率分别为

$$M = C_m \Phi I_N = C_m I_N \frac{U_N - I_N R_a}{C_e n} = \frac{K}{n}$$

$$P_2 \approx E I_N = U_N I_N - I_N^2 R_a = C$$

式中：K 和 C 均为常数，由于输出功率保持不变，故属于恒功率调速。

弱磁调速是控制功率较小的励磁回路，所以控制方便，能量损耗小，平滑性较好，但调速范围不大，所以常和降压调速配合使用，以扩大调速范围。

任务三　串励直流电动机的调速

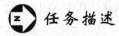 **任务描述**

串励直流电动机是煤矿井下电机车的拖动电动机，对其调速方法、性能的认识直接关

系到使用电机车时的可靠、安全和经济性能。

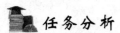 **任务分析**

　　主要分析串励直流电动机降低电枢端电压调速的实现方法、调速原理以及调速性能，在电机车拖动中如何利用降压与串电阻相结合的方法实现较大的调速范围和较好的平滑性；理解改变磁通调速实现的方法、性能和应用意义。

 相关知识

　　串励直流电动机调速方法与他励电动机相似，也有串电阻、降电压、变磁通三种调速方法。

　　电枢串电阻的调速方法及其性能与他励电动机相似，这里只分析其他两种调速。

一、降低端电压调速

　　这种调速方法一般用在双电动机的拖动系统中。矿用电机车采用两台串励电动机拖动，利用两台电动机串、并连接线可以改变其端电压，如图4-8所示。当两台电动机并连接入电源时，每台电动机全压运行，转速最高；当两台电动机改为串联接到电源上时，每台电动机端电压降低一半，转速也降为一半，从而可得到两个调速级，其机械特性如图4-9所示。

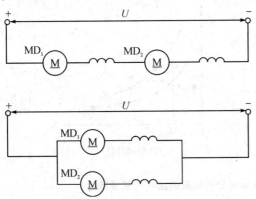

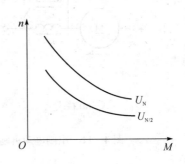

图4-8　双机拖动串并连接线　　　　图4-9　双机拖动串并联的机械特性

　　如果再与串电阻调速相配合还可得到多个调速级。

　　串励电动机降压调速的性能与他励电动机相似。

二、改变磁通调速

　　改变磁通的调速方法，可以通过电枢并分流电阻或励磁绕组并分流电阻的方法实现。

　　图4-10为电枢并分流电阻的接线与调速特性。当负载电流 I_a 相同时，减小电枢分流

电阻 R_b，励磁电流 I_f 将增加，磁通也将增加，而转速会降低。调速后的特性曲线硬度提高，并且具有理想空载转速，可以在一定范围内得到回馈制动运转。

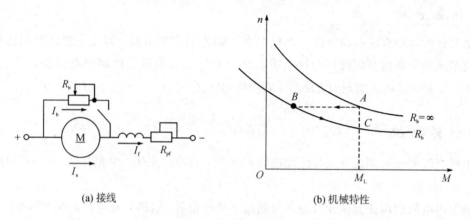

(a) 接线　　　　　　　　　　　　(b) 机械特性

图 4 - 10　串励电动机电枢并分流

电枢并分流电阻调速特性适用于恒转矩负载，调速范围约为 2 左右，调速时能耗大，不经济，但可以得到较低的稳定转速。某些起重机械的拖动电动机采用这种调速方法。

励磁绕组并分流电阻的调速特性与接线如图 4 - 11 所示。当减小分流电阻 R 时，电动机的磁通减小，转速升高。调速后特性曲线的硬度降低，调速范围约为 1.6 左右。因为分路电阻较小，所以能耗低，比较经济。这种调速属于恒功率调速。露天矿大型电机车采用这种调速方法。

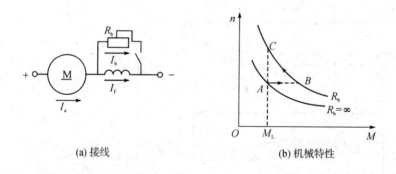

(a) 接线　　　　　　　　　　　　(b) 机械特性

图 4 - 11　串励电动机励磁绕组并分流电阻的接线与机械特性

任务四　异步电动机的调速

任务描述

异步电动机是煤矿井下和地面上运用最为广泛的电动机，在对很多机械设备的拖动中都有调速的要求。因此，掌握其调速的方法、性能具有最为现实的意义。

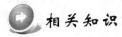

任务分析

本任务分析了异步电动机实现调速的原理、几种方法，由其重点分析了转子串电阻、串级调速和变频调速的内部机理、外部条件、机械特性、能量关系、技术经济性能和选择确定方法。

相关知识

异步电动机的转速表达式为

$$n = n_0(1-s) = \frac{60f_1}{p}(1-s) \qquad (4-9)$$

要调节异步电动机的转速，可从改变上式中的 f_1、p、s 三个参数入手，所以最基本的调速方法有三种：

(1) 改变电机的极对数（变极调速）。

(2) 改变供电电源的频率（变频调速）。

(3) 改变转差率。

其中，改变电动机极对数，可以改变电动机的同步转速，因而实现了调速。这种调速级差较大不能连续调节转速，一般适用于笼型电动机。实现这种调速方法是采用极对数可以改变的多速电动机。改变极对数一般采用两种方法，即定子装设一套绕组，改变绕组的接法，可得到不同的极数；也可以在定子槽内安放两套极对数不同的独立绕组。如将两种方法配合应用，则可得到较多的调速级数。

改变转差率的调速方法有：改变定子电压、转子回路串电阻、转子回路引入外加电势（串级调速）、电磁转差离合器等。

随着新型电力电子器件的出现和微电子技术的发展，以及现代控制理论的应用，交流调速已经获得了突破性的发展，出现了许多效率高、能耗低、性能好的调速系统。

下面对转子回路串电阻调速、串级调速和变频调速三种方法进行较深入的分析。

一、转子回路串电阻调速

转子回路串电阻是绕线型异步电动机传统的调速方法。由人为机械特性可知，转子回路串电阻后，机械特性变软，转速降低，其调速过程如图 4-12 所示。电动机原来稳定运行于固有特性 r_{20} 的 A 点，转子回路串入电阻后，机械特性软化变为 $r_{20}+r_{pa}$，运行点过渡到人为特性 $r_{20}+r_{pa}$ 的 B 点。由于 $M<M_L$，电动机便减速，当减速到 C 点时，$M=M_L$，电动机又低速运行于新的稳定工作点 C。

调速时，当电源电压为 U_N，磁通为 Φ_N，两者均不变；转子电流限制为 $I_2 = I_{2N}$；功率因数 $\cos\varphi_2$ 基本不变，故电动机

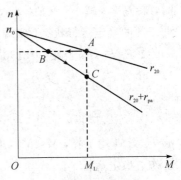

图 4-12　绕线型电动机转子回路串电阻调速的过程

转矩 $M = C_m \Phi I_2' \cos\varphi_2$ 为定值，属恒转矩输出。

转子回路串入电阻后，转差率增大，电动机转子铜损即转差功率为

$$\Delta p_2 = sP_{em} = 3I_2'^2(r_{20}' + r_{pa}') \tag{4-10}$$

如忽略机械损耗，则输出功率为

$$P_2 = P_{em}(1-s) \tag{4-11}$$

调速时，转子回路的效率为

$$\eta = \frac{P_2}{P_2 + \Delta p_2} = \frac{P_{em}(1-s)}{P_{em}(1-s) + sP_{em}} = 1 - s \tag{4-12}$$

由以上三式可以看出，随着转速降低、转差率增加，转子铜耗增大，输出功率减小，效率降低，因而经济性差。

转子回路串电阻调速的调速范围不大（$D = 2 \sim 3$），稳定性较差，平滑性不好，但因方法简单，又可与启动电阻合用一套电阻，故以往的调速系统中采用较多。例如在交流拖动的绞车上可采用脉动接入电阻的方法得到低速的爬行速度。

二、串级调速

串级调速是在绕线型异步电动机转子回路内串入附加电势 E_{pa}，实现调速。串入电势的频率必须与转子频率相同。改变串入电势 E_{pa} 的方向和大小，就可以调节电动机的转速。

1. E_{pa} 与 sE_{20} 同相（相位差 $\theta = 0°$）

当未串入 E_{pa} 时，转子电流为

$$I_2 = \frac{sE_{20}}{\sqrt{r_{20}^2 + (sx_{20})^2}} \tag{4-13}$$

式中：E_{20} 为转子不动时的电势；x_{20} 为转子不动时的漏抗。

串入 E_{pa} 后，I_2 变为

$$I_2 = \frac{sE_{20} + E_{pa}}{\sqrt{r_{20}^2 + (sx_{20})^2}} \tag{4-14}$$

可见转子电流增加了，转矩 $M = C_m \Phi I_2' \cos\varphi$ 也增加，使 $M > M_L$，电动机转速增加，同时，转差率 s 减小，又使（$sE_{20} + E_{pa}$）的数值下降，I_2 及 M 也下降。当 $M = M_L$ 时，电动机又处于新的稳定运行状态，实现了高于额定转速的调速。

2. E_{pa} 与 sE_{20} 反相（$\theta = 180°$）

串入 E_{pa} 后，I_2 变为

$$I_2 = \frac{sE_{20} - E_{pa}}{\sqrt{r_{20}^2 + (sx_{20})^2}} \tag{4-15}$$

故 I_2 及 M 均下降，$M < M_L$，使电动机转速下降，直到 $M = M_L$ 时，电动机将在低速下新的工作点稳定运行。

由以上分析可知，串级调速可以是双向的，电动机可在低于额定转速下运行，也可在高于额定转速或同步转速上运行，其调速特性如图 4-13。

由图 4-13 可以看出，当串入反相电势时（$E_{pa} < 0$），由于过载能力降低使其调速范围受到限制，因而一般适用于启动转矩不大，调速范围不宽的扇风机、钢丝绳胶带输送机的调速。扇风机串级的调速特性如图 4-14 所示，调速性能与生产机械得到了较好的配合。

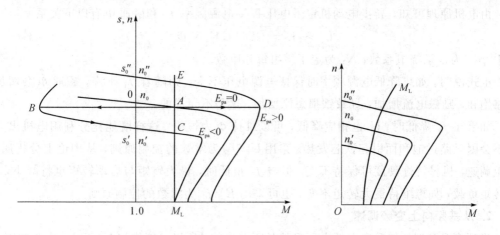

图 4-13 串级调速特性   图 4-14 扇风机串级的调速特性

串级调速也有多种类型，但目前主要采用的是带直流中间环节的晶闸管串级调速系统，其主回路如图 4-15 所示。

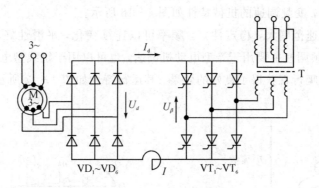

图 4-15 晶闸管串级调速系统

图 4-15 所示的系统是在转子回路接入一个不可控整流器（$VD_1 \sim VD_6$），将转子感应电势 sE_{20} 变换为直流电压 U_d，再由晶闸管（$VT_1 \sim VT_6$）逆变器将 U_β 逆变为交流，功率经变压器 T 反馈给电网。这时，逆变器电压 U_β 就相当于反向的附加电势。控制逆变角 β，就可以改变 U_β 的数值，从而实现了转速调节。

由于串级调速可以把转差功率反馈电网，所以能耗小，效率高，经济性好。从技术指标分析，调速范围大，静差率小，稳定性好，可以连续调速，平滑性好，是一种较为理想的调速方法。

三、变频调速

变频调速是一种理想的高效率，高性能调速方法，它将在很多领域中逐步取代一些传统的直流拖动系统，是最具有发展前途的交流调速方法。

供电电源的额定频率称为基频，变频可以从基频向下调，也可以向上调。

1. 从基频向下变频调速

由电机原理可知，异步电动机定子电压 U_1、电源频率 f_1 和磁通 Φ 有以下关系

$$U_1 \approx E_1 = 4.44 f_1 K_1 N_1 \Phi \tag{4-16}$$

式中：K_1 为定子绕组系数；N_1 为定子绕组每相匝数。

上式说明，如果降低电源频率时保持电源电压不变，则随着 f_1 下降，磁通 Φ 会增加，磁路饱和，励磁电流增加，导致铁损急剧增加，这是不允许的。

如果在 f_1 降低时，U_1 也相应降低，可以维持 Φ 为恒值，这样既能充分利用电机出力，又不会因磁路过饱和而引起铁芯发热。采用 U_1/f_1 为常数的控制原则，从理论上分析属恒转矩调速，机械特性硬度可保持不变。但当 f_1 很低时，最大转矩与启动转矩也将减小，对恒转矩负载，如想维持最大转矩不变，也可采用 E_1/f_1 为常数的控制原则。

2. 从基频向上变频调速

当频率升高时，如升高电源电压显然是不允许的，所以只能维持 U_1 不变。由于频率 f_1 升高，则磁通 Φ 将减小，因此在同一定子电流下的转矩也将减小。若维持 I_1 额定不变，因为频率升高时，功率 $P = \sqrt{3} U_1 I_1 \cos\varphi$ 可以维持基本不变，因此属恒功率调速。

通过理论分析，变频调速的机械特性如图 4-16 所示。

变频调速的调速范围大，稳定性好，频率可以连续变化，平滑性好，可实现四象限运行，控制方便。变频调速主要用于笼型电动机调速，也可以用于绕线型电动机，如矿井提升机采用低频减速和爬行就获得了良好的效果。其运行特性如图 4-17 所示。

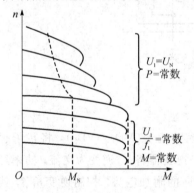

图 4-16　变频调速的机械特性

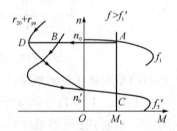

图 4-17　提升机采用低频减速与爬行的运行特性

提升机等速运行时，电动机运行在固有特性的 A 点。当提升机达到减速点时，切除工频 f_1 电源，通入低频电源，特性变为 f_1'，电动机运行点由 A 过渡到 B。此时电动机进入发电反馈制动，在制动转矩作用下，电动机开始减速，如此时在转子内串入适当附加电阻 r_{pa}，则可得到较大制动转矩，如 D 点。减速到 n_0' 时开始进入低频电动运行阶段，C 点为低频爬行工作点，开始低速稳定运行。

变频调速的关键是要有性能良好的变频器。过去采用变频机变频，设备多、效率低、性

能差。现在一般采用静止的晶闸管变频装置，它具有体积小、性能优异、可靠性高等优点，已经被大量采用。

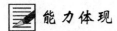

一、调速电阻与调速性能的计算

【例 4 - 2】　一台绕线型异步电动机，技术数据如下：$P_N = 260$ kW，$U_{1N} = 6000$ V，$I_N = 50$ A，$E_{2N} = 445$ V，$I_{2N} = 375$ A，$n_N = 590$ r/min，$n_0 = 600$ r/min。用以拖动提升机，最大提升速度 $v_m = 8$ m/s，低速爬行速度 $v_4 = 0.5$ m/s。求提升机低速爬行时转子串入的附加电阻和静差率。

解　（1）计算低速爬行转速为

$$n_4 = \frac{v_4}{v_m} n_N = \frac{0.5}{8} \times 590 = 37 \text{ r/min}$$

（2）计算电动机额定转差率为

$$s_N = \frac{n_0 - n_N}{n_N} = \frac{600 - 590}{600} = 0.0167$$

（3）计算转子绕组电阻为

$$r_{20} = \frac{s_N E_{2N}}{\sqrt{3} I_{2N}} = \frac{0.0167 \times 445}{\sqrt{3} \times 375} = 0.0114 \text{ }\Omega$$

（4）计算低速爬行时电动机转差率为

$$s_4 = \frac{n_0 - n_4}{n_0} = \frac{600 - 37}{600} = 0.94$$

（5）计算转子回路串入的附加电阻为

$$r_{pa} = r_{20} \frac{s_4}{s_N} - r_{20} = 0.0114 \times \frac{0.94}{0.0167} - 0.0114 = 0.63 \text{ }\Omega$$

（6）计算低速爬行时的静差率为

$$\delta\% = \frac{n_0 - n_4}{n_0} \times 100\% = \frac{600 - 37}{600} \times 100\% = 94\%$$

显然静差率过大，稳定性很差。

二、调速方法的选择

异步电动机调速的方法较多，各自的性能差异较大。其调速效果的好坏不能简单地用技术性能指标来衡量，而是应该以负载的需要来选择，凡是能恰到好处地适合负载需要的就是合理的调速方法。例如，现代大型提升机功率大，对调速的技术和经济指标要求均很高，采用变频调速能适应技术指标的要求，特别是低速稳定运行的要求，保证了安全可靠运行，而设备成本可通过节约的电能很快得到回报。而像生活中使用的电风扇本身成本低、对调速的技术要求不高，若采用一套成本较高的变频装置进行调速则显得有些得不偿失。

思 考 与 练 习

（1）转速调节与转速波动有什么区别？试用机械特性加以说明。

（2）调速的技术指标有哪几项？其含义是什么？

（3）电动机调速时允许输出与实际输出有何不同？为什么调速时允许输出要与负载相匹配？

（4）他励直流电动机有哪几种调速方法？试用特性曲线说明其调速过程？并比较其优缺点。

（5）串励直流电动机有哪几种调速方法？试比较其优缺点。

（6）试分析交流异步电动机的调速方法与调速性能。

（7）试述串级调速的基本原理，并绘出其机械特性曲线。

（8）晶闸管变频调速系统为什么是交流调速的发展方向？

（9）一台他励直流电动机技术数据如下：$P_N = 30 \text{ kW}$，$U_N = 220 \text{ V}$，$I_N = 153 \text{ A}$，$n_N = 1000 \text{ r/min}$，$R_a = 0.11 \ \Omega$。在额定负载时，试求：

① 串入电阻 $r_{pa} = 1.6 \ \Omega$ 时的转速；

② 电源电压降为 110 V 时，电枢不串电阻时的转速；

③ 磁通减小 20% ，电枢不串电阻时的转速。

（10）一台绕线型异步电动机技术数据如下：$P_N = 75 \text{ kW}$，$U_{1N} = 380 \text{ V}$，$I_N = 142 \text{ A}$，$n_N = 975 \text{ r/min}$，$E_{2N} = 167 \text{ V}$，$\lambda_m = 1.8$，试求：

① 负载转矩 $M_L = 0.8 M_N$ 时电动机的转速；

② 使转速降为 200 r/min 时，转子应串入的附加电阻。

模块五　电动机的选择

任务一　　电动机容量选择

任务描述

电动机容量选择过大会导致不经济运行，而容量选择过小又会产生电动机的损坏。所以，合理选择电动机容量既是经济问题也是技术问题。

任务分析

通过分析能较为深刻地认识容量大小在技术和经济上的重要性，理解其是从哪些方面影响电动机的合理运行的；并掌握如何保障电动机在正常运行时的充分利用和启动能力、短时过载能力。

相关知识及能力体现

一、电动机的选择内容

在电力拖动系统中，作为原动机的电动机，对它的选择，首要的是在各种运行状态下电机容量的选择。除此外，在机械性能（启动、制动、调速等）方面应符合生产机械的特点，在结构上应适应工作环境的条件，同时还要确定电动机的电流种类、额定电压与额定转速。

二、正确选择电动机容量的意义

选择电动机容量，不仅是一个技术问题，还是一个经济问题。只有正确地选择电动机的容量，电力拖动装置才能可靠而经济地运行。

如果电动机容量选得过大，不仅增加了设备费用，电动机也不能得到充分利用。经常处于欠负载运行，效率和功率因数（对异步电动机而言）都将降低，运行费用较高，造成浪费。

反之，如果电动机容量选得过小，电动机在工作中将经常过载，容易使电动机过热和使绝缘材料提前老化，造成电机过早损坏。因此，电动机容量选得过大或过小，都是不合适的。

三、选择电动机容量的要求

选择电动机容量时，应满足下述三方面的要求：

（1）电动机在工作时，其稳定温升应接近但不超过绝缘材料的允许温升。

（2）电动机应具有一定的过载能力，以保证在短时过载的情况下能正常工作。检验电动机的短时过载能力的条件为

$$\lambda_s \geqslant \frac{ML_{\max}}{M_N} \tag{5-1}$$

式中：$ML_{\max}$ 为电动机在工作中承受的最大负载转矩；M_N 为电动机的额定转矩；λ_s 为短时过载系数。

对于异步电动机，λ_s 取决于 λ_m，其关系为

$$\lambda_s = (0.8 \sim 0.85)\lambda_m \tag{5-2}$$

式中：$\lambda_m = \dfrac{M_{\max}}{M_N}$，为异步电动机最大转矩 $M_{\max}$ 对额定转矩 M_N 的倍数；

$0.8 \sim 0.85$——考虑电网电压下降引起 $M_{\max}$ 及 λ_m 下降的系数。

对于直流电动机，过载能力受换向所允许的最大电流值的限制。一般 Z 型与 Z_2 型直流电机，在额定磁通下，λ_s 可选择 $1.5 \sim 2$。对 ZZ 型、ZZY 型直流电机，以及同步电动机，可取 $\lambda_s = 2.5 \sim 3$。

（3）电动机应具有生产机械所需要的启动转矩。

在大多数情况下的电动机容量选择，首先从发热的条件考虑，然后再按过载能力进行校验。对笼型电动机，有时还需进行启动能力校验，看其是否满足生产机械的要求。对直流电动机与绕线型异步电动机，则不必校验启动能力，因其启动转矩的数值是可调的。

任务二　　电动机的发热与冷却规律

 任务描述

电动机的损坏主要是因发热造成，在不同工作状态下电动机的发热规律不同，发热量大小也不同。从发热的角度去分析电动机的运行是合理选择容量的理论依据和基础。

任务分析

电动机在工作中能够不因为发热而损坏，不仅与发热量有关，还与绝缘材料的承受能力有关。本任务介绍了电动机常用的绝缘材料等级及特点，还更多的分析了电动机发热的内部机理和在各种情况下的发热特点，并说明了在短时、断续运行状态下的有关标准。

相关知识及能力体现

电动机的发热是由于在能量转换过程中其内部产生的损耗变成了热量而使温度升高的缘故。在电动机中，耐热最差的是绕组的绝缘材料，不同等级的绝缘材料，其最高允许温度也不同。电机常用的绝缘材料有五种等级，如表5-1所列。

表5-1　绝缘等级、绝缘材料及对应的最高允许温度

绝缘等级	绝　缘　材　料	最高允许温度/℃
A	包括经过绝缘浸渍处理过的棉纱、丝、纸等有机材料或其组合物，普通漆包线的绝缘漆	105
E	包括高强度漆包线的绝缘漆、环氧树脂、三醋酸纤维薄膜及青壳纸、纤维填料塑料、高强度漆包线的聚酯漆	120
B	包括由云母、玻璃纤维、石棉等制成的绝缘材料，用有机材料黏合或浸渍；矿物填料或塑料	130
F	包括与B级绝缘相同的材料，但黏合剂及浸渍漆不同。为了加强机械强度，可加入少量A级材料	155
H	包括与B级绝缘相同的材料，但用耐温180℃的硅有机树脂黏合或浸渍；硅有机橡胶；无机填料塑料	180

当电动机的结构尺寸和冷却方式确定后，绝缘等级越高，输出功率就越大，功率损耗也越大。显然，绝缘等级越高，价格也越高。

电动机的损耗主要有以下几个部分：

(1) 导体热损耗(铜损)：包括绕组铜损、电缆铜损，电刷、滑环和换向器铜损。交流电动机还应考虑集肤效应的影响。

(2) 铁磁热损耗(铁损)：定子或运动的磁性材料中的磁场发生变化时产生的损耗，包括涡流损耗和磁滞损耗两部分。

(3) 摩擦损耗：包括轴承摩擦损耗、电刷摩擦损耗和风阻损耗。

各种损耗与电动机运行状态的关系相当复杂，影响损耗大小的主要因素是电动机的运行速度和负载转矩，电压、电流的有效值及波形也对损耗有影响。

一、电动机的发热过程

由于电动机构造上存在的非同一材料、非均匀质体，同时由于在能量转换过程中存在着电、磁、热、力、冷却介质、空气等众多的能量流及不可避免的能量损失，因此用精确的解析式分析电动机的发热过程是不可能的，实际上也没有必要。通常为了定性地分析电动机的发热过程，假设电动机是一个均匀的发热体。

电动机运行时，在其内部产生的铜损、铁损和摩擦损耗等能量损失均变成热能，使电

动机的温度逐渐升高，这个过程称为发热过程。发热过
程的变化规律可用图 5-1 中曲线表示。由图可以看出，
电动机在发热初期，其温升较低，与外界的温差较小，
所以散发到周围介质中去的热量也较少，电动机产生的
热量大部分为电动机本身所吸收，这时电动机的温升上
升比较快。随着电动机本身温度的升高，散发到周围介
质中去的热量越来越多，而电动机本身吸收的热量越来
越少，因此电动机的温升上升速度就逐渐变慢，直到电
动机的发热量与散热量相等时，电动机的温升达到稳定
而不再升高，即发热过程达到平衡状态。

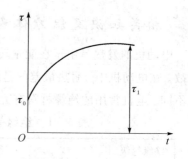

图 5-1　电动机发热过程的温升
　　　　变化曲线

二、电动机的冷却过程

电动机的冷却过程是温升下降的过程。温升下
降有两种情况：一种是电动机运行时因负载减小而
引起的温升下降；另一种是电动机断电引起的温升
下降。只要断电时间足够长，温升就下降到零。这
两种冷却过程对应的温升变化如图 5-2 所示。

从图 5-2 所示曲线可以看出，冷却开始时，虽
然电动机的发热量减小或者为零，但因为电动机的
温升较高，单位时间内的散热量较多，温升下降较
快。随着温升的下降，散热量减小，温升下降也逐

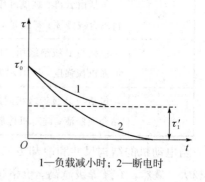

1—负载减小时；2—断电时

图 5-2　电动机冷却过程的温升变化曲线

渐缓慢，直到电动机的温升下降到负载减小时对应的稳定值或者下降到电动机断电后对应
的零值为止。

三、电动机运行状态的分类

电动机的温升与结构材料有关（用发热时间常数大小表示，反映了电动机的热惯性大
小），还与发热量，即负载持续的时间长短有关。根据电动机的运行时间与发热时间常数之
间的关系，其运行状态可以分为以下三种：

1. 连续运行状态

连续运行状态又称为长时运行状态。如果电动机的运行时间 t 大于 3～4 倍发热时间常
数，即电动机运行时间内能达到稳定温升，这种运行状态属于连续运行状态。连续运行时电动
机的负载功率和温升变化曲线如图 5-3 所示。这种状态下电动机的运行时间往往长达几十分
钟、数小时或几昼夜，甚至更长。例如，矿井主通风机、主排水泵以及空气压缩机等。

连续运行状态又有恒值负载连续运行状态和变化负载连续运行状态。恒值负载连续运
行是指在运行时间内电动机的输出功率 P_2 恒定不变，如图 5-3(a) 所示；变化负载连续运

行是指在运行时间内电动机的输出功率随时间变化，如图 5 - 3(b)所示。

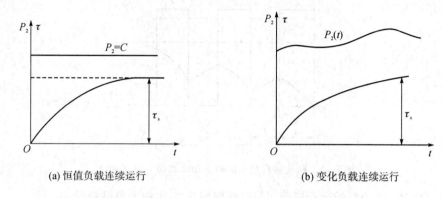

(a) 恒值负载连续运行　　　　　　　　　　(b) 变化负载连续运行

图 5 - 3　连续运行状态的输出功率和温升变化曲线

2. 短时运行状态

　　如果电动机的运行时间 t 较短，停车时间 t' 较长，在运行时间内电动机的温升来不及达到稳定值，而在停车时间内其温升可以降到零，这种运行状态就称为短时运行状态。短时运行状态下电动机的输出功率和温升变化曲线如图 5 - 4 所示。矿井主通风机房控制风门的电动机属于这种运行状态。

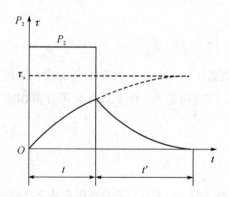

图 5 - 4　短时运行状态的输出功率和温升变化曲线

　　我国生产的专用短时运行电动机的标准运行时间为 15 min、30 min、60 min 和 90 min 四个等级。

3. 断续运行状态

　　断续运行状态又称为重复短时运行状态或间歇式运行状态，在这种状态下运行的电动机以运行时间 t 和停歇时间 t' 周期性重复交替运行。断续运行时每个周期的运行时间按国家标准规定不超过 10 min。在断续运行状态下，电动机在运行时间内温升来不及达到稳定温升，在停歇时间内，其温升又来不及降到零。但每经过一个周期，温升就有所上升，经过几个周期的运行后，温升最终会在某一范围内上下波动，对应的电动机输出功率和温升变化曲线如图 5 - 5 所示。矿井提升机的电动机属于这种运行状态。不过，在实际应用中，往往把矿井提升机作为变化负载连续运行的生产机械来处理。

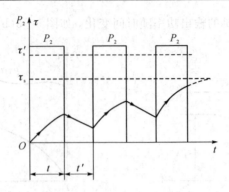

图 5-5　断续运行状态的输出功率和温升变化曲线

断续运行时，电动机的运行时间 t 与运行周期 T 之比称为负载持续率，即

$$\varepsilon\% = \frac{t}{T} \times 100\% \qquad (5-3)$$

我国规定的标准负载持续率为 15%、25%、40% 和 60% 四种。

任务三　电动机容量的选择

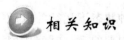 任务描述

由于实际负载大小种类繁多，功率大小也在不断变化，如何比较准确地计算负载大小是合理选择电动机容量大小的前提条件。所以只有正确计算出负载大小才可能合理选择电动机容量大小。

任务分析

负载大小的表现形式多种多样，应根据负载特性所容易获得的功率、电流、转矩、力的大小等参数中的某项来计算等效负载大小，与电动机对应项目的能力进行比较来选择容量大小。

不同运行制下电动机的容量大小从本质上仍然是承受温度升高的能力，对同一个负载可以选择不同工作制下的电动机，只要温升接近而不超过材料的允许温升就是合理的。

相关知识

一、连续运行状态下电动机容量的选择

连续运行电动机的负载有两类：一类为恒值负载，这种情况电动机容量的选择比较简单；另一类为变化负载，在这种负载条件下选择电动机容量时，一般先把变化负载等效成恒值负载，然后再按恒值负载选择电动机的容量。

1. 恒值负载下电动机容量的选择

当负载功率 P_L 确定后，在产品目录中选出额定功率 P_N 等于或略大于 P_L 的电动机，即

$$P_N \geqslant P_L \tag{5-4}$$

通常电动机是按恒值负载连续运行设计的，所以按式(5-4)选出的电动机在额定功率下运行时，其温升不会超过允许值，不需要进行发热校验。但是如选用笼型电动机，一般还要校验启动能力。

当电动机的实际工作环境温度与标准环境温度(40℃)相差较大时，由于散热条件的变化，其允许输出功率与额定功率有所不同。为了充分利用电动机的容量，可按下式计算电动机的允许输出功率。

$$P = P_N \sqrt{\frac{\theta_{\max} - \theta_0}{\theta_{\max} - 40}(K+1) - K} \tag{5-5}$$

式中：P_N 为电动机的额定功率(kW)；P 为电动机的允许输出功率(kW)；$\theta_{\max}$ 为绝缘材料允许的最高温度(℃)；θ_0 为实际的环境温度(℃)；K 为不变损耗与额定负载下可变损耗之比，一般取 0.4～1.1。

根据经验，环境温度不同时，电动机的允许输出功率可以粗略地按表5-2相应地增减。

表 5-2　不同环境温度下电动机功率的修正值

环境温度/℃	30	35	40	45	50	55
修正百分数	+8%	+5%	0	−5%	−12.5%	−25%

煤矿两种典型生产机械所需电动机的功率计算如下：

1) 主通风机电动机容量的计算

在已知主通风机工况点对应的风量和风压的条件下，负载功率的计算公式为

$$P_L = \frac{KQH}{\eta_v \eta_G} \times 10^{-3} \, \text{kW} \tag{5-6}$$

式中：K 为功率备用系数，一般取 1.1～1.2；Q 为通风机的流量(m^3/s)；H 为通风机的风压(Pa)，轴流式为静压，离心式为全压；η_v 为通风机效率；η_G 为传动效率。

2) 水泵电动机容量的计算

在已知水泵工况点对应的流量和扬程的条件下，水泵负载功率的计算公式为

$$P_L = K \frac{\gamma QH}{\eta_v \eta_G} \times 10^{-3} \, (\text{kW}) \tag{5-7}$$

式中：K 为功率备用系数，一般取 1.1～1.15；γ 为矿水的比重(N/m^3)；Q 为水泵的流量(m^3/s)；H 为水泵的扬程，m；η_v 为水泵机效率；η_G 为传动效率。

2. 变化负载下电动机容量的选择

负载变化时，电动机的输出功率随之变化，因此电动机内部的损耗也在变化，从而引起发热量和温升也发生变化。当负载周期性地变化时，其温升也必然周期性波动。温升波动的最大值将低于对应于最大负载的稳定温升，但高于对应于最小负载时的稳定温升。显然，在这种情况下，如果按照最大负载选择电动机的容量，电动机将得不到充分利用；而按

照最小负载选择电动机的容量，又有过热的危险。因此，既要保持电动机不过热，又要充分利用其容量，计算就比较复杂。在这种情况下，通常采用"等效法"来计算电动机的容量。

一般变化负载可分为两种情况，一种是阶跃变化负载，另一种是连续变化负载。根据已知负载量的形式，采用的等效法包括等效电流法、等效转矩法、等效力法和等效功率法四种。

1) 阶跃变化负载连续运行状态下电动机容量的选择

(1) 等效电流法。若已知负载电流的阶跃变化曲线如图 5-6(a)所示，按发热相等的原则以某一恒定的等效电流 I_{eq} 代替阶跃变化电流 I_1、I_2、$\cdots$、I_n，则等效电流为

$$I_{eq} = \sqrt{\frac{\sum\limits_{1}^{n} I_i^2 t_i}{\sum\limits_{1}^{n} t_i}} \tag{5-8}$$

只要选择电动机的额定电流大于或等于等效电流，即

$$I_N \geqslant I_{eq} \tag{5-9}$$

就能保证电动机运行时的温升不超过允许值。

等效的条件是假定电动机的铁损 P_0 及电阻 R 不变，对于多数电动机这一假设是基本成立的，但对于深槽式和双笼电动机，由于电阻和铁损是变化的，误差很大，因而不能采用。

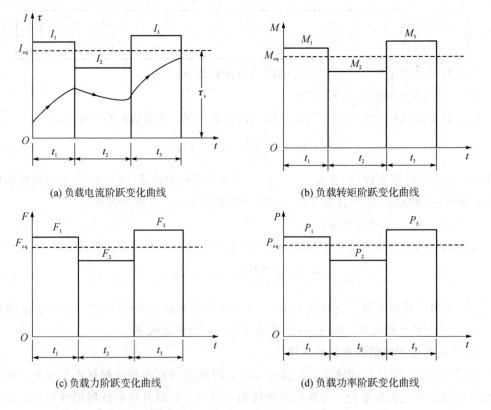

(a) 负载电流阶跃变化曲线　　　　　　　(b) 负载转矩阶跃变化曲线

(c) 负载力阶跃变化曲线　　　　　　　(d) 负载功率阶跃变化曲线

图 5-6　阶跃变化负载变化曲线

（2）等效转矩法。当直流电动机磁通不变，异步电动机磁通与功率因数不变时，转矩与电流成正比，则可采用等效转矩法。

如果已知负载转矩阶跃变化曲线如图 5-6(b) 所示，则相应的等效转矩为

$$M_{eq} = \sqrt{\frac{\sum\limits_{i=1}^{n} M_i^2 t_i}{\sum\limits_{i=1}^{n} t_i}} \qquad (5-10)$$

只要选择电动机的额定转矩大于或等于等效转矩，即

$$M_N \geqslant M_{eq} \qquad (5-11)$$

就能保证电动机运行时的温升不超过允许值。

（3）等效力法。在等效转矩的基础上，如力与转矩成正比，则可以采用等效力法。

若已知负载力的阶跃变化曲线如图 5-6(c) 所示，则等效力为

$$F_{eq} = \sqrt{\frac{\sum\limits_{i=1}^{n} F_i^2 t_i}{\sum\limits_{i=1}^{n} t_i}} \qquad (5-12)$$

只要选择电动机的额定力大于或等于等效力，即

$$F_N \geqslant F_{eq} \qquad (5-13)$$

就能保证电动机运行时的温升不超过允许值。

（4）等效功率法。如果电动机具有硬的机械特性，在工作中转速变化很小，可以忽略其转速的变化时，则负载功率与转矩成正比。

当已知负载功率的阶跃变化曲线如图 5-6(d) 所示时，则等效功率为

$$P_{eq} = \sqrt{\frac{\sum\limits_{i=1}^{n} P_i^2 t_i}{\sum\limits_{i=1}^{n} t_i}} \qquad (5-14)$$

只要选择电动机的额定功率大于或等于等效功率，即

$$P_N \geqslant P_{eq} \qquad (5-15)$$

就能保证电动机运行时的温升不超过允许值。

有时一个周期内的变化负载包括启动、制动、停歇等过程，如图 5-7 所示，如采用自冷式电动机，其散热条件变坏，在相同的负载下，电机温升比他冷式要高，在采用等效法时，要把散热条件变坏的情况反映出来。为此，在启动与制动时间上乘以系数 α，在停歇时间上乘以

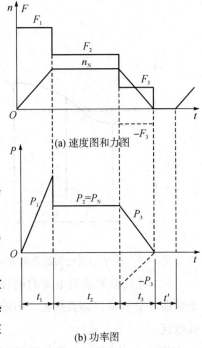

(a) 速度图和力图

(b) 功率图

图 5-7　提升机的负载变化曲线

系数 β。

对于直流电动机，可取 $\alpha = 0.75$，$\beta = 0.5$；对于异步电动机，$\alpha = 0.5$，$\beta = 0.5$。对图 5-7 所示的负载力图，修正后的等效力为

$$F_{eq} = \sqrt{\frac{F_1^2 t_1 + F_2^2 t_2 + F_3^2 t_3}{\alpha(t_1 + t_3) + t_2 + \beta t'}} \qquad (5-16)$$

式中：t_1 为电动机的加速时间；t_2 为电动机的减速时间；t_3 为电动机等速运行时间；t' 为电动机的停歇时间。

2）连续变化负载连续运行状态下电动机容量的选择

（1）已知负载电流 $i = f(t)$ 的函数表达式时，如图 5-8 所示，可用积分法求出对应的等效电流为

$$I_{eq} = \sqrt{\frac{1}{\sum t} \int_0^{\sum t} i^2 \, dt} \qquad (5-17)$$

如果已知各段运行时间内的电流 i_1、i_2、$\cdots$、i_n 等的函数表达式，如图 5-9 所示，则先用积分法求出各段电流的等效值 I_{eq1}、I_{eq2}、$\cdots$、I_{eqn}，即

$$I_{eqi} = \sqrt{\frac{1}{t_i} \int_0^{t_i} i_i^2 \, dt} \qquad (5-18)$$

然后再按阶跃变化负载计算总的等效电流

$$I_{eq} = \sqrt{\frac{1}{\sum_{i=1}^n t_i} \sum_{i=1}^n I_{eqi}^2 t_i} \qquad (5-19)$$

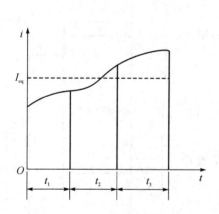　　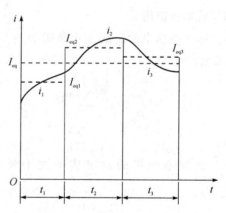

图 5-8　$i = f(t)$ 为已知的负载变化曲线　　图 5-9　各时间段 $i_i = f(t_i)$ 为已知的负载变化曲线

（2）无法获知负载电流的函数表达式时，可根据负载电流曲线的变化特点将负载电流变化曲线分解成许多直线段，用近似的方法先计算各段负载电流的等效值，再计算总的等效电流。

如图 5-10 所示，把曲线简化成矩形、三角形和梯形的形式。

矩形恒值线段不必求等效值，三角形线段等效值的计算方法如下：

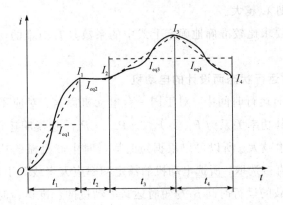

图 5 - 10 负载的近似等效法

如图 5 - 10 所示，在三角形线段的 t_1 阶段内，等效电流为

$$I_{eq1} = \frac{I_1}{\sqrt{3}} \qquad (5 - 20)$$

在图 5 - 10 中的 t_4 阶段内，已知 I_3 和 I_4 时，梯形线段的等效值为

$$I_{eq4} = \sqrt{\frac{I_3^2 + I_3 I_4 + I_4^2}{3}} \qquad (5 - 21)$$

在 t_3 阶段内，负载的梯形等效值为

$$I_{eq3} = \sqrt{\frac{I_2^2 + I_2 I_3 + I_3^2}{3}}$$

电动机容量确定后，再校验过载能是否满足要求。

二、短时运行状态下电动机容量的选择

对于短时运行状态，可选择连续运行状态的电动机用于短时工作，也可选用专为短时运行而设计的电动机。

1. 选用为连续运行所设计的电动机用于短时工作

选择连续运行状态的电动机用于短时工作时，为了使电动机在短时的工作时间内的温升能达到稳定温升，即达到绝缘材料允许的最高温升（如图 5 - 11 的曲线 2 所示），以便使电动机得到充分利用，可以增加电动机的使用容量。

电动机短时运行的使用容量为

$$P = P_N \sqrt{\frac{1 + Ke^{-t_{op}/T}}{1 - e^{-t_{op}/T}}} = \lambda_s P_N \qquad (5 - 22)$$

式中：λ_s 为连续运行电动机作短时运行的过载系数。

由上式可知，λ_s 与工作时间 t_{op} 有关，t_{op} 越长，λ_s 越

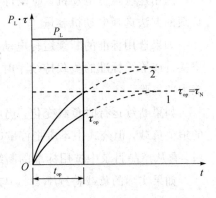

图 5 - 11 电动机短时运行状态

小；反之，t_{op} 越短，则 λ_s 越大。

在实际工作中，要求比较准确地确定上式中的系数是有困难的，通常是根据经验来估计使用功率。

2. 选用专为短时运行状态而设计的电动机

在四种标准的短时运行时间中，对于同一台电动机而言，对应不同的运行时间，允许输出的功率也不同，其功率关系为 $P_{15} > P_{30} > P_{60} > P_{90}$。这说明运行时间越短，过载系数越大，允许输出功率也越大。所以可以根据短时运行时生产机械的功率、运行时间及转速要求，从产品目录中直接选取，所选电动机的额定功率应大于或等于负载功率。

如果短时运行负载的运行时间 t_L 与短时运行电动机的标准运行时间 t_s 相差较大时，应先把实际运行时间 t_L 下的负载功率 P'_L 折算到标准运行时间 t_s 下的功率 P_L，然后再选择电动机。折算的原则为发热相等，折算的关系式为

$$P_L = \frac{P'_L}{\sqrt{\dfrac{t_s}{t_L} + K\left(\dfrac{t_s}{t_L} - 1\right)}} \tag{5-23}$$

当 t_L 与 t_s 相差不大时，可略去 $K\left(\dfrac{t_s}{t_L} - 1\right)$，得

$$P_L \approx \frac{P'_L}{\sqrt{\dfrac{t_s}{t_L}}} \tag{5-24}$$

折算时，应取与 t_L 最接近的 t_s 值代入上式。确定了电动机的容量后，再进行过载能力的校验。

三、断续运行状态下电动机容量的选择

与短时运行状态相似，断续运行的生产机械既可以选用连续运行电动机，也可以选用标准的断续运行电动机。

选用连续运行电动机，应该将断续运行时的负载等效为连续运行负载，再按连续运行负载的方法选择电动机容量。

如果选用标准的断续运行电动机，当断续运行的负载恒定时，并且当实际的负载持续率接近或等于标准的负载持续率时，可以直接选用标准负载持续率的电动机，再进行过载能力的校验。

如果断续运行时负载变化，仍可采用等效法，把断续运行的变化负载等效成断续运行的恒值负载，但公式中不应把停歇时间 t' 计入，因为它已在 $\varepsilon\%$ 中考虑过了。经过等效折算后，再从产品目录中选用标准的断续运行电动机。

如果实际的负载持续率 $\varepsilon_L\%$ 与标准的负载持续率 $\varepsilon_s\%$ 相差较大时，应先将 $\varepsilon_L\%$ 下的负载功率 P'_L 折算到 $\varepsilon_s\%$ 下的负载功率 P_L，然后再选用标准的断续运行电动机。折算的原则仍是发热等效，折算公式为

$$P_{\mathrm{L}} = P_{\mathrm{L}}' \sqrt{\frac{\varepsilon_{\mathrm{L}} \%}{\varepsilon_{\mathrm{s}} \%}} \qquad (5-25)$$

当 $\varepsilon_{\mathrm{L}} \% < 10\%$ 时，应选用短时运行状态的电动机；当 $\varepsilon_{\mathrm{L}} \% > 60\%$ 时，应选用连续运行状态的电动机。

能力体现

【例 5 - 1】　某矿井采用轴流式风机作为主通风机，初始静态转矩的相对值 $M_{i*} = 0.3$，排风量 $Q = 80\ \mathrm{m^3/s}$，风压 $H = 3530\ \mathrm{Pa}$，转速 $n_{\mathrm{N}} = 750\ \mathrm{r/min}$，效率 $\eta_v = 0.67$，环境温度 $\theta = 50℃$，试选择电动机。

解　轴流式风机采用联轴器连接，传动效率 $\eta_{\mathrm{G}} = 0.98$。则风机的负载功率为

$$P_{\mathrm{L}} = \frac{KQH}{\eta_v \eta_{\mathrm{G}}} \times 10^{-3} = \frac{1.2 \times 80 \times 3530}{0.67 \times 0.98} = 516\ \mathrm{kW}$$

考虑到环境温度为 $50℃$，根据表 5 - 2 的修正值，电动机允许输出功率将低于额定功率 12.5%。为此，采用额定功率 $P_{\mathrm{N}} = 630\ \mathrm{kW}$ 的电动机，其实际允许输出功率为

$$P = P_{\mathrm{N}}(1 - 0.125) = 630 \times (1 - 0.125) = 551\ \mathrm{kW}$$

因为电动机功率较大，故选用 $6\ \mathrm{kV}$ 的同步电动机，额定转速选 $750\ \mathrm{r/min}$。从产品目录上查得牵入转矩相对值 $M^* = 0.9$，同步电动机的额定转矩为

$$M_{\mathrm{N}} = 9550 \frac{P}{n_{\mathrm{N}}} = 9550 \times \frac{551}{750} = 7016\ \mathrm{N \cdot m}$$

同步电动机的牵入转矩为

$$M = M^* M_{\mathrm{N}} = 0.9 \times 7016 = 6314.4\ \mathrm{N \cdot m}$$

当转差率 $s = 0.05$ 时，风机负载转矩的相对值可用下式计算：

$$M_{\mathrm{L}}^* = M_i^* + (1 - M_i^*)(1 - s)^2 = 0.3 + (1 - 0.3)(1 - 0.05)^2 = 0.932$$

风机轴上的额定功率为

$$P_{\mathrm{LN}} = \frac{QH}{\eta_v} \times 10^{-3} = \frac{80 \times 3530}{0.67} \times 10^{-3} = 421\ \mathrm{kW}$$

风机轴上的额定转矩为

$$M_{\mathrm{LN}} = 9550 = \frac{P_{\mathrm{LN}}}{\eta_{\mathrm{N}}} = 9550 \times \frac{421}{750} = 5361\ \mathrm{N \cdot m}$$

当转差率 $s = 0.05$ 时，风机的负载转矩为

$$M_{\mathrm{L}} = M_{\mathrm{L}}^* M_{\mathrm{LN}} = 0.932 \times 5361 = 4996.5\ \mathrm{N \cdot m}$$

因为 $M = 6314.4 > 1.2 M_{\mathrm{L}}$，所以牵入转矩满足要求。

【例 5 - 2】　已知提升机滚筒圆周上负载力的变化如图 5 - 12 所示。最大提升速度 $v_{\max} = 7.20\ \mathrm{m/s}$，采用自冷式绕线型异步电动机拖动，要求电动机的转速为 $590\ \mathrm{r/min}$，传动效率 $\eta_{\mathrm{G}} = 0.95$，提升机在减速时采用机械制动。试选择所需的电动机。

解　提升机滚筒轴上的转矩等于滚筒圆周上的作用力与滚筒半径的乘积，当滚筒直径不变时，转矩和作用力成正比，对此绕线型电动机而言，可采用等效力计算容量。

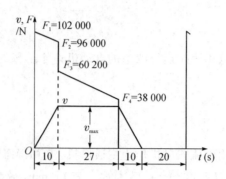

图 5-12　例 5-2 的负载力与速度的变化曲线

从图 5-12 可以看出，各阶段的力是随时间变化的，因此首先要求出各阶段的等效力。加速阶段的等效力为

$$F_{eq1} = \sqrt{\frac{F_1^2 + F_1 F_2 + F_2^2}{3}} = \sqrt{\frac{102\,000^2 + 10\,200 \times 96\,000 + 96\,000^2}{3}}$$

等速阶段的等效力为

$$F_{eq2} = \sqrt{\frac{F_3^2 + F_3 F_4 + F_4^2}{3}} = \sqrt{\frac{60\,200^2 + 60\,200 \times 38\,000 + 38\,000^2}{3}}$$

在减速阶段，由于采用机械制动，电动机断电，对电机而言，其等效力为零。

考虑到启动、制动及停歇时散热条件变坏的影响，取系数 $\alpha = 0.5$，$\beta = 0.25$。整个工作循环的等效力为

$$F_{eq} = \sqrt{\frac{F_{eq1}^2 t_1 + F_{eq2}^2 t_2}{\alpha(t_1 + t_3) + t_2 + \beta t}},$$

$$= \sqrt{\frac{(102\,000^2 + 102\,000 \times 96\,000 + 96\,000^2)\dfrac{10}{3} + (60\,200^2 + 60\,200 \times 38\,000 + 38\,000^2)\dfrac{27}{3}}{0.5(10 + 10) + 27 + 0.25 \times 20}}$$

$$= 62\,534 \text{ N}$$

电动机功率为

$$P_{eq} = \frac{F_{eq} v_{max}}{\eta_G} \times 10^{-3} = \frac{62\,534 \times 7.20}{0.95} \times 10^{-3} = 474 \text{ kW}$$

从产品目录中选取 JRQ-1512-10 型绕线型电动机，其 $P_N = 480$ kW，$U_N = 6000$ V，$n_N = 590$ r/min，$\lambda = 2.35$。

电动机在额定功率时折算到滚筒上的力 F_N 为

$$F_N = \frac{P_N \eta_G 10^3}{v_{max}} = \frac{480 \times 0.95 \times 10^3}{7.20} = 63\,333 \text{ N}$$

根据 $0.85\lambda \geqslant \dfrac{F_{max}}{F_N}$ 验算电动机的过载能力

由 $0.85\lambda = 1.99$ 可得

$$\frac{F_{max}}{F_N} = \frac{102\,000}{63\,333} = 1.61 < 1.99$$

所以满足要求。

【例 5 - 3】 已知生产机械所需功率 $P'_L = 50$ kW，$n = 570$ r/min，$\varepsilon_L\% = 20\%$，试选择电动机容量。

解 因为与 $\varepsilon_L\% = 20\%$ 最接近的标准值为 $\varepsilon_s\% = 25\%$，所以折算成 $\varepsilon_s\%$ 下的功率为

$$P_L = P'_L \sqrt{\frac{\varepsilon_L\%}{\varepsilon_s\%}} = 50 \sqrt{\frac{20\%}{25\%}} = 44.7 \text{ kW}$$

从产品目录中按 $\varepsilon_s\% = 25\%$ 之值选择容量为 45 kW 的 JZR62 - 10 型电动机。

任务四　电动机结构类型的选择

任务描述

电动机容量选择是电动机选择的核心问题。但是，如果在结构形式、电压等其他方面选择不合理，仍然可能导致电动机不能合理运行，甚至无法工作。

任务分析

分析了选择电动机时需要考虑的对负载启动、制动、调速要求的因素，不同电压等级的合理性，各种防护形式的环境适应性。

相关知识

选择电动机时，除根据不同的运行状态确定合适的容量，使电动机在工作中温升不超过允许值，并满足生产机械对启动、制动、调速及过载能力等方面的要求外，还应根据技术经济指标以及工作环境等，选择电动机的类型、电压等级和结构形式。

一、电动机类型的选择

（1）笼型异步电动机因其结构简单、价格便宜、运行可靠、维护方便，应用非常广泛，在矿井中，如水泵、运输机、局部通风机及采煤机等均采用笼型电动机。

（2）当电网容量较小，或启动转矩要求很大，采用笼型电动机在技术上不可能或经济上不合理时，可采用绕线型异步电动机。对于需要调速的生产机械，如中、小容量矿井提升机，也采用绕线型电动机。

（3）同步电动机的优点是可以提高电网的功率因数，缺点是结构较复杂，操作与维护较麻烦，一般用于要求恒速或需要改善功率因数的场合，如大功率的通风机、空气压缩机等。

（4）对于需要调速和改善启动性能的生产机械，也可采用直流电动机，如大型矿井提升机采用他励直流电动机，矿用电机车则采用串励直流电动机。

二、电动机额定电压的选择

对于交流电动机，目前矿山井下采用 380 V 或 660 V 的额定电压，大型采煤机组采用 1140 V 电压，矿山固定设备当所需容量较大时，应尽量采用 6 kV 的高压电动机。

对于直流电动机，一般有 110 V、220 V、440 V 等电压等级。

三、电动机结构形式的选择

根据电动机不同的工作环境，可以把电动机分为下述四种形式：

（1）开启式。这种电动机两侧的端盖上有很大的开口，散热条件好，价格较低，但易受灰尘、水滴和铁屑的侵入，影响电动机的正常工作和寿命。因此只能在干燥、清洁的环境中使用，如地面提升机房、主通风机房等。

（2）防护式。这类电动机分为网罩式和防滴式两种，通风冷却条件较好，可以防止水滴、尘土及铁屑从上面落入电机内部，但不能防止潮气和灰尘从侧面侵入，适用于比较干燥、灰尘不多、没有腐蚀性和爆炸性气体的工作环境，如机修车间。

（3）封闭式。这类电动机又分为自扇风冷式、强迫风冷式和密封式三类。前两类适用于潮湿、有腐蚀性气体、易受风雨侵蚀等环境，如低瓦斯矿井的井底车场。密封式电动机一般用于浸入水中的机械，如潜水泵电动机。

（4）隔爆式。这类电动机的外壳具有足够的强度，能够承受内部气体的最大爆炸压力；而且内部爆炸发生的火花也不会涉及外部，引起周围可燃性气体发生爆炸。这类电机适用于井下采区，如采、掘、运机械。

思 考 与 练 习

（1）电动机常用的绝缘材料分几类？最高允许温度各是多少？

（2）电动机容量选择应遵循哪些原则？为什么要遵循这些原则？

（3）电机发热时间常数的含义是什么？电机冷却条件不同时，其发热时间常数是否一样？

（4）电动机的稳定温升与哪些因素有关？电动机额定功率的定义是什么？要提高额定功率应采取什么措施？

（5）电动机运行状态分为几类？各有何特点？

（6）变化负载连续运行时，可采用哪几种等效方法？各适用于什么条件？

（7）当采用等效法选择电动机时，为什么要修正启动、制动和间歇时间段对应的负载线？如何修正？

（8）当负载线为三角形或梯形时，如何计算负载的等效值？

（9）在实际应用中，电机的使用容量、电流、温升能否超过额定值？为什么？

(10) 负载持续率的含义是什么？当 $\varepsilon_s\% = 15\%$ 时，能否让电动机工作 15 min，休息 85 min？

(11) 在额定负载下，电动机由周围介质温度升至 85℃ 时，需要 2.5 h，电机的稳定温升为 80℃，周围介质温度为 25℃，求发热时间常数。

(12) 对于短时负载，如何选用专为短时运行的电动机或选用连续运行的电动机？如果负载按断续状态运行，如何选择电动机？

(13) 已知电动机的额定功率 $P_N = 10$ kW，允许温升 $\tau_N = 80℃$，铁损和铜损相等，求当环境温度为 50℃ 和 25℃ 时，电动机的允许输出功率应为多少？

(14) 已知电动机的铭牌数据：额定功率 P_N、额定电压 U_N 及额定电流 I_N，允许温升为 70℃，铁损和铜损之比为 2 : 3。求当环境温度分别为 25℃ 和 45℃ 时，如何修正电动机的铭牌数据？

(15) 某台多级离心式水泵，流量为 155 m³/h，扬程为 92.1 m，转速为 1480 r/min，水泵效率 $\eta_P = 0.77$，传动效率 $\eta_G = 1$，水的比重 $\gamma = 9810$ N/m³。现有一台电动机，其 $P_N = 55$ kW，$U_N = 380$ V，$n_N = 1470$ r/min，问是否能用？

(16) 某短时运行负载功率 $P_L = 18$ kW，现有两台电动机可供选用：

① $P_N = 10$ kW，$n_N = 1460$ r/min，$\lambda_m = 2.5$，启动转矩倍数 $M_{st}/M_N = 2$；

② $P_N = 14$ kW，$n_N = 1460$ r/min，$\lambda_m = 2.8$，启动转矩倍数 $M_{st}/M_N = 2$。

试校验过载能力及启动能力。

(17) 某台容量为 35 kW、工作时间为 30 min 的短时运行电动机，突然发生故障。现用一台连续运行的电动机代替，若此电机工作时间 = 90 min，$K = 0.6$，试问使用容量应该有多大（不考虑过载能力）？

模块六　控　制　电　器

任务一　手控电器及主令电器

 任务描述

电气控制的一个重要环节是根据人的意愿向电气控制系统发出控制指令。此外，控制系统在工作中往往需要根据工作状态的变化发出运动状态变化的指令信号，而这些指令信号的发出大多是通过手动类开关、限位开关或主令电器来实现的。

任务分析

通过学习应能掌握按钮、组合开关、限位开关、主令电器等常用电器元件的基本结构组成和工作原理，由此分析掌握其性能特点并能根据工作的需要进行合理的类型选择及参数选择，对在使用中出现的常见故障能进行正确的处理解决。

 相关知识

手控电器和主令电器是用来发布命令，以接通和分断控制电路的电器。只能用于控制电路，不能用于通断主电路。

手控电器和主令电器种类很多，本任务主要介绍控制按钮、万能转换开关、行程开关、接近开关、光电开关和主令控制器。

一、控制按钮

控制按钮是发出短时操作信号的电器。一般由按钮帽，复位弹簧、桥式动触头和静触头和外壳等组成。图 6-1 为控制按钮结构图。常态（未受外力）时，在复位弹簧 7 作用下，静触点 1、2 与桥式动触点 5 闭合，习惯上称为常闭（动断）触点。静触点 3、4 与桥式动触点 5 分断，称之为常开（动合）触点。当按下按钮帽 6 时，动触点 5 先和静触头 1、2 分断，然后再和静触点 3、4 闭合。

二、刀开关

刀开关是一种手动配电电器，主要用来手动接通与断开交、直流电路，通常只作隔离

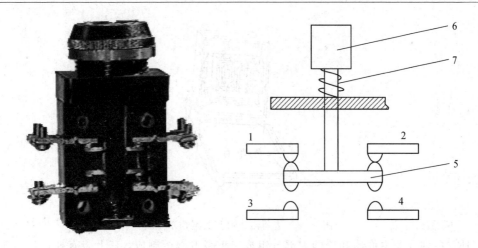

图 6-1 控制按钮结构图

开关使用，也可用于不频繁地接通与分断额定电流以下的负载，如小型电动机、电阻炉等。

刀开关按极数划分有单极、双极与三极几种。其结构都由刀片、触点座、手柄和底板组成。

为了使用方便和减小体积，在刀开关上再安装上熔丝或熔断器，组成兼有通、断电路和保护作用的开关电器，如胶盖闸刀开关、熔断式刀开关等。

1. 胶盖闸刀开关

胶盖刀开关的结构及符号见图 6-2 所示，其主要用于频率为 50 Hz，电压小于 380 V，电流小于 60 A 的电力线路中，作为一般照明、电热等回路的控制开关；也可用作分支线路的配电开关。三极胶盖闸刀开关适当降低容量时可以直接用于不频繁地控制小型电动机，并借助于熔丝起过载保护作用。

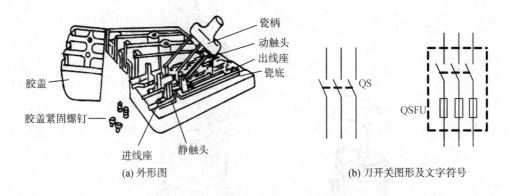

(a) 外形图　　　　　　　　　　　(b) 刀开关图形及文字符号

图 6-2 瓷底胶盖刀开关的结构及符号

2. 熔断器式刀开关(铁壳开关、负荷开关)

熔断器式刀开关的结构如图 6-3 所示，适用于配电线路，作电源开关、隔离开关和应急开关并作电路保护之用，但一般不用于直接通、断电动机。常用的型号有 HR5、HH10、HH11 等系列。

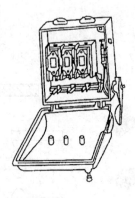

图 6-3　熔断器式刀开关结构示意图

　　HR5 系列开关由底座和盖两大部分组成。底座由钢板制成，其上装有插座组、灭弧室和极间隔板。塑料盖的背面卡装熔断体，盖兼作操作手柄，拉动盖的上部手把，它就绕底座下部铰链旋转而通断电路。开关在断开位置有足够的隔离距离，以便安全地更换熔断体。

　　开关底座两侧装有片状弹簧，使开关具有快速闭合和断开的功能。灭弧室具有防止电弧吹向操作者和防止发生闪路的作用。

三、组合开关

　　组合开关也是一种刀开关，不过它的刀片（动触片）是转动式的，比刀开关轻巧而且组合性强，能组成各种不同线路。图 6-4 为其结构原理图。

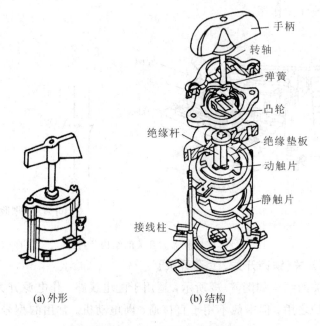

(a) 外形　　　　　　(b) 结构

图 6-4　组合开关结构原理图

组合开关由若干分别装在数层绝缘件内的双关断点桥式动触片、静触片(它与盒外的接线相联)组成。动触片装在附加有手柄的绝缘方轴上,方轴随手柄而旋转,于是动触片也随方轴转动并变更其与静触片的分、合位置。所以组合开关实际上是一个多触点、多位置式可以控制多个回路的主令电器,亦称转换开关。

组合开关可分为单极、双极和多极三类。其主要参数有额定电压、额定电流、允许操作频率、极数、可控制电动机最大功率等。其中额定电流具有 10 A、20 A、40 A 和 60 A 等几个等级。全国统一设计的新型组合开关有 HZ15 系列,其他常用的组合开关有 HZ10、HZ5 和 HZ2 型。近年引进生产的德国西门子公司的 3ST、3LB 系列组合开关也有应用。

组合开关根据接线方法不同可组成以下几种类型:同时通断(各极同时接通或同时分断)、交替通断(一个操作位置上,只有总极数中的一部分接通,而另一部分断开)、两位转换(类似双投开关)、三位转换、四位转换等,以满足不同电路的控制要求。

组合开关在电气原理图中的画法,如图 6 - 5 所示。图 6 - 5(a)中虚线表示操作位置,而不同操作位置的各对触点通断状态示于触点下方或右侧,规定用与虚线相交位置上的涂黑圆点表示接通,没有涂黑圆点表示断开。另一种是用触点通断状态表来表示,如图 6 - 5(b)所示,表中以"+"(或"×")表示触点闭合,"-"(或无记号)表示分断。

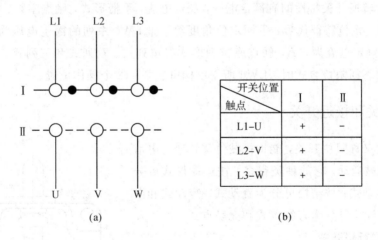

图 6 - 5　组合开关在电气原理图中的画法

四、万能转换开关

万能转换开关是具有更多操作位置和触点、能够换接多个电路的一种手动控制电器,如图 6 - 6 所示。由于它能控制多个回路,适应复杂线路的要求,故有"万能"转换开关之称。

万能转换开关由触点座、凸轮、转轴、定位机构、螺杆和手柄等组成,并由 1~20 层触点底座叠装起来。其中每层底座均可装三对触点,并由触点底座中的凸轮(套在转轴上)来控制这三对触点的接通和断开。由于各层凸轮的作用,可使各对触点按所需的变化规律接通或断开,以适应不同线路的需要。

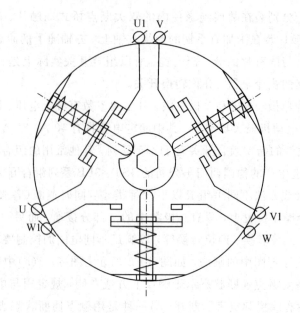

图 6-6 LW6 系列万能转换开关结构示意图

　　表征万能转换开关特性的有额定电压，额定电流，手柄形式，触点座数、触点对数、触点座排列形式，定位特征代号，手柄定位角度等。如 LW6 系列的额定电压为交流 380 V、直流 220 V，额定电流为 5 A，触点座排列形式有单列式、双列式和三列式。对于双列式，其列位机构用不同限位方式时，LW6 所用手柄可达 2～12 个操作位置。

五、行程开关和接近开关

　　行程开关又称限位开关，能将机械位移转变为电信号，以控制机械运动。它的种类很多，按运动形式可分为直动式和转动式；按结构可分为直动式、滚动式和微动式；按触点性质可分为有触点式和无触点式。

1. 直动式行程开关

　　图 6-7 为直动式行程开关结构图。其动作原理与控制按钮类似，只是它用运动部件上的撞块来碰撞行程开关的推杆。其优点是结构简单，成本较低，缺点是触点的分合速度取决于撞块移动的速度。若撞块移动速度太慢，则触点就不能瞬时切断电路，使电弧在触点上停留时间过长，易于烧蚀触点。因此，这种开关不宜用在撞块移动速度小于 0.4 m/min 的场合。

　　常用的万能转换开关有 LW8、LW6、LW5、LW2 等系列。

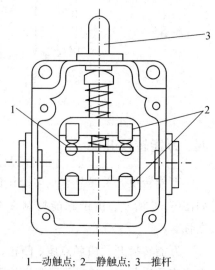

1—动触点；2—静触点；3—推杆

图 6-7 直动式行程开关结构图

2. 微动开关

为克服直动式结构的缺点，采用具有弯片状弹簧的瞬动机构，如图6-8所示。

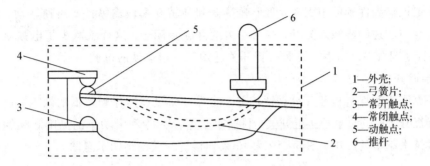

1—外壳；
2—弓簧片；
3—常开触点；
4—常闭触点；
5—动触点；
6—推杆

图6-8 微动开关结构示意图

当推杆被压下时，弓簧片发生变形，储存能量并产生位移，当达到预定的临界点时，弹簧片连同动触点产生瞬时跳跃，从而导致电路的接通、分断或转换。同样，减小操作力时，弹簧片释放能量并产生反向位移，当通过另一临界点时，弹簧片向相反方向跳跃。采用瞬动机构可以使开关触点的换接速度不受推杆压下速度的影响，这样不仅可以减轻电弧对触点的烧蚀，而且也能提高触点动作的准确性。

微动开关的体积小、动作灵敏、适合的小型机构中作用，但由于推杆允许的极限行程很小，以及开关的结构强度不高，因此在使用时必须对推杆的最大行程在机构上加以限制，以免压坏开关。

3. 滚轮旋转式行程开关

为克服直动式行程开关的缺点，还可采用能瞬时动作的滚轮旋转式结构，如图6-9所示。

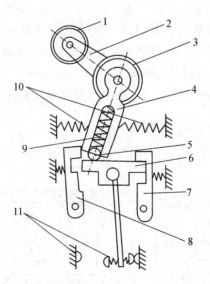

图6-9 滚轮旋转式行程开关结构示意图

　　当滚轮 1 受到向左的外力作用时，上转臂 2 向左下方转动，推杆 4 向右转动，并压缩右边弹簧 10，同时下面的小滚轮 5 也很快沿着擒纵件 6 向右转动，小滚轮滚动又压缩弹簧 9，当滚轮 5 走过擒纵件 6 的中点时，盘形弹簧 3 和弹簧 9 都使擒纵件 6 迅速转动，因而使动触点迅速地与右边的静触点分开，并与左边的静触点闭合。这样就减少了电弧对触点的烧蚀，并保证了动作的可靠性。这类行程开关适用于低速运动的机械。

4. 接近开关

　　为了克服有触点行程开关可靠性较差、使用寿命短和操作频率低的缺点，可以采用无触点式行程开关，也叫电子接近开关。目前小功率晶体管和大功率的晶闸管无触点电子开关正获得越来越多的应用。图 6-10 为 J5 系列接近开关的结构示意图。

图 6-10　J5 系列接近开关结构示意图

　　接近开关大多由一个高频振荡器和一个整形放大器组成，接近开关工作原理图见图 6-11。振荡器振荡后，在开关的感应面上产生交变磁场，当金属物体接近感应面时，金属体产生涡流，吸收了振荡器的能量，使振荡减弱以至于停振。振荡与停振两种不同的状态，由整形放大器转换成二进制的开关信号，从而达到检测位置的目的。

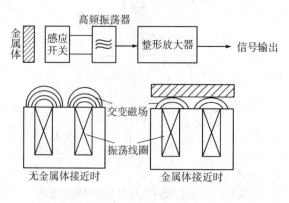

图 6-11　接近开关工作原理

接近开关外形结构多种多样，电子电路装调后用环氧树脂密封，具有良好的防潮防腐性能。它能无接触又无压力地发出检测信号，又具有灵敏度高，频率响应快，重复定位精度高，工作稳定可靠、使用寿命长等优点，在自动控制系统中已获得广泛应用。

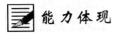 **能力体现**

一、控制按钮的选择

控制按钮的主要技术要求包括规格、结构形式、触点对数和按钮颜色。通常所选用的规格为交流额定电压 500 V，允许持续电流为 5 A。结构形式有多种，适合于以下各种场合：

① 紧急式：装有突出的蘑菇形钮帽，以便紧急操作；

② 旋钮式：用手旋转进行操作；

③ 指示灯式：在透明的按钮内装入信号灯，以作信号显示；

④ 钥匙式：为使用安全起见，须用钥匙插入方可旋转操作。

按钮的颜色有红、绿、黑、黄以及白、蓝等，供不同场合选用。

控制按钮主要用于操纵接触器、继电器或电气联锁电路，以实现对各种运动的控制。

全国统一设计的按钮新型号为 LA25 系列，其他常用的型号为 LA2、LA10、LA18、LA19、LA20 等系列。引进生产的有德国 BBC 公司的 LAZ 系列。

LA25 系列按钮是组合式结构，并采用插接式结构方式，接触系统采用独立的接触单元，用户可以根据需要任意组合常开、常闭触点对数，最多可组合成六个单元。

二、刀开关的选择

刀开关主要是按额定电压、额定电流、级数和最大分断电流来选择。常用的有 HK1、HK2 系列，胶盖闸刀开关的技术参数如表 6-1 所示。

表 6-1　HK2 系列胶盖闸刀开关的技术参数

额定电压/V	额定电流/A	极数	最大分断电流(熔断器极限分断电流)/A	控制电动机功率/kW	机械寿命/万次	电寿命/万次
250	10	2	500	1.1	10000	2000
	15	2	500	1.5		
	30	2	1000	3.0		
380	15	3	500	2.2	10000	2000
	30	3	1000	4.0		
	60	3	1000	5.5		

HR5 系列熔断器式刀开关的主要技术数据见表 6-2 所示。

表 6-2　　HR5 系列熔断器式刀开关的技术数据

额定电压/V	500、660			
约定发热电流/A	100	200	400	630
可配熔断体 额定电流/A	4、6、10、15、20、25、32、35、40、50、63、80、100、125、160	80、100、125、160、200、224、250	125、160、224、250、300、315、355、400	315、355、400、425、500、630

三、组合开关的选择

组合开关是根据用途、类型、级数等进行选择，详情见产品样本和有关手册提供各种组合开关的接线图。

HZ10 系列组合开关产品类型举例如表 6-3 所示。

表 6-3　　HZ10 系列组合开关产品举例

类　型	型　号	极数	层数	接线 图号	额定电流/A			
					10	20	60	100
同时通断 交替通断③ 两位转换 四位转换	HZ10-□/1	1	1	1	√①	—	—	—
	HZ10-□/13j②	3	3	3	√	√	√	—
	HZ10-□/12	—	2	5	√	√	—	—
	HZ10-□P/3	3	3	13	√	√	√	√
	HZ10-□G/1	1	2	26	√	√	√	—

注：① √表示有此额定电流等级；

②j 表示机床用开关；

③ 分母上第一位数字表示启动时的接通路数，第二位数字表示通断的总路数。

四、万能转换开关运用举例

万能转换开关主要用于电气控制电路的换接。在操作不太频繁的情况下，也可用于小容量电动机的启动、换接或改变转向。

如 LW6-3/B097 型万能转换开关共有三个触点座，每个触点座内有三对触点，总共九对触点，定位特征代号为 B(手柄有三个位置)，具体开关定位特征代号如表 6-4 所示，接线图编号为 097，从产品样本可以查得触点通断状态。图 6-12(a)是用黑圈点表示的用于电动机变速控制的接线图。

表 6 - 4　LW6 系列万能转换开关定位特征代号表

定位代号	手　柄　定　位　角　度											
A						0	30					
B					30	0	30					
C					30	0	30	60				
D				60	30	0	30	60				
E				60	30	0	30	60	90			
F			90	60	30	0	30	60	90			
G			90	60	30	0	30	60	90	120		
H		120	90	60	30	0	30	60	90	120		
I		120	90	60	30	0	30	60	90	120	150	
J	150	120	90	60	30	0	30	60	90	120	150	
K	210	240	270	300	330	0	30	60	90	120	150	180

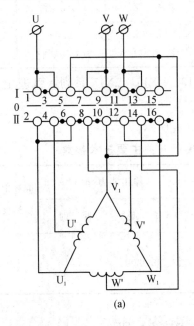

触点	手柄位置		
	I	0	II
1—2	+	−	−
3—4	−	−	+
5—6	−	−	+
7—8	−	−	+
9—10	+	−	−
11—12	+	−	−
13—14	−	−	+
15—16	−	−	+

(a)　　　　　　　　　　　(b)

图6 - 12　LW6 - 3/B097 型万能转换开关用于电动机变速控制的接线图

五、行程开关应用选择举例

行程开关主要是根据额定电压、额定电流、触点换接时间、动作力、动作角度或工作行程、触点数量、结构形式和操作频率等技术参数进行选择。

结构形式中的复位方式有自动复位和非自动复位两种。自动复位式是依靠本身的恢复弹簧来复位；非自动复位式在 U 形的结构摆杆上装有两个滚轮，当撞块通过其中的一个滚轮时，摆杆转过一定的角度，使开关动作。撞块离开滚轮后，摆杆并不自动复位，直到撞块在返回行程中再撞击另一滚轮时，摆杆才回到原始位置，使开关复位。这种开关由于具有"记忆"曾被压动过的特性，因此在某些情况下可使控制电路简化，而且根据不同需要，行程开关的两个滚轮可以布置在同一平面内或分别布置在两个平等平面内。

　　一般行程开关由执行元件、操作机构及外壳等部件组成。操作机构可根据不同场合的需要进行变换组合。例如 LX32 系列行程开关采用了 LX31 - 1/1 型微动开关作为执行元件，配以外壳和操作机构，可组成四种不同的操作方式。当前全国统一设计的行程开关有 LX32、LX33 和 LX31 系列，其他常用的行程开关有 LX19、LXW - 11、JLXK1、LW2、LX5、LX10 等系列。国外引进生产的有 3SE(德国西门子公司)、831(法国柯赞公司)。其中 JLXK1 为快速型。

　　LX32 型行程开关主要技术参数如表 6 - 5 所示。

表 6 - 5　　LX32 系列行程开关主要技术参数

额定工作电压/V		额定发热电流/A	额定工作电流/A		额定操作频率 /(次/h)
直　流	交　流		直　流	交　流	
220、110、24	380、220	6	0.046 /(220 V 时)	0.79 /(380 V 时)	1200

　　目前应用较多的接近开关有 LJ5、LXJ3、LXJ6、LXJ7 系列，引进生产的有 3SG、LXT3(德国西门子)系列。

　　LXJ6 系列接近开关主要技术参数如表 6 - 6 所示。

表 6 - 6　　LXJ6 系列接近开关主要技术参数

参数 型号	作用距离 /mm	复位行程 差/mm	额定交流 工作电压 (AC)/V	输出能力/mA		重复定位 精度	开关交流 压降(AC) V
				长　期	瞬　时		
LXJ6 - 4/22	4±1	≤2	100～250	30～200	1 A (t<20 ms)	≤±0.15	≤9
LXJ6 - 6/22	6±1	≤2					

任务二　接触器

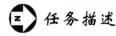 任务描述

　　接触器是用来频繁接通和切断电动机或其他负载主电路的一种自动切换电器，是电气自动化控制中的一个最基础最主要的电器元件。

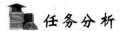任务分析

接触器是由触点系统、电磁机构、弹簧、灭弧装置和支架底座等组成，只有认识了它的结构才能合理地进行选择、使用和维护。接触器分为交流接触器和直流接触器两类。

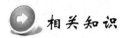相关知识

一、接触器的基本结构原理

交流接触器是利用电磁吸力来接通和断开电动机或电源到负载的主电路的自动电器。

图 6-13 是交流接触器的主要结构示意图。交流接触器主要由电磁铁和触点两部分组成，当电磁铁线圈通电后，吸住动铁芯（也称衔铁），使常开触点闭合，因而把主电路接通。电磁铁断电后，靠弹簧反作用力使动铁芯释放，切断主电路。

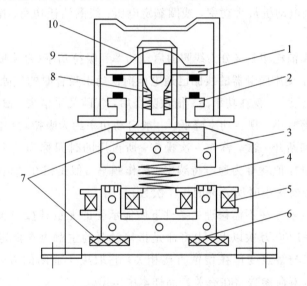

1—动触桥；2—静触点；3—衔铁；4—缓冲弹簧；5—电磁线圈；
6—铁芯；7—垫毡；8—触点弹簧；9—灭弧罩；10—触点压力簧片

图 6-13　交流接触器的主要结构示意图

交流接触器的触点分为两类，一类接在电动机的主电路中，通过的电流较大，称作主触点；另一类接在控制电路中，通过的电流较小，称为辅助触点。

主触点断开瞬间，触点间会产生电弧烧坏触点，因此交流接触器的动触点都做成桥式，有两个断点，以降低当触点断开时加在断点上的电压，使电弧容易熄灭。在电流较大的接触器的主触点上还专门装有灭弧罩，其外壳由绝缘材料制成，里面的平行薄片使三对主触点相互隔开，其作用是将电弧分割成小段，使之容易熄灭。

图 6 - 14　接触器的符号表示法

　　为了减小磁滞及涡流损耗，交流接触器的铁芯由硅钢片叠成。此外，由于交流电在一个周期内有两次过零点，当电流为零时，电磁吸力也为零，使动铁芯振动，噪声增大。为了消除这一现象，在交流接触器铁芯的端面一部分嵌有短路环。图 6 - 14 为接触器的符号表示法。

二、接触器的主要技术参数

　　接触器的主要技术参数有触点额定电压（即接触器额定电压），主触点和辅助触点数目和额定电流、可控制电动机最大功率，线圈额定电压、线圈消耗功率、操作频率、机械寿命和电寿命等。

　　交流接触器线圈消耗功率又分为线圈的启动功率和吸持功率（直流接触器的启动功率和吸持功率相等）。由于交流接触器的线圈已通电但衔铁尚未吸合时的气隙很大，线圈感抗小，所以启动时线圈电流很大，视在功率高。衔铁吸合后，气隙几乎消失，磁阻变小，感抗增大，因而线圈中电流显著减小，视在功率降低。一般启动功率约为吸持功率的 5～8 倍左右。

　　接触器每接通和断开一次，称作一次操作，所占用的时间称为一个通电周期。通电时间与通电周期的百分比值就称为通电持续率。操作频率一般是指在通电持续率不大于 40% 的操作条件下，接触器每小时所允许的操作次数。

　　机械寿命是指接触器在不需修理的条件下所能承受的无负载操作次数。一般接触器的机械寿命可达 600～1000 万次以上。电寿命是指接触器的主触点在额定负载条件下，所允许的极限操作次数。与触点受电弧侵蚀直接相关，它取决于通断的方式以及相应的电压、电流和切断时间。电寿命参数将在有关产品样本中给出。

能力体现

1. 常用型号

　　常用的交流接触器有 CJ20、CJX1、CJX2、CJ12 和 CJ10、CJ0 等系列，直流接触器有CZ18、CZ21、CZ22 和 CZ10、CZ2 等系列。

　　CJ0 系列属老产品，已有 CJ0 - A、CJ0 - B 等改进型产品予以取代。

　　CJ10、CJ12 系列是早期全国统一设计的系列产品。这两个系列产品的生产厂家较多，使用比较广泛。

　　CJ10X 系列消弧接触器是近年发展起来的新产品。它采用与晶闸管相结合的形式，避免了接触器在分断时产生电弧的现象，适用于条件较差、频繁启动和反接制动的电路中。

　　CJ20 系列交流接触器是全国统一设计的新型接触器。主要适用于交流 50 Hz、电压 660 V 以下(其中部分等级可用于 1140 V)、电流 630 A 以下的电力线路中。CJ20 为开启式,结构形式为直动式、主体布置、双断点结构。CJ20-63 型及以上,采用压铸铝底座,并以增强耐弧塑料底板和高强度陶瓷灭弧罩组成三段式结构,结构紧凑,便于检修和更换线圈。触点系统的动触桥为船形结构,具有较高的强度和较大的热容量,静触点选用型材并配以铁质引弧角,便于电弧向外运动。它的磁系统采用双线圈的 U 形铁芯,气隙在静铁芯底部中间位置,使之释放可靠。灭弧罩按其额定电压和额定电流不同分为栅片式和纵缝式两种。辅助触点在主触点两侧,采用无色透明聚碳酸酯做成封闭式结构,以防灰尘侵入,辅助触点的组合如下:160 A 及以下为二常开二常闭;250 A 及以上为四常开二常闭,但可根据需要变换成三常开三常闭或二常开四常闭。

　　近年来从国外引进一些交流接触器产品,有德国 BBC 公司的 B 系列、西门子公司的 3TB、3TD 系列、法国 TE 公司的 LC1-D 和 LC2-D 系列等。它们各有自己的特色,在国际市场上有一定声誉。例如 B 系列接触器就有通用件多和附件多的特点,除触点系统外,这种接触器的其他零部件大都可以通用,可以临时装配的附件有辅助触点(最多为 8 对)、气囊式延时器、机械联锁和锁扣继电器等以及对主触点进行串、并联改接用的连板等。其安装方式有螺钉固定式和卡轨式两种。此外,它还有所谓"倒装"式结构,即磁系统在前面而主触点系统则紧靠安装面,这使更换线圈和缩短主触点接线带来了方便。目前国产的 CJX1 和 CJX2 系列小容量交流接触器也具有以上特点。表 6-7、表 6-8 列出了 CJ20 和 CJX2 系列的主要技术参数。

表 6-7　CJ20 系列交流接触器主要技术参数

额定工作电压 U_N/V		220、380、660、1140(160A 与 630A)									
AC-3 条件下额定工作电流 I_N/A		10	16	25	40	63	100	160	250	400	630
主触点接通与分断能力(AC-4)II/I_N	接通	$\begin{cases}12 & I_N<100A \\ 10 & 1.1U_N \\ & \cos\phi=0.65\end{cases}$						$\begin{cases}10 & I_N<100A \\ 8 & 1.1U_N \\ & \cos\phi=0.35\end{cases}$			
	分断										
每小时操作次数(AC-3)		1200						600			
电寿命(AC-3)/万次		100				120			60		
机械寿命/万次		1000						600			
辅助触点组合情况	常开	2			4			3		2	
	常闭	2			2			3		4	
吸引线圈	额定电压 U_N/V	36、127、220、380			36、127、220、380			127、220、380			
	吸合电压	85%~110%U_C			80%~110%U_C			85%~110%U_C			
	释放电压	75%U_C			70%U_C			75%U_C			
	启动功率 P/W	—	175/82.3	480/152	—	855/325		1710/565	—	3578/790	
	吸持功率 P/W	—	19/5.7	57/16.5		85.5/34		152/65	—	250/118	

直流接触器主要用于额定电压至 440 V、额定电流至 600 A 的直流电力线路中,作为远距离接通和分断线路,控制直流电动机的启动、停止及反向。多用在冶金、起重和运输等设备中。分单极和双极、常开和常闭主触点等多种形式,其静触点下方均装有串联的磁吹灭弧线圈。在使用时要注意,磁吹线圈在轻载时,不能保证可靠灭弧,只有在电流大于额定电流 20% 时磁吹线圈才起作用。

CZ18 系列直流接触器是取代 CZ0 系列的新产品。表 6-9 列出了 CA18 系列直流接触器的主要技术参数。

表 6-8　CJX2 系列小容量交流接触器技术参数

型　号	操作频率 /(次/h)		通电持续率 (%)	AC-3 使用类别						辅助触点[①]				吸引线圈	
				额定工作电流 I_N/A		可控制三相异步电动机的功率 P/kW				额定发热电流 /A	控制功率		功率 P/W		额定控制电压 U_N/V
	AC-3	AC-4		380V	660V	220V	380V	500V	660V		AC	DC	启动	吸持	
CJX2-9	1200	300	40	9	7	2.2	4	5.5	5.5	6	300VA	30W	80	8	24、(36)、48、110、127、220、380、660
CJX2-12	1200	300		12	9	3	5.5	5.5	7.5				80	8	
CJX2-16	600	120		16	12	4	7.5	9	9				100	9	
CJX2-25	600	120		25	(18.5)	5	11	11	15				100	9	

注:① 辅助触点有九种组合形式,它们的组合形式代号为 10、01、12、21、30、32、23、50、41。第一位数为常开触点数,第二位数为常闭触点数。若不够用,还可在接触器上方加装辅助接触组,辅助接触组有 F-11、F-20、F-22、F-40 等四种,数字也是代表常开、常闭触点数。

表 6-9　CZ18 系列直流接触器的主要技术参数

额定工作电压 U_N/V		440				
额定工作电流 I_N/A		40	80	160	315	630
主触点接通与分断能力	接通	$4I_N$,$1.1U_N$,25 次				
	分断	$4I_N$,$1.1U_N$,25 次				
额定操作频率/(次/h)		1200			600	
电寿命(DC-3)/万次		50			30	
机械寿命/万次		500			300	

续表

	组合情况	二常开	二常闭
辅助触点	额定发热电流/I/A	6	10
	电寿命/万次	50	30
吸合电压		\multicolumn{2}{c}{85%～110%U_N}	
释放电压		\multicolumn{2}{c}{10%～75%U_N}	

2. 接触器的选用

应根据以下原则选用接触器：

（1）根据被接通或分断的电流种类选择接触器的类型。

（2）根据被控电路中电流大小和使用类别来选择接触器的额定电流。

（3）根据被控电路电压等级来选择接触器的额定电压。

（4）根据控制电路的电压等级选择接触器线圈的额定电压。

3. 接触器的维护

（1）定期检查接触器的零件，要求可动部分灵活，坚固件无松动。已损坏的零件应及时修理或更换。

（2）保持触点表面的清洁，不允许粘有油污。当触点表面因电弧烧蚀而附有金属小珠粒时应及时去掉。触点若已磨损，应及时调整，消除过大的超程；若触点厚度只剩下 1/3 时，应及时更换。银和银合金触点表面因电弧作用而生成黑色氧化膜时，不必锉去，因为这种氧化膜的接触电阻很低，不会造成接触不良，锉掉反而缩短了触点的寿命。

（3）接触器不允许在去掉灭弧罩的情况下使用，因为这样很可能发生短路事故。用陶土制成的灭弧罩易碎，拆装时应小心，避免碰撞和损坏。

（4）若接触器已不能修复，应予更换。更换前应检查接触器的铭牌和线圈标牌上标出的参数。换上去的接触器的有关数据应符合技术要求；用于分合接触器的可动部分，检查是否灵活，并将铁芯上的防锈油擦干净，以免油污黏滞造成接触器不能释放。有些接触器还需要检查和调整触点的开距、超程、压力等，使各个触点的动作同步。

4. 接触器故障及修理

接触器可能发生的故障很多，表6-10列出了触点、线圈、铁芯等最易发生的故障及处理方法。

表 6 − 10　接触器常见故障及处理方法

故障现象	产 生 故 障 的 原 因	处 理 方 法
吸不上或吸不住	(1) 电源电压过低或波动过大 (2) 操作回路电源容量不足，或发生断线，触点接触不良，以及接线错误 (3) 线圈技术参数不符合要求 (4) 接触器线圈断线，可动部分被卡住，转轴生锈，歪斜等 (5) 触点弹簧压力与超程过大 (6) 接触器底盖螺钉松脱或其他原因使静、动铁芯间距太大 (7) 接触器安装角度不合规定	(1) 调整电源电压 (2) 增大电源容量，修理线路和触点 (3) 更换线圈 (4) 更换线圈，排除可动零件的故障 (5) 按要求调整触点 (6) 拧紧螺钉，调整间距 (7) 电器底板垂直水平面安装
不释放或释放缓慢	(1) 触点弹簧压力过小 (2) 触点被熔焊 (3) 可动部分被卡住 (4) 铁芯极面有油污 (5) 反力弹簧损坏 (6) 用久后，铁芯截面之间的气隙消失	(1) 调整触点参数 (2) 修理或更换触点 (3) 拆修有关零件再装好 (4) 擦清铁芯板面 (5) 更换弹簧 (6) 更换或修理铁芯
线圈过热或烧损	(1) 电源电压过高或过低 (2) 线圈技术参数不符合要求 (3) 操作频率过高 (4) 线圈已损坏 (5) 使用环境特殊，如空气潮湿，含有腐蚀气体或温度太高 (6) 运动部分卡住 (7) 铁芯极面不平或气隙过大	(1) 调整电源电压 (2) 更换线圈或接触器 (3) 按使用条件选用接触器 (4) 更换或修理线圈 (5) 选用特殊设计的接触器 (6) 针对情况设法排除 (7) 修理或更换铁芯
噪声较大	(1) 电源电压低 (2) 触点弹簧压力过大 (3) 铁芯截面生锈或粘有油污灰尘 (4) 零件歪斜或卡住 (5) 分磁环断裂 (6) 铁芯截面磨损过度而不平	(1) 提高电压 (2) 调整触点压力 (3) 清理铁芯截面 (4) 调整或修理有关零件 (5) 更换铁芯或分磁环 (6) 更换铁芯

故障现象	产 生 故 障 的 原 因	处 理 方 法
触点熔焊	（1）操作频率过高或过负荷使用 （2）负载侧短路 （3）触点弹簧压力过小 （4）触点表面有突起的金属颗粒或异物 （5）操作回路电压过低或机械性卡住触点停顿在刚接触的位置上	（1）按使用条件选用接触器 （2）排除短路故障 （3）调整弹簧压力 （4）修整触点 （5）提高操作电压，排除机械卡住故障
触点过热或灼伤	（1）触点弹簧压力过小 （2）触点表面有油污或不平，铜触点氧化 （3）环境温度过高，或使用于密闭箱中 （4）操作频率过高或工作电流过大 （5）触点的超程太小	（1）调整触点压力 （2）清理触点 （3）接触器降容使用 （4）调换合适的接触器 （5）调整或更换触点
触点过度磨损	（1）接触器选用欠妥，在某些场合容量不足，如反接制动、密集操作等 （2）三相触点不同步 （3）负载侧短路	（1）接触器降容或改用合适的 （2）调整使之同步 （3）排除短路故障
相间短路	（1）可逆接触器互锁不可靠 （2）灰尘、水汽、污垢等使绝缘材料导电 （3）某些零件损坏（如灭弧室）	（1）检修互锁装置 （2）经常清理，保持清洁 （3）更换损坏的零部件

任务三　常用控制继电器

任务描述

在电气控制电路中，除通过主令电器发出电路转换命令外，经常还需要根据电路工作的状态、时间长短、速度高低、电流大小的变化来控制电路的转换，即实现自动化控制。控制的转换是由控制电器根据需要发出转换指令。所以，对控制继电器的认识是自动化控制的重要基础。

任务分析

本任务主要分析几种常用控制继电器的结构组成、工作原理、控制对象、性能特点、使用方法等内容。

相关知识

继电器是一种根据外界输入的一定信号（电的或非电的）来控制电路中电流"通"与"断"的自动切换电器。它主要用来反映各种控制信号，其触点通常接在控制电路中。

继电器的种类很多，按用途分，可为控制继电器和保护继电器；按反映的不同信号来分，可分为电压继电器、电流继电器、时间继电器、热与温度继电器、速度继电器和压力继电器等；按动作原理分，可分为电磁式、感应式、电动式、电子式继电器和热继电器等。

一、电磁式电流继电器、电压继电器和中间继电器

1. 结构原理

电磁式继电器的结构和动作原理与接触器大致相同，接触器是用于直接带负载工作，而继电器通常是根据控制信号大小的变化来进行电路的转换的，所以继电器在结构上体积较小，动作灵敏，没有庞大的灭弧装置，触点的种类和数量也较多。

2. 结构特点

电流继电器是反映电流变化的控制电器，而电压继电器是反映电压变化的控制电器，当继电器线圈上的电流或电压分别达到动作值时，电磁机构就将衔铁吸合，使触点系统动作，当电流或电压减小到释放值时，触点系统就返回常态。电流继电器与电压继电器在结构上的区别主要是线圈不同。电流继电器的线圈与负载串联，以反映负载电流，故它的线圈匝数少而导线粗；电压继电器的线圈与负载并联，以反映负载电压，其线圈匝数多而导线细。

电流与电压继电器根据其用途可分为过电流与过电压继电器，欠电流与欠电压继电器。前者当电流或电压超过规定值时衔铁吸合，后者当电流或电压低于规定值时衔铁释放。

中间继电器实质上是一种电压继电器，但它的触点数量较多，容量较大，起到中间放大（触点数量和容量）作用。新的国家标准定义了接触器式继电器，它是指作为控制开关使用的接触器。实际上，各种和接触器的动作原理相同的继电器如中间继电器、控制继电器、20A 以下的接触器等都可作为接触器式继电器使用。它在电路中的作用主要是扩展控制触点数和增大触点容量。

二、时间继电器

在接受外界信号后，经过一段时间才能使执行部分动作的继电器，叫做时间继电器。时间继电器主要有空气式、电动式、晶体管式及直流电磁式等几大类。延时方式有通电延时和断电延时两种。

1. 空气式时间继电器

空气式时间继电器是利用空气阻尼的原理制成的。以 JS23 系列时间继电器为例，它由一个具有四个瞬动触点的中间继电器作为主体，再加上一个延时组件组成。延时组件包括

波纹状气囊及排气阀门,刻有细长环形槽的延时片、调时旋钮及动作弹簧等,如图6-15所示。通电延时型时间继电器断电时,衔铁处于释放状态,如图6-15(a)所示,顶动阀杆并压缩波纹状气囊,压缩阀门弹簧打开阀门,排出气囊内的空气;当线圈通电后,衔铁被吸松开阀杆,阀门弹簧复原,阀门被关闭,气囊在动作弹簧作用下有伸长的趋势,外界空气在气囊的内外压力差作用下经过滤气片,通过延时片的延时环形槽渐渐进入气囊,当气囊伸长至触动脱钩件时,延时触点动作。从线圈通电起,至延时触点完成换接动作为止的时间,称为延时时间。转动调时旋钮可改变空气经过环形槽的长度,从而改变延时时间(这种结构称为平面圆盘可调空气道延时结构),调时旋钮上的钮牌的刻度线能粗略地指示出整定延时值。

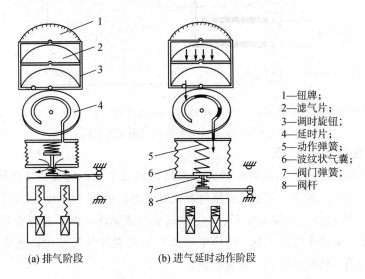

1—钮牌;
2—滤气片;
3—调时旋钮;
4—延时片;
5—动作弹簧;
6—波纹状气囊;
7—阀门弹簧;
8—阀杆

(a) 排气阶段　　　　　(b) 进气延时动作阶段

1—钮牌;2—滤气片;3—调时旋钮;4—延时片;5—动作弹簧;

6—波纹状气囊;7—阀门弹簧;8—阀杆

图6-15　JS23系列空气式时间继电器的延时原理

空气式时间继电器有通电延时型和断电延时型两种。

由于空气式时间继电器具有结构简单、易构成通电延时和断电延时型、调整简便、价格较低等优点,使用较广,但延时精度较低,一般使用于要求不高的场合。

2. 电动式时间继电器

电动式时间继电器通常由带减速器的同步电动机、离合电磁铁和能带动触点的凸轮三部分组成。其工作原理如图6-16所示,当 Q 闭合后,离合电磁铁使齿轮 Z_1 与 Z_2 啮合。由于同步电动机 M 转动,在 Z_1 轴上装着的凸轮就按图中的箭头方向转动,当转动到凸轮盘的低凹部位时,杠杆在弹簧 F_3 的作用下就会转动,于是触点1、2断开,而触点3、4闭合。由于触点1、2断开,电动机 M 便停止转动。在 Q 打开之前,凸轮将一直保持在这个位置。触点3、4闭合后,被控电路补接通。

若打开 Q,离合电磁铁释放,在反作用弹簧 F_1 的作用下,Z_1 和 Z_2 脱离啮合。凸轮在弹簧 F_2 的作用下回到挡住 A 的位置,继电器又恢复到原来的状态。

继电器的延时是从 Q 闭合时起,到杠杆转动到触点闭合为止的一段时间。调节挡住 A

的位置，即可改变延时的长短。

电动式时间继电器具有下列优点：延时值不受电源电压波动及环境温度变化的影响，重复精度高；延时范围宽，可长达数十小时，延时过程能通过指针直观地表示出来。主要缺点是：结构复杂，成本高，寿命低，不适于频繁操作，延时误差受电源频率的影响。

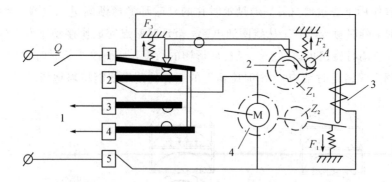

1—接控制电路；2—凸轮；3—离合电磁铁；4—减速器；A—挡柱；Z_1、Z_2—齿轮

图 6-16　电动式时间继电器的工作原理

3. 直流电磁式时间继电器

直流电磁式时间继电器利用阻尼的方法来延缓磁通变化的速度，以达到延时的目的。常见的结构如图 6-17 所示。它是在直流电磁式继电器的铁芯上附加一个短路线圈（也称阻尼筒）而制成的。当线圈从电源上断开后，主磁通就逐渐减小，由于磁通变化，在短路线圈中产生感应电流。由楞次定律可知，感应电流所产生的磁通是阻止主磁通变化的，因而磁通的衰减速度放慢，延长了衔铁的释放时间。

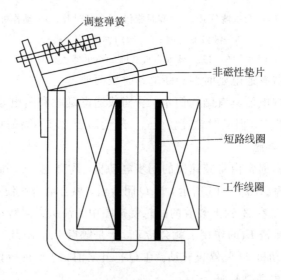

图 6-17　直流电磁式时间继电器的结构原理

　　同理，当工作线圈接通电源后，短路线圈感应电流阻止主磁通增加，使衔铁的吸合时间延长。不过，由于线圈通电前的衔铁是释放状态，磁路气隙很大，线圈的电感很小，电磁惯性小，故不能得到较长的延时。一般通电延时仅为 0.1～0.5 s，而断电延时可达 0.2～10 s。可见，直流电磁式时间继电器主要用于断电延时。

　　延时时间的调整方法有两种：

　　(1) 利用非磁性垫片(磷铜片)改变衔铁与铁芯间的气隙来粗调。增厚垫片时，由于气隙增大，电感减小，故而磁通衰减速度加快，延时缩短。同时气隙大，剩磁也小，也使延时缩短。反之，延时增长。但是垫片的厚度不能太薄，因为薄片易损坏，并可能将衔铁粘住不放。

　　(2) 调节反作用弹簧的松紧，可使衔铁释放磁通值发生变化，延时时间可得到平滑的调节。弹簧越紧，释放磁通值越大，延时越短。反之，延时增长。但是不可能无限制地延长，因为弹簧过松，衔铁会因剩磁作用而黏住不放。

　　电磁式时间继电器的延时整定精度和稳定性不是很高，但继电器本身适应能力较强。

4. 电子式时间继电器

　　电子式时间继电器具有体积小、精度较高、延时范围较广、调节方便、消耗功率小、寿命长等优点。延时方式有闭合延时，也有释放延时。它又分阻容式和数字式。阻容式利用 RC 电路充放电原理构成延时电路，图 6-18 为 RC 充放电电子式时间继电器的方框图，图 6-19 为用单结晶体管构成 RC 充放电式时间继电器的原理线路。当电源接通后，经二极管 VD_1 整流、C_1 滤波及稳压器稳压后的直流电压经 RP_1 和 R_2 向 C_3 充电，电容器 C_3 两端电压按指数规律上升。此电压大于单结晶体管 V 的峰点电压时，V 导通，输出脉冲使晶闸管 VT 导通，继电器线圈得电，触点动作，接通或分断外电路。它主要适用于中等延时时间 (0.05 s～1 h) 的场合。数字式采用计算机延时电路，由脉冲频率决定延时长短，它不但延时长，而且精度更高，但线路复杂，主要用于长时间延时(可达几小时到十几小时)场合。

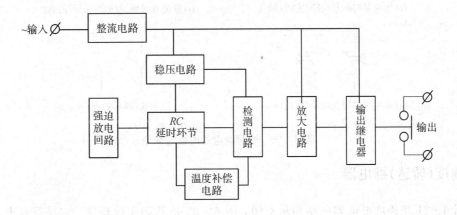

图 6-18　电子式时间继电器的方框图

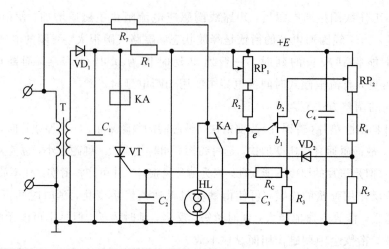

图 6-19　用单结晶体管构成 RC 充放电式时间继电器的原理线路

5. 时间继电器的电气符号

时间继电器的电气符号比较复杂，如图 6-20 所示，读者需要通过反复训练才能掌握。

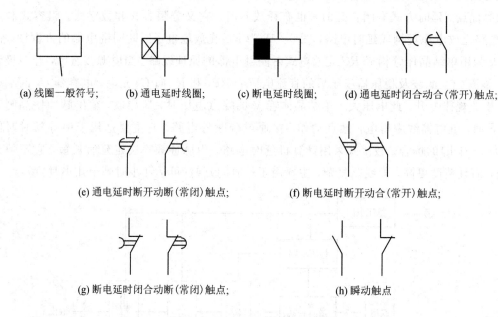

(a) 线圈一般符号；　(b) 通电延时线圈；　(c) 断电延时线圈；　(d) 通电延时闭合动合(常开)触点；

(e) 通电延时断开动断(常闭)触点；　　(f) 断电延时断开动合(常开)触点；

(g) 断电延时闭合动断(常闭)触点；　　(h) 瞬动触点

图 6-20　时间继电器的电气符号

三、速度(转速)继电器

图 6-21 是速度继电器的结构示意图，图 6-22 是其动作原理图。它是根据电磁感应原理制成的。它的套有永久磁铁的轴与被控电动机的轴相联，用以接受转速信号。当继电器的轴由电动机带动旋转时，磁铁的磁通切割圆环内的笼型绕组，绕组感应出电流，此电流与磁铁的磁场作用产生电磁转矩，在这个转矩的推动下，圆环带动摆杆克服弹簧力顺电动机旋转方向偏转一定角度，并拨动触点改变其通断状态。调节弹簧松紧程度可调节速度

继电器的触点在电动机不同转速时切换。

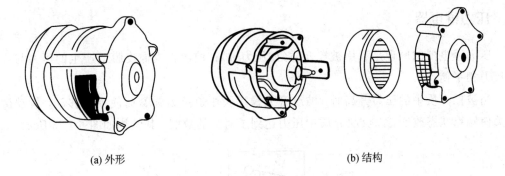

(a) 外形   (b) 结构

图 6 - 21   速度继电器的结构示意图

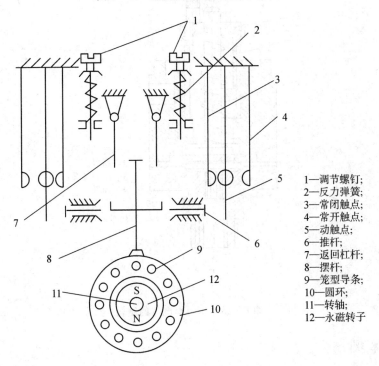

1—调节螺钉;
2—反力弹簧;
3—常闭触点;
4—常开触点;
5—动触点;
6—推杆;
7—返回杠杆;
8—摆杆;
9—笼型导条;
10—圆环;
11—转轴;
12—永磁转子

图 6 - 22   速度继电器的动作原理图

四、温度继电器

温度继电器是利用温度敏感元件,如热敏电阻阻值随被测温度变化而改变的原理,经电子线路比较放大,驱动小型继电器动作,从而迅速而准确地直接反映某点的温度。

五、光电继电器

光电继电器是将发光头(电光源)和作为感测环节的接收头(如光电管)分别置于被测部位的两侧,当接收头接收到发光头的信号时,继电器就动作,一旦光线被遮断,继电器就释放。

六、压力继电器

压力继电器的原理是利用被控介质(如压力轴)在波纹管或橡皮膜上产生的压力与弹簧的反力相平衡。

当被控介质中的压力升高时,波纹管或橡皮膜压迫反力弹簧而使顶杆移动,拨动微动开关使触点状态改变,以反映介质中压力达到了对应的数值。其结构如图 6-23 所示。

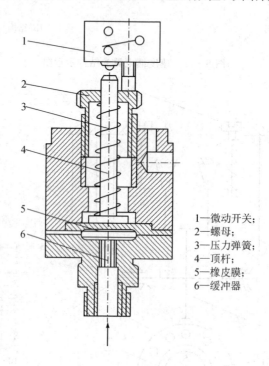

1—微动开关;
2—螺母;
3—压力弹簧;
4—顶杆;
5—橡皮膜;
6—缓冲器

图 6-23　压力继电器的结构

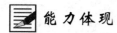 能 力 体 现

一、常用电磁式继电器的主要技术参数及常用型号

电流、电压和中间继电器的主要技术参数与接触器类似。所不同的是动作电压或动作电流、返回系数、动作时间及释放时间等。其中动作时间是指继电器从线圈通电开始、到常开触点闭合所需的时间;释放时间是指从线圈断电开始,到常开触点断开所需的时间。例如中间继电器的动作及释放时间约为几十毫秒。

机床上常用的电磁式继电器型号有:① JZ14、JZ15、JZ17(交、直流)及 JZ7(交流)等系列,用作中间继电器;② JT17 系列用作交流过电流继电器;③ JT18 系列用作直流电压、欠电流和延时继电器(取代 JT3);④ JL18 系列交、直流过电流继电器(取代 JL14、JL15)。

其中，JZ17 是从日本立石电机公司引进的产品。引进的电磁式继电器还有德国西门子的 3TH 系列、BBC 公司的 K 系列等。

表 6-11～表 6-14 列出了 JZ15、JT17、JT18 和 JL18 系列电磁式继电器的型号规格技术参数。

表 6-11　JZ15 系列中间继电器型号规格技术参数

型　号	触点额定电压 U_N/V		约定发热电流 I/A	触点组合形式		触点额定控制容量		额定操作频率 /(次/h)	吸引线圈额定电压 U_N/V		线圈吸持功率		动作时间 /s
	交流	直流		常开	常闭	交流 S_N/VA	直流 P/W		交流	直流	交流 S/VA	直流 P/W	
JZ15—62	127、	48、		6	2				127、	48、			
JZ15—26	220、	110、	10	2	6	1000	90	1200	220、	110、	12	11	≤0.05
JZ15—44	380	220		4	4				380	220			

表 6-12　JT17 系列交流电磁式继电器型号规格技术数据

型号	吸引线圈额定电流/(I_N/A)	吸合电流调整范围	触点组合形式	触点额定电流/A
JT17—11J	1.5、2.5、5、10、15、20、30、40、60、80、100、150、300、400、600、1200	110%～350% I_N	一常开一常闭	5

表 6-13　JT18 系列直流电磁式通用继电器型号规格技术数据

额定工作电压 U_N/V		24、48、110、220、440(电压、时间继电器)
额定电流 I_N/A		1.6、2.5、4、6、10、16、25、40、63、100、160、250、400、630(欠流继电器)
延时等级 t/s		1、3、5(时间继电器)
额定操作频率/(次/h)		1200(时间继电器除外)额定通电持续率40%
动作特性(1/h)	电压继电器	冷态线圈：吸引电压：30%～50% U_N(可调) 释放电压：7%～20% U_N(可调)
	时间继电器	(0.3～0.9)s 断电延时(0.8～3)s (2.5～5)s
	欠流继电器	吸引电流：30%～65% I_N(可调)
误　差	延时误差	重复误差＜±9%，温度误差＜±20% 电流波动误差＜±9%，精度稳定误差＜±20%
	电压、欠流继电器误差	重复误差＜±10%，整定值误差＜±15%
触点参数	约定发热电流	10A
	额定工作电压	AC, 380 V；DC, 220 V

表 6 - 14　JL18 系列过电流继电器型号规格技术参数

额定工作电压 U_N/V	AC，380 V　DC，220 V
线圈额定工作电流 I_N/A	1.0、1.6、2.5、4.0、6.3、10、16、25、40、63、100、160、250、400、630
触点主要额定参数	额定工作电压：AC，380 V　DC，220 V 约定发热电流：10 A 额定工作电流：AC，2.6 A　DC，0.27 A 额定控制容量：AC，1000VA　DC，60W
调整范围	交流：吸合动作电流值为 110%～350% I_N 直流：吸合电流值为 70%～300% I_N
动作与整定误差	≤±10%
返回系数	高返回系数型>0.65，普通类型不作规定
操作频率/(次/h)	12
复位方式	自动及手动
触点对数	一对常开触点，一对常闭触点

二、常用时间继电器的选择

选用时间继电器时要考虑其线圈(或电源)的电流种类和电压等级应与控制电路相同；应按控制要求选择延时方式和触点形式；还需要校核触点数量和容量，若不够时，可用中间继电器进行扩展。

表 6 - 15 列出了 JS11 系列电动式时间继电器的主要技术数据；表 6 - 16 列出了 JS23 系列空气式时间继电器的主要技术数据；表 6 - 17 列出了 JS20 系列电子式时间继电器的主要技术参数。

表 6 - 15　JS11 系列电动式时间继电器主要技术参数

线圈额定电压 U_N/V		交流 110、220、380					
触点通断能力		交流：接通 3 A、分断 0.3 A					
触点组合	型　号	延时动作触点数量				瞬动触点数量	
		通电延时		断电延时			
		常　开	常　闭	常　开	常　闭	常　开	常　闭
	JS11-□1	3	2	—	—	1	1
	JS11-□2	—	—	3	2	1	1

延 时 范 围	JS11−1□：0～8 s；JS11−2□：0～40 s；JS11−3□：0～4 min JS11−4□：0～20 min；JS11−5□：0～2 h JS11−6□：0～12 h；JS11−7□：0～72 h
操作频率/(次/h)	1200
误 差	≯±1%

表 6−16 JX23 系列空气式时间继电器型号规格技术参数

额定工作电压 U_N/V		AC，380；DC，220					
额定工作电流 I_N/A		AC，380 V 时：0.79；DC，220 V 时：瞬动 0.27					
触点 对数及 组合	型 号	延时动作触点数量				瞬动触点数量	
		通电延时		断电延时			
		常 开	常 闭	常 开	常 闭	常 开	常 闭
	JX23−1□/□	1	1	—	—	4	0
	JX23−2□/□	1	1	—	—	3	1
	JX23−3□/□	1	1	—	—	2	2
	JX23−4□/□	—	—	1	1	4	0
	JX23−5□/□	—	—	1	1	3	1
	JX23−6□/□	—	—	1	1	2	2
延时范围		0.2～30 s；10～180 s					
线圈额定电压 U_N/V		AC 110、220、380					
电寿命/万次		瞬动触点：100 万（交、直流） 延时触点：交流 100 万、直流 50 万					
操作频率/次/h		1200					
安装方式		卡轨安装式、螺钉安装式					

表 6−17 JS−20 系列时间继电器主要技术参数

延时形式	额定工作电压 U_N/V		延 时 等 级 t/s
	交 流	直 流	
通电延时型 瞬动延时型 断电延时型	36，110，127，220，380 36，110，127，220 36，110，127，220，380	24，48，110	1，5，10，30，60，120，180，240，300，600，900 1，5，10，30，60，120，180，240，300，600 1，5，10，30，60，120，180

任务四　保护电器

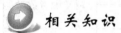 **任务描述**

　　电路中若出现故障将损坏电器设备,影响设备的正常工作,必须进行保护。而熔断器是进行短路保护的最常用元件,热继电器是电动机保护的必需元件。

任务分析

　　本任务主要分析了各种保护元件的结构原理、保护性能、选择使用方法和维护修理方法。

相关知识

一、热继电器

　　热继电器是电流通过发热元件加热使双金属片弯曲,推动执行机构动作的电器,主要用来保护电动机或其他负载免于过载以及作为三相电动机的断相保护。

1. 热继电器的结构及工作原理

　　热继电器常采用双金属片式,它的结构简单、体积小、成本低,选择适当的热元件即可得到良好的反时限特性。所谓反时限特性,是指热继电器的动作时间随电流的增大而减小的性能。

　　图 6-24 为热继电器的结构示意图,图 6-25 为热继电器的结构原理图。热继电器主要由双金属片、加热元件、动作机构、触点系统、整定调整装置和温度补偿元件等组成。它是利用电流热效应原理来工作的。

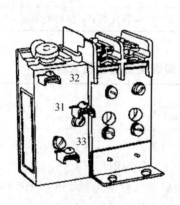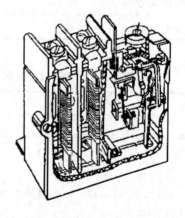

图 6-24　热继电器的结构示意图

　　双金属片作为测量元件,由两种线膨胀系数不同的金属片压焊而成,受热后,因两层金属片伸长率不同而弯曲。

图 6-25 中，主双金属片 2 与加热元件 3 串接在接触器负载端(电动机电源端)的主回路中，当电动机过载时，主双金属片受热弯曲推动导板 4，并通过补偿双金属片 5 与推杆 14 将触点 9 和 6(即串接在接触器线圈回路的热继电器常闭触点)分开，以切断电路保护电动机。

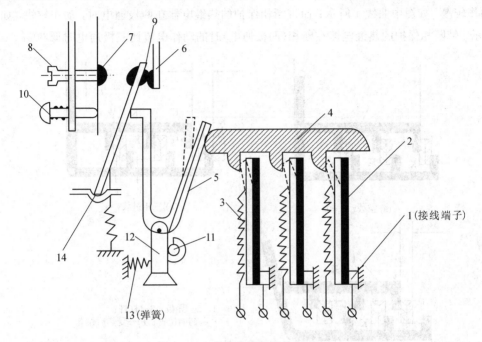

图 6-25　热继电器的结构原理图

调节旋钮 11 是一个偏心轮，它与支撑件 12 构成一个杠杆，转动偏心轮，改变它的半径即可改变补偿双金属片 5 与导板 4 的接触距离，因而达到调节整定动作电流值的目的。此外，靠调节复位螺钉 8 来改变常开静触点 7 的位置使热继电器能工作在自动复位或手动复位两种工作状态。调成手动复位时，在故障排除后要按下按钮 10 才能使动触点恢复与静触点 6 相接触的位置。

热继电器通常有一常闭及一常开触点，常闭触点串控制回路，常开触点可接入信号回路。

2. 带断相保护的热继电器

当三相电动机的一根接线松开或一相熔丝熔断时，将会造成电动机的缺相运行，这是三相异步电动机烧坏的主要原因之一。断相后，若外加负载不变，由于电动机有用转矩减小，则绕组中的电流就会增大，将使电动机烧毁。

由于热继电器的动作电流是按电动机的额定电流整定的，所以星形接法的电动机采用一般的三相热继电器就可得到保护。三角形接法的电动机一相断线后，流过热继电器的电流与流过电动机绕组的电流增加比例不同，当电动机运行在 $50\%\sim67\%$ 负载情况下出现一相断电时，通过热元件的线电流刚达到额定电流(断电器不会动作)，而电动机绕组中电流较大的那一相电流将超过额定相电流(有过热烧毁的危险)。所以三角形接法的电动机需采用带断相保护的热继电器才能获得可靠的保护。

带断相保护的热继电器是在普通双金属片热继电器基础上增加一个差动机构，对三个电流进行比较。图 6-26 表示了双导板通过杠杆放大了差动机构及其动作情况。断相时，由于两个导板位移的差异而使杠杆端部的位移放大了 λ 倍，从而比普通热继电器提前动作。图 6-27 表示了热继电器在两极通电和三极通电时的动作特性。普通的热继电器在两极通电时动作较慢，如图中曲线 1 所示；而带断相保护的热继电器在两极通电时，动作较快，如曲线 3 所示。带断相保护的热继电器在断相（两极通电）时的动作电流比三极通电时低 30%。

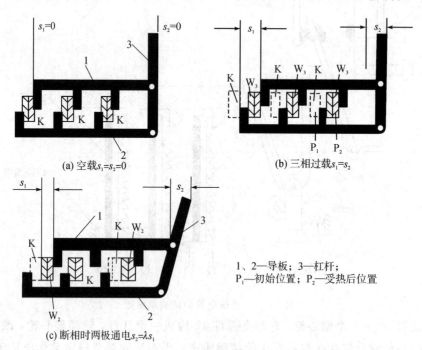

(a) 空载 $s_1 = s_2 = 0$　　　　　(b) 三相过载 $s_1 = s_2$

(c) 断相时两极通电 $s_2 = \lambda s_1$

1、2—导板；3—杠杆；
P_1—初始位置；P_2—受热后位置

图 6-26　带断相保护的热继电器的动作情况

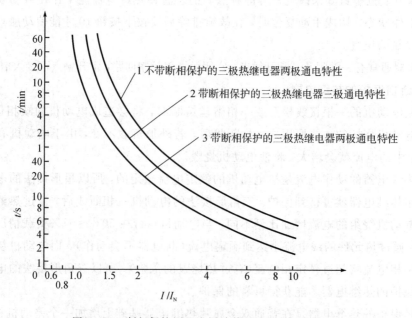

1 不带断相保护的三极热继电器两极通电特性

2 带断相保护的三极热继电器三极通电特性

3 带断相保护的三极热继电器两极通电特性

图 6-27　断相保护用双金属片热继电器的动作特性

3. 热继电器的保护特性

电动机本身有一定的过载能力，能承受瞬时大电流而不致损坏。对于较轻微的过载，电动机也能在较长时间内运转。但过载电流越大，可能维持的时间越短。图 6-28 中曲线 1 是电动机的安-秒特性曲线，曲线上某点的纵坐标值表示电动机通过该电流时所能维持的时间。因此用热继电器对电动机作过载保护，必须保证在电动机通过过载电流时，能在安-秒曲线上对应的时间内，利用热继电器的触点及时切断电源。热继电器的主要技术参数有：额定电压、额定电流、相数、热元件编号、整定电流及刻度电流调节范围等。

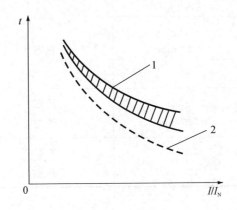

1—电动机的过载特性；2—热继电器的保护特性

图 6-28　热继电器的保护特性

热继电器的安-秒曲线要略低于并尽量接近被保护电动机的安-秒曲线。图 6-28 中的曲线 2 是热继电器的保护特性；表 6-18 是三相平衡负载时对热继电器保护特性的要求；表 6-19 是带断相保护功能的 JRS1 系列热继电器的保护特性。表 6-18 和表 6-19 中 6 倍额定电流的可返回时间 t_f 是指电动机启动尖峰电流过去后双金属片不能使触点动作而仍能恢复的时间。可返回时间长的热继电器适用于对启动时间长的电动机进行保护。

表 6-18　热继电器的保护特性

整定电流倍数	动作时间	起始条件
1.05	>1~2 h	从冷态开始
1.2	<20 min	从热态开始
1.5	<2 min	从热态开始
	>3 s	
6	可返回时间>5 s （t_f）　　>8 s	从冷态开始

表 6 - 19　　JRS1 系列热继电器的保护特性

整定电流倍数	动作时间	起始条件	周围空气温度
1.05		冷态	
1.20	>2 h	热态	
1.50	<20 min	热态	
6	<3 min	冷态	
任两相 1.0	>5 s	冷态	20±5℃
另一相 0.9	>2 h		
任两相 1.1	<20 min	热态	
另一相 0			
1.00	>2 h	冷态	55±2℃
1.20	<20 min	热态	
1.05	>2 h	冷态	−10±2℃
1.30	<20 min	热态	

二、熔断器

1. 熔断器的用途、分类及结构原理

熔断器在低压配电线路中主要作为短路保护之用。当通过熔断器的电流大于规定值时，以它本身产生的热量使熔体熔化而自动分断电路。

熔断器具有结构简单、体积小、重量轻、使用维护方便、价格低廉等优点，具有很大的经济意义。又由于它的可靠性较高，所以无论在强电系统或弱电系统中都获得广泛应用。

熔断器可按结构分为开启式、半封闭式和封闭式。封闭式熔断器又分为有填料式、无填料管式和有填料螺旋式等。按用途则有一般工业用熔断器、保护半导体器件熔断器、具有两段保护特性的快慢动作熔断器及自复式熔断器等。

熔断器主要由熔断体和放置熔断体的绝缘管或绝缘底座组成。熔体(熔丝)是熔断器的核心，主要由铅、铅锡合金、锌、铜及银等材料制成丝状或片状。熔丝的熔点一般在 200℃～300℃左右。

熔断器接入电路时，熔体串联在电路中，负载电流流过熔体，由于电流热效应而使温度上升，当电路正常工作时，其发热温度低于熔化温度，故长期不熔断。当电路发生过载或短路时，电流大于熔体允许的正常发热电流，使熔体温度急剧上升，超过其熔点而熔断，分断电路，从而保护电路和设备。熔体熔断后，要换上新的熔体，电路才能重新接通工作。

2. 熔断器的保护特性

每一个熔断体都有一个额定电流值，熔体允许长期通过额定电流而不熔断。当通过熔体的电流为额定电流的 1.3 倍时，熔体熔断时间约在 1 h 以上；通过 1.6 倍电流时，应在 1 h 以

内熔断；2倍额定电流时，熔体差不多是瞬间熔断。由此可见，通过熔体的电流与熔断时间的关系具有反时限特性，如图6-29所示。它作为电路的短路保护元件比较理想，但不宜于作为电动机的过载保护，因为交流异步电动机的启动电流很大，约为电动机额定电流的4～7倍，要使熔体不在电动机启动时熔断，要选用的熔体额定电流必须比额定电流大得多，这样，电动机在运行中过载时，熔断器就不能起到过载保护作用。

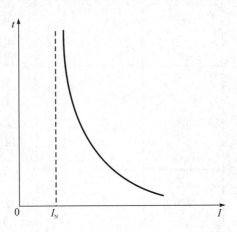

图6-29 熔断器的保护特性

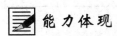 **能力体现**

一、热继电器的使用

1. 主要技术参数及常用型号

热继电器的额定电流是指可能装入的热元件的最大整定（额定）电流值。每种额定电流的热继电器可装入几种不同整定电流的热元件。为了便于用户选择，某些型号中的不同整定电流的热元件是用不同编号表示的。

热继电器的整定电流是指热元件能够长期通过而不致引起热继电器动作的电流值。手动调节整定电流的范围，称为刻度电流调节范围，可用来使热继电器更好地实现过载保护。

常用的热继电器有JR20、JRS1以及JR16、JR10、JR0等系列。引进产品有T系列（德国BBC公司）、3UA（西门子）、LR1-D（法国TE公司）等系列。JRS1和JR20系列具有断相保护、温度补偿、整定电流值可调、能手动脱扣及手动断开常闭触点，能够进行手动复位、动作信号指示，它与交流接触器在安装方式上除保留传统的分立结构外，还增加了组合式结构，可以通过导电杆和挂钩直接插接并将电气连接在接触器上（JRS1可与CJX1、CJX2相接，JR20可与CJ20相接）。

JRS1系列热继电器的整定电流范围如表6-20所示。

表 6 - 20　JRS1 系列热继电器的技术参数

	主电路	控制触点			热元件	
	额定电流/A	额定电压/V	额定电流/A	编号	额定电流/A	整定电流调节范围/A
JRS1 - 12/Z	12	220	4	1	0.15	0.11～0.13～0.15
				2	0.22	0.15～0.18～0.22
				3	0.32	0.22～0.27～0.32
				4	0.47	0.32～0.40～0.47
				5	0.72	0.47～0.60～0.72
JRS1 - 12/F		380	3	6	1.1	0.72～0.90～1.1
				7	1.6	1.1～1.3～1.6
				8	2.4	1.6～2.0～2.4
				9	3.5	2.4～3.0～3.5
				10	5.0	3.5～4.2～5.0
		500	2	11	7.2	5.0～6.0～7.2
				12	9.4	6.8～8.2～9.4
				13	12.5	9.0～11～12.5
JRS1 - 25/Z	25	220	4	14	12.5	9.0～11～12.5
		380	3	15	18	12.5～15～18
JRS1 - 25/F		500	2	16	25	18～22～25

2. 热继电器的选择

为了保证电动机能够得到既必要又充分的过载保护，必须全面了解电动机的性能，并配以合适的过继电器，进行必要的整定。通常在选择热继电器时，应考虑以下原则：

1）电动机的型号、规格和特性

通常应使热继电器的额定电流大于电动机的额定电流。此外，电动机的型号、结构形式对过载能力、散热条件都有影响。

2）正常启动时的启动电流和启动时间

在非频繁启动的场合，必须保证电动机的启动不致使热继电器误动。当电动机启动电流为额定电流的 6 倍、启动时间不超过 6 s、很少连续启动的条件下，一般可按电动机的额定电流来选择热继电器。

3）电动机的使用条件和负载性质

由于电动机使用条件的不同，对它的要求也不同。如负载性质不允许停车、即便过载会使电动机寿命缩短，也不应让电动机贸然脱扣，以免遭受比电动机价格高许多倍的巨大损失。这种场合最好采用由热继电器和其他保护电器有机地组合起来的保护措施，只有在发生非常危险的过载时方可考虑脱扣。

3. 热继电器常见故障及处理

综合热继电器在使用中的故障现象、原因分析及处理方法如表 6-21 所示。

表 6 - 21 热继电器常见故障及处理

故障现象	原 因	处理方法
热继电器动作太快	(1) 整定值偏小 (2) 电动机启动时间过长 (3) 可逆运转及密集通断 (4) 强烈的冲击震动 (5) 连接导线太细 (6) 环境温度变化太大	(1) 合理调整整定值,如额定电流不符合要求,应予以更换 (2) 按启动时间要求,选择具有合适的可返回时间(t)级数的热继电器或在启动过程中将热元件短接 (3) 不宜用双金属片式热继电器,可改用其他保护方式 (4) 采用防震措施或改用防冲击专用热继电器 (5) 按要求换连接导线 (6) 改善使用环境,使符合周围介质温度不高于＋40℃及不低于－30℃
电机烧坏热继电器不动作	(1) 整定值偏大 (2) 触点接触不良 (3) 热元件烧断或脱焊 (4) 动作机构卡住 (5) 导板脱出	(1) 按上述方法(1)处理 (2) 消除触点表面灰尘或氧化物等 (3) 更换已坏的热继电器 (4) 进行维修整理,但应注意修正后,不使特性发生变化 (5) 重新放入,并试验动作是否灵活
热元件烧断	(1) 负载侧短路或电流过大 (2) 反复短时工作,操作频率过高	(1) 排除电路故障,更换热继电器 (2) 按要求合理选用过载保护方式或限制操作频率

二、熔断器的选择使用

1. 熔断器的主要技术参数

在选配熔断器时,主要考虑以下几个技术参数:

(1) 额定电压。这是从灭弧的角度出发,规定熔断器所在电路工作电压的最高限制。如果熔断器的额定电压被实际电压超过,一旦熔体熔断时,可能发生电弧不能及时熄灭的现象。

(2) 熔体的额定电流。熔体长期通过此电流而不会熔断的电流。厂家生产的熔体有大小不同的若干标准值,选用时可根据负载电流的大小来选定。

(3) 熔断器的额定电流。这是由熔断器长期工作所允许的温升决定的电流值。配用的熔断器支持件,其额定电流应不小于所选熔体的额定电流。几个不同规格的熔体可装入相应等级的支持件里。

(4) 极限分断能力。熔断器所能分断的最大短路电流值,取决于熔断器的灭弧能力,它与熔体的额定电流大小无关。一般有填料的熔断器分断能力较强,可大至数十到数百千安。较重要的负载或距配电变压器较近时,应选用分断能力较大的熔断器。

2. 几种常用的熔断器

(1) 瓷插式熔断器。瓷插式熔断器是一种最常见的结构简单的熔断器,价廉、外形小,带电更换熔丝方便，保持特性较好的特点，广泛用于中、小容量的控制系统。其结构如图 6-30 所示。

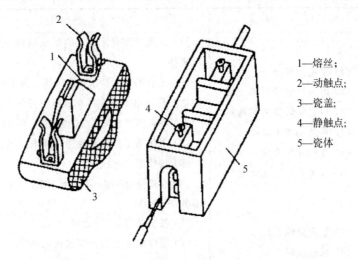

1—熔丝；

2—动触点；

3—瓷盖；

4—静触点；

5—瓷体

图 6-30　瓷插式熔断器的结构图

常见的瓷插式熔断器有 RCIA 系列，其额定电压为 380 V，熔断器的额定电流有 5 A、10 A、15 A、30 A、60 A、100 A、200 A 七个等级，其技术数据如表 6-22 所示。

（2）螺旋式熔断器。螺旋式熔断器由熔管及其支持件（瓷制底座、带螺纹的瓷帽、瓷套）所组成，熔管内装有熔丝并装满石英砂。它是一种有填料的封闭管式熔断器，尺寸小、结构不十分复杂，更换熔体安全方便。同时还有熔体熔断的信号指示装置，熔体熔断后，带色标的指示头弹出，便于发现更换。其结构如图 6-31 所示。

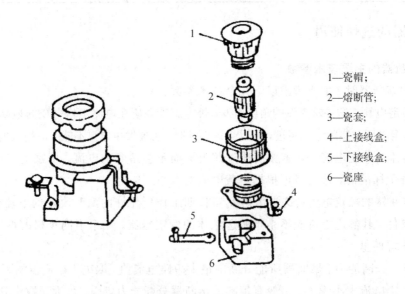

1—瓷帽；

2—熔断管；

3—瓷套；

4—上接线盒；

5—下接线盒；

6—瓷座

图 6-31　螺旋式熔断器的结构图

目前全国统一设计的螺旋式熔断器有 RL6、RL7（取代 RL1、RL2）、RLS2（取代 RLS1）等系列。RL6 系列的电流等级有 25 A、63 A、100 A、200 A 四个等级，RL7 系列有 25 A、

63 A、100 A 三个等级，RLS2 系列有 30 A、63 A、100 A 三个等级。RS2 系列是螺旋式快速熔断器，作半导体器件保护之用。RL7 和 RLS2 系列的技术数据如表 6-22 所示。

表 6-22 常见熔断器的技术参数

型　号	额定电压/V	支持件额定电流/A	熔体额定电流/A	极限分断能力/kA
RC1A	380	5	2、4、5	0.5~3
		10	2、4、6、10	
		15	6、10、15	
		30	15、20、25、30	
		60	30、40、50、60	
		100	60、80、100	
		200	100、120、150、200	
RL7	660	25	2、4、6、10、16、20、25	25 (660, cosϕ=0.1~0.2)
		63	35、50、63	
		100	80、100	
RLS2	500	30	16、20、25、30	50 (cosϕ=0.1~0.2)
		63	35、(45)、50、63	
		100	(75)、85、(90)、100	
RT14	380	20	2、4、6、10、16、20	100 (cosϕ=0.1~0.2)
		32	2、4、6、10、16、20、25、32	
		63	10、16、20、25、32、40、50、63	

（3）有填料封闭管式熔断器（见图 6-32）。这是一种大分断能力的熔断器，广泛应用于供电线路及要求分断能力较高的场合，如发电厂厂用变电所的主回路及电力变压器出线端的供电线路、成套配电装置中。它制造工艺复杂，性能较好，有很多优点，如限流作用，能使短路电流在第一个半波峰值以前分断电路；断流能力强，使用安全，分断规定的短路电流时，无声光现象，并有醒目的熔断标记；附有活动绝缘手柄，可在带电情况下调换熔体。

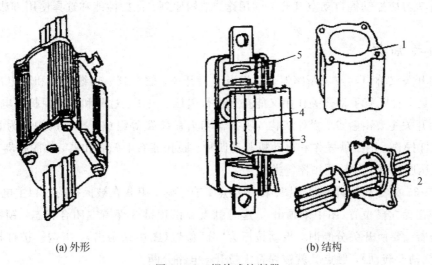

(a) 外形　　　　　　　　(b) 结构

图 6-32 螺旋式熔断器

常见的有填料封闭管式熔断器的型号有 RT12、RT14、RT15、RT17 等系列。其中 RT14 系列有 20 A、32 A 与 63 A 三个等级，RT12 系列有 20 A、32 A、63 A、100 A 四个等级，RT15 系列有 100 A、200 A、315 A、400 A 四个等级，RT17 为 1000 A。RT14 系列填料封闭管式熔断器的技术参数，如表 6-22 所示。

3. 新型熔断器

前面介绍的熔断器，熔体一旦熔断，需要更换后才能使电路重新接通，在某种意义上来说，既不方便，又不能迅速及时恢复供电。有一种新型限流元件叫做自复式熔断器可以解决这一矛盾，它是应用非线性电阻元件——金属钠在高温下电阻特性突变的原理制成的。

自复式熔断器用金属钠制成熔丝，它在常温下具有高电导率(略次于铜)，短路电流产生的高温能使钠气化，气压增高，高温高压下气态钠的电阻迅速增大，呈现高电阻状态，从而限制了短路电流。当短路电流消失后，温度下降，气态钠又变为固态钠，恢复原来良好的导电性能，故自复式熔断器能多次使用。由于自复式熔断器只能限流，不能分断电路，故常与断路器串联使用，以提高分断能力。

任务五　自动空气开关

任务描述

对电源的控制，比较简单的方法是采用刀开关，其结构简单，成本低，适用于负荷小或临时供电的场所。而对于大负荷和长期使用或频繁操作的场所则必须选用自动空气开关。所以，合理选择和使用自动空气开关具有很实际的意义。

任务分析

通过学习应能掌握自动空气开关的用途、结构原理、保护性能和选择使用方法。

相关知识

自动开关又称自动空气断路器。它相当于刀开关、熔断器、热继电器和欠电压继电器的组合，是一种既有手动开关作用又能自行进行欠压、失压、过载和短路保护的电器。

自动开关主要由触点、操作机构、脱扣器和灭弧装置等组成。操作机构分为直接手柄操作、杠杆操作、电磁铁操作和电动机驱动四种。脱扣器有电磁脱扣器、热脱扣器、复式脱扣器、欠压脱扣器、分励脱扣器等类型。

图 6-33 为自动开关的原理图。图中触点 2 有三对，串联在被保护的三相主电路中。手动扳动按钮为"合"位置(图中未画出)，这时触点 2 由锁键 3 保持在闭合状态，锁键 3 由搭钩 4 支持着。要使开关分断时，扳动按钮为"分"位置(图中未画出)，搭钩 4 被杠杆 7 顶开(搭钩可绕轴 5 转动)，触点 2 就被弹簧 1 拉开，电路分断。

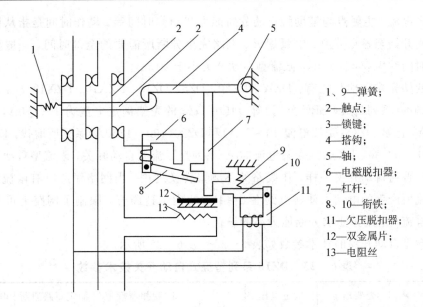

1、9—弹簧；
2—触点；
3—锁键；
4—搭钩；
5—轴；
6—电磁脱扣器；
7—杠杆；
8、10—衔铁；
11—欠压脱扣器；
12—双金属片；
13—电阻丝

图 6 - 33　自动开关的原理图

自动开关的自动分断，是由电磁脱扣器 6、欠压脱扣器 11 和热脱器 12 使搭钩 4 被杠杆 7 顶开而完成的。电磁脱扣器 6 的线圈和主电路串联，当线路工作正常时，所产生的电磁吸力不能将衔铁 8 吸合，只有当电路发生短路或产生很大的过电流时，其电磁吸力才能将衔铁 8 吸合，撞击杠杆 7，顶开搭钩 4，使触点断开，从而将电路分断。

欠压脱扣器 11 的线圈并联在主电路上，当线路电压正常时，欠压脱扣器产生的电磁吸力能够克服弹簧 9 的拉力而将衔铁 10 吸合，如果线路电压降到某一值以下，电磁吸力小于弹簧 9 的拉力，衔铁 10 被弹簧 9 拉开，衔铁撞击杠杆 7 使搭钩顶开，则触点 2 分断电路。

当线路发生过载时，过载电流通过热脱扣器的发热元件 3 而使双金属片 12 受热弯曲，于是撞杆 7 顶开搭钩，使触点断开，从而起到过载保护作用。

根据不同的用途，自动开关可配备不同的脱扣器。

按结构分，自动开关有万能式（框架式）和塑料外壳式（装置式）两种，机床线路中常用塑壳式自动开关作为电源引入开关或作为控制和保护不频繁启动、停止的电动机开关。其操作方式多为手动，主要有扳动式和按钮式两种。

自动开关与刀开关和熔断器相比，具有以下优点：结构紧凑，安装方便，操作安全，而且在进行短路保护时，由于用电磁脱扣器将电源同时切断，避免了电动机缺相运行的可能。另外，自动开关的脱扣器可以重复使用，不必更换。

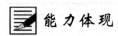 **能 力 体 现**

一、自动开关的技术参数和型号

自动开关的主要技术参数有：额定电压、额定电流、极数、脱扣器类型及其额定电流、脱扣器整定电流、主触点与辅助触点的分断能力和动作时间等。动作时间是指从网络出现短路的瞬间开始至触点分离、电弧熄灭、电路完全分断所需要的全部时间,一般型自动开关的动作时间约为 30～60 ms,限流型自动开关小于 20 ms。

常用的塑壳式自动开关有:DZ15、DZ20、DZ5、DZ10、DZX10、DZX19 等系列,引进生产的有 S060 系列(德国 BBC 公司)等。其中 DZ5 的壳架额定电流为 10～50A,DZ10 为 100～600A,已被 DZ15(壳架电流 40～63A)和 DZ20(100～1250A)系列所取代。DZX10(壳架电流 100～630A)、DZX19(壳架电流 63A)系列是限流型自动开关,限流型自动开关在正常情况下与普通自动开关一样,作线路的不频繁转换之用。当网络短路时有限流特性,利用短路电流所产生的电动力使触点约在 8～10 ms 内迅速断开,限制了网路上可能出现的最大短路电流,适用于要求分断能力高的场合。

几种常见自动开关的技术参数如表 6-23～表 6-25 所示。

表 6-23　DZ15 系列塑壳式自动开关技术参数

型　号	壳架额定电流/A	额定电压/V	极　数	脱扣器额定电流/A	额定短路通断能力/kA	电气、机械寿命/次
DZ15－40/1901		220	1			
DZ15－40/2901			2	6,10,16,20,25,32,40	3 (cosϕ=0.9)	15 000
DZ15－40/3901　3902	40	380	3			
DZ15－40/4901			4			
DZ15－63/1901		220	1			
DZ15－63/2901			2	10,16,20,25,32,40,50,63	5(cosϕ=0.7)	10 000
DZ15－63/3901　3902	63	380	3			
DZ15－63/4901			4			

表 6 - 24 DZ15 系列塑壳式自动开关脱扣技术参数

配电用自动开关			保护电动机用自动开关			周围空气温度
I/I_N	脱扣时间	起始状态	I/I_N	脱扣时间	起始状态	
X 1.05	1 h 内不脱扣	冷态	X 1.05	2 h 内不脱扣	冷态	
Y 1.30	1 h 内脱扣	热态	Y 1.20	2 h 内脱扣	热态	＋20℃ 高温或低温季节时的参数可查产品说明书
			6.00	可返回时间≥1 s	冷态	
10.00	＜0.2 s	冷态	12.00	＜0.2 s	热态	

注：表中 X 为约定不脱扣电流倍数，Y 为约定脱扣电流倍数。

表 6 - 25 DZX19 系列导线保护用限流型自动开关技术参数

额定电压/V	单极 220/380			双极与三极 380	
壳架额定电流/A	63				
脱扣器额定电流/A	6，10，20，32，40，50，63			20，32，40，50，63	
额定短路分断能力/A	6（额定电流 6，$\cos\phi$＝0.45～0.55）				
	10（额定电流 10～63，$\cos\phi$＝0.65～0.75）				
脱扣器形式	热、磁脱扣器				
保护动作特性	试验电流/A	脱扣时间	起始状态		环境温度
	$1.13I_N$	$t≥1$ h 不脱扣	冷态		
	$1.45I_N$	$t＞1$ 脱扣	热态		
	2.55 I_N ($I_N≤32$ A) ($I_N＞32$ A)	1 s＜t＜60 s 1 s＜t＜120 s 脱扣	冷态		＋30℃
	5 I_N ($I_N≤32$ A) 10 I_N($I_N＞32$ A)	$t≥0.15$ 不脱扣	冷态		
	10 I_N ($I_N≤32$ A) 50 I_N($I_N＞32$ A)	$T＜0.1$ s 脱扣	冷态		

二、漏电保护自动开关

漏电保护自动开关是为了防止低压网络中发生人身触电和漏电火灾、爆炸事故而研制的一种电器。当人身触电或设备漏电时能够迅速切断故障电路，从而避免人身和设备受到危害。这种漏电自动开关实际上是装有检漏保护元件的塑壳式自动开关。常见的有电磁式电流动作型、电压动作型和晶体管（集成电路）电流动作型。

电磁式电流动作型漏电开关原理如图 6-34 所示。其结构是在一般的塑壳式自动开关中增加一个能检测漏电流的感受元件（零序电流互感器）和漏电脱扣器。

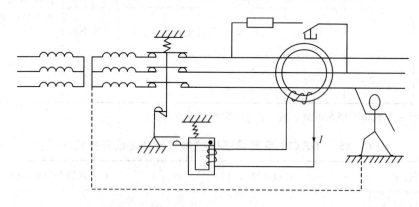

图 6-34　电磁式电流动作型漏电开关原理图

电磁式电流动作型漏电开关的工作原理如下：

主电路的三相导线一起穿过零序电流互感器的环形铁芯，零序电流互感器的输出端和漏电脱扣线圈相接，漏电脱扣器的衔铁借永久磁铁的磁力被吸住，拉紧了释放弹簧。电网正常运行时，各相电流的相量之和为零，零序电流互感器二次侧无输出。当出现漏电或人身触电时，漏电或触电电流通过大地回到变压器的中性点，因而三相电流的相量和不等于零，零序电流互感器的二次回路中就产生感应电流 I_s，这时漏电脱扣器铁芯中出现 I_s 的交变磁通，这个交变磁通的正半波（或负半波）总要抵消永久磁铁对衔铁的吸力，当 I_s 达到一定值时，漏电脱扣器释放弹簧的反力就会使衔铁释放，在脱扣器的冲击下，断路器断开主电路。采用这种释放式电磁脱扣器，可以提高灵敏度、动作快，且使体积小。从零序电流互感器检测到漏电信号到切断故障电路的全部动作时间一般在 0.1 s 以内，所以它能有效地起到触电保护作用。

为了经常检查漏电开关的动作性能，漏电开关设有试验按钮，在漏电开关闭合后，按下试验按钮，如果开关断开，则证明漏电开关正常。

常用的漏电保护自动开关有 DZ15L-40、DZ5-20L 等型号，它们的主要技术参数如表 6-26 所示。

表 6 - 26 漏电断路器技术参数

型 号	DZ15L - 40		DZ5 - 20L
额定电压 U_N/V	380		380
极 数	3	4	3
过流脱扣器额定电流/A	40,30,15,10	20,6	20,15,10,6.5,4.5,3,2,1.5,1
额定漏电动作电流/mA	30,50,75	50,75,100	30,50,75
额定漏电不动作电流/mA	15,25,40	25,40,50	15,25,40
漏电脱扣全部动作时间/s	≤0.1		≤0.1
极限通断能力	(380 V cosϕ=0.7) 2.5 kA		(380 V cosϕ=0.8) 1.5 kA
寿命/千次 机械	1.5		1.5
寿命/千次 电气 电动机用	1.5		2.0
寿命/千次 电气 配电用	0.5		0.5
型号含义	DZ 15 L—40 额定电流 漏电派生代号 设计代号 塑料外壳式断路器		DZ 5 20—L 额定电流 漏电派生代号 设计代号 塑料外壳式断路器

三、自动开关的选用和维护

1. 自动开关的选用原则

(1) 自动开关的额定电压应不低于线路额定电压。

(2) 自动开关的额定电流应不小于负载电流。

(3) 脱扣器的额定电流应不小于负载电流。

(4) 极限分断能力应不小于线路中最大短路电流。

(5) 线路末端单相对地短路电流与瞬时(或较短时)脱扣器整定电流之比应不小于1.25。

(6) 欠电压脱扣器额定电压应等于线路额定电压。

2. 自动开关的维护

(1) 使用新开关前应将电磁铁工作面的防锈油脂抹净,以免增加电磁机构动作的阻力。

(2) 工作一定次数后(约 1/4 机械寿命),转动机构部分应加润滑油(小容量塑壳型不需要)。

(3) 每经过一段时间(例如定期检修时),应清除自动开关上的灰尘,以保证良好的绝缘。

(4) 灭弧室在分断短路电流后,应清除其内壁和栅片上的金属颗粒和黑烟。长期未使用的灭弧室(如配件),在使用前应先烘干一次,以保证良好的绝缘。

（5）自动开关的触点在使用一定次数后，如表面发现毛刺，颗粒等，应当予以修整，以保证良好的接触。当触点被磨损至原来厚度的 1/3 时，应考虑更换触点。

（6）定期检查各脱扣器的电流整定值和延时，以及动作情况。

思 考 与 练 习

（1）从结构特征上怎样区分交流电磁机构和直流电磁机构？怎样区分电压线圈和电流线圈？电压线圈和电流线圈各应如何接入电源回路？

（2）三相交流电磁铁的铁芯上是否也有分磁环？为什么？

（3）观察实验室内的各种接触器，指出它们各采用了何种灭弧措施？

（4）交流接触器的线圈已通电而衔铁尚未闭合的瞬间为什么会出现很大的冲击电流？直流接触器会不会也出现这种现象，为什么？

（5）交流接触器线圈断电后，衔铁不能立即释放，从而使电动机不能及时停止。分析出现这种故障的原因，应如何处理？

（6）用来控制某一电动机的交流接触器经常因触点烧蚀而更换，其寿命特短，试分析其原因。应如何处理？

（7）叙述自动开关的功能、工作原理和使用场合，与采用刀开关和熔断器的控制、保护方式相比，自动开关有何优点？

（8）说明熔断器和热继电器的保护功能与原理，保护特性以及这两种保护的区别。

模块七　电气控制的基本电路

任务一　电气元件的符号与看图方法

 任务描述

电气设备的功能是通过电器元件的不同组合来实现的，从电路图中认识电器元件是认识分析电气设备功能的基础，掌握电路图绘制和分析的方法是分析电气设备工作的关键，不同种类的电路图其作用不同，结构特点也不同。

任务分析

电器元件在电路图中的表达是通过符号来实现的，应通过不断地对电路分析来熟悉电气符号的形式；电气设备的功能则是通过电器元件的不同组合来实现的，本任务应使学习者掌握电气线路图的组成特点，充分掌握其看图的方法规律，为进一步看懂电路图打下良好的基础。

相关知识

继电器—接触器的控制方式称作电器控制，其电气控制电路是由各种有触点电器，如接触器、继电器、按钮、开关等组成。它能实现电力拖动系统的启动、反向、制动、调速和保护，实现生产过程自动化。随着生产的发展，对电力拖动系统的要求不断提高，在现代化的控制系统中采用了许多新的控制装置和元器件，如 MP、MC、PC、晶闸管等用以实现对复杂的生产过程的自动控制。尽管如此，目前在我国工业生产中应用最广泛、最基本的控制仍是电器控制。而任何复杂的控制电路或系统，都是由一些比较简单的基本控制环节、保护环节根据不同要求组合而成。因此掌握这些基本控制环节是学习电气控制电路的基础。

一、常用电气控制系统的图文符号

电力拖动控制系统由电动机和各种控制电器组成。为了表达电气控制系统的设计意图，便于分析系统工作原理、安装、调试和检修控制系统，必须采用统一的图形符号和文字符号来表达。国家标准局参照国际电工委员会(IEC)的颁布文件，制定了我国电气设备的有关国家标准，如：

· CB4728—85《电气图常用图形符号》

- GB5226—85《机床电气设备通用技术条件》
- GB7159—87《电气技术中的文字符号制定通则》
- GB6988—86《电气制图》
- GB5094—85《电气技术中的项目代号》

电气图形符号有图形符号、文字符号及回路标号等。

1. 图形符号

图形符号通常用于图样或其他文件,用以表示一个设备或概念的图形、标记或字符。电气控制系统图中的图形符号必须按国家标准绘制。图形符号含有符号要素、一般符号和限定符号。

1) 符号要素

符号要素是一种具有确定意义的简单图形,必须同其他图形组合才构成一个设备或概念的完整符号。如接触器常开主触点的符号就由接触器触点功能符号和常开触点符号组合而成。

2) 一般符号

一般符号用以表示一类产品和此类产品特征的一种简单的符号,如电动机可用一个圆圈表示。

3) 限定符号

限定符号是用于提供附加信息的一种加在其他符号上的符号。

运用图形符号绘制电气系统图时应注意:

(1) 符号尺寸大小、线条粗细依国家标准可放大与缩小,但在同一张图样中,同一符号的尺寸应保持一致,各符号间及符号本身比例应保持不变。

(2) 标准中示出的符号方位,在不改变符号含义的前提下,可根据图面布置的需要旋转,或成镜像位置,但文字和指示方向不得倒置。

(3) 大多数符号都可以附加上补充说明标记。

(4) 有些具体器件的符号由设计者根据国家标准的符号要素、一般符号和限定符号组合而成。

(5) 国家标准未规定的图形符号,可根据实际需要,按突出特征、结构简单、便于识别的原则进行设计,但需报国家标准局备案。当采用其他来源的符号或代号时,必须在图解和文件上说明其含义。

2. 文字符号

文字符号适用于电气技术领域中技术文件的编制,用以标明电气设备、装置和元器件的名称及电路的功能、状态和特征。

文字符号分为基本文字符号和辅助文字符号。

1) 基本文字符号

基本文字符号有单字母符号与双字母符号两种。单字母符号按拉丁字母顺序将各种电气设备、装置和元器件划分为 23 大类,每一类用一个专用单字母符号表示,如"C"表示电容器类,"R"表示电阻器类等。

双字母符号由一个表示种类的单字母符号与另一个字母组成，且以单字母符号在前，另一字母在后的次序列出，如"F"表示保护器件类，"FU"则表示为熔断器。

2）辅助文字符号

辅助文字符号是用来表示电气设备、装置和元器件以及电路的功能、状态和特征的。如"RD"表示红色，"L"表示限制等。辅助文字符号也可以放在表示种类的单字母符号之后组成双字母符号，如"SP"表示压力传感器，"YB"表示电磁制动器等。为简化文字符号，若辅助文字符号由两个以上字母组成时，允许只采用其第一位字母进行组合，如"MS"表示同步电动机。辅助文字符号还可以单独使用，如"ON"表示接通，"M"表示中间线等。

3）补充文字符号的原则

规定的基本文字符号和辅助文字符号如不够使用，可按国家标准中文字符号组成规律和下述原则予以补充。

（1）在不违背国家标准文字符号编制原则的条件下，可采用国家标准中规定的电气技术文字符号。

（2）在优先采用基本和辅助文字符号的前提下，可补充国家标准中未列出的双字母文字符号和辅助文字符号。

（3）使用文字符号时，应按电气名词术语国家标准或专业技术标准中规定的英语术语缩写而成。

（4）基本文字符号不得超过两位字母，辅助文字符号一般不超过三位字母。文字符号采用拉丁字母大写正体字，且拉丁字母中"I"和"O"不允许单独作为文字符号使用。

3. 主电路各接点标记

三相交流电源引入线采用 L1、L2、L3 标记。

电源开关之后的三相交流电源主电路分别按 U、V、W 顺序标记。

分级三相交流电源主电路采用三相文字代号 U、V、W 的前边加上阿拉伯数字 1、2、3、等来标记，如 1U、1V、1W；2U、2V、2W 等。

各电动机分支电路各接点标记采用三相文字代号后面加数字来表示，数字中的个位数表示电动机代号，十位数字表示该支路各接点的代号，从上到下按数值大小顺序标记。如 U11 表示 M1 电动机的第一相的第一个接点代号，U21 为第一相的第二个接点代号，以此类推。

电动机绕组首端分别用 U、V、W 标记，尾端分别用 U′、V′、W′ 标记。双绕组的中点则用 U″、V″、W″ 标记。

控制电路采用阿拉伯数字编号，一般由三位或三位以下的数字组成。标注方法按"等电位"原则进行，在垂直绘制的电路中，标号顺序一般由上而下编号，凡是被线圈、绕组、触点或电阻、电容等元件所间隔的线段，都应标以不同的电路标号。

二、电气控制系统图

电气控制系统图包括电气原理图、电气安装图、电器位置图、互连图和框图等。各种图的图纸尺寸一般选用 297×210 mm、297×420 mm、297×630 mm 和 297×840 mm 四种幅面，特殊需要可按 GB126—74《机械制图》国家标准选用其他尺寸。

1. 电气原理图

用图形符号和项目代号表示电路各个电器元件连接关系和电气工作原理的图称为电气原理图。由于电气原理图结构简单、层次分明、适用于研究和分析电路工作原理，在设计部门和生产现场得到广泛的应用，其绘制原则是：

（1）电器应是未通电时的状态；二进制逻辑元件应是置零时的状态；机械开关应是循环开始前的状态。

（2）原理图上的动力电路、控制电路和信号电路应分开绘出。

（3）原理图上应标出各个电源电路的电压值、极性或频率及相数；某些元、器件的特性（如电阻、电容的数值等）；不常用电器（如位置传感器、手动触点等）的操作方式和功能。

（4）原理图上各电路的安排应便于分析、维修和寻找故障，原理图应按功能分开画出。

（5）动力电路的电源电路绘成水平线，受电的动力装置（电动机）及其保护电器支路，应垂直电源电路画出。

（6）控制和信号电路应垂直地绘在两条或几条水平电源线之间。耗能元件（如线圈、电磁铁、信号灯等），应直接接在接地的水平电源线上。而控制触点应连在另一电源线。

（7）为阅图方便，图中自左至右或自上而下表示操作顺序，并尽可能减少线条和避免线条交叉。

（8）在原理图上将图分成若干图区，标明该区电路的用途与作用；在继电器、接触器线圈下方列有触点表以说明线圈和触点的从属关系。

图 7 - 1 所示的为 CW6132 型普通车床电气原理电路图。

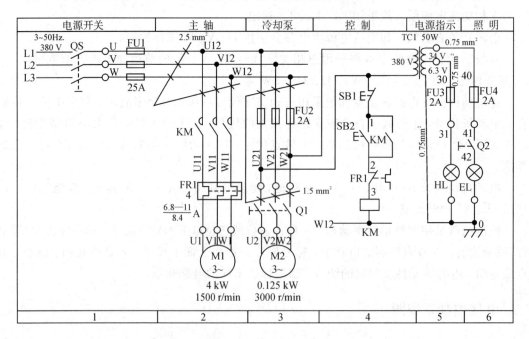

图 7 - 1　CW6132 型普通车床电气原理电路图

2. 电气安装图

电气安装图用来表示电气控制系统中各电器元件的实际安装位置和接线情况，它分为电器位置图和互连图两部分。

1) 电器位置图

电器位置图详细绘制出电气设备零件安装位置。图中各电器代号应与有关电路图和电器清单上所有元器件代号相同，在图中往往留有 10％以上的备用面积及导线管（槽）的位置，以供改进设计时用。图中不需标注尺寸。图 7－2 所示的为 CW6132 型普通车床电器位置。图中 FU1～FU4 为熔断器、KM 为接触器、FR 为热继电器、TC 为照明变压器、XT 为接线端板。

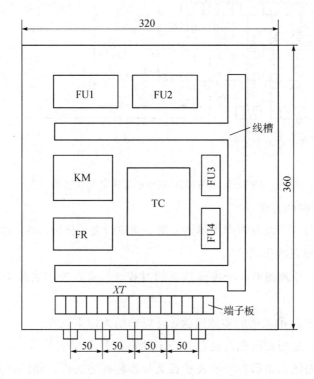

图 7－2 CW6132 型普通车床电器位置图

2) 电气互连图

电气互连图用来表明电气设备各单元之间的接线关系。它清楚地表明了电气设备外部元件的相对位置及它们之间的电气连接，是实际安装接线的依据，在具体施工和检修中能够起到电气原理图所起不到的作用，在生产现场得到广泛应用。

绘制电气互连图的原则是：

（1）外部单元同一电器的各部件画在一起，其布置尽可能符合电器实际情况。

（2）各电气元件的图形符号、文字符号和回路标记均以电气原理图为准，并保持一致。

（3）不在同一控制箱和同一配电屏上的各电气元件的连接，必须经接线端子板进行。互连图中电气互连关系用线束表示，连接导线应注明导线规范（数量、截面积等），一般不表示实际走线途径，施工时由操作者根据实际情况选择最佳走线方式。

（4）对于控制装置的外部连接线应在图上或用接线表表示清楚，并标明电源的引入点。

图 7-3 所示的为 CW6132 型普通车床电气互连图。

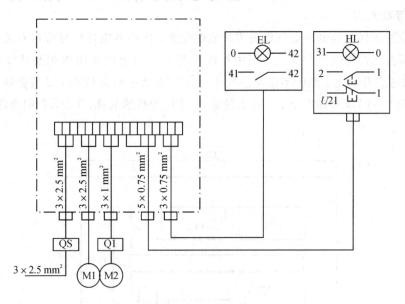

图 7-3　CW6132 型普通车床电气互连图

3. 看电气原理图的方法

在控制线路的设计，以及生产现场的安装、调试设备、分析、维修故障等工作中，电气原理图都有着非常重要的作用。

分析、阅读电气原理图有一个逐渐熟悉的过程，只能在生产实践中逐步提高看图的技术水平。

根据广大工人和技术人员的实践经验，可以归纳为以下几点：

（1）电气原理图是用表示电器设备的特定图形符号和文字符号，按规定的制图原则绘制的，因此必须首先熟悉图形符号的表示意义和各种标注法以及制图原则。

（2）对于一张具体的电气原理图，应了解控制对象的生产工艺过程，按照工艺过程，搞清线路动作的全过程。一般是从某一主令电器（或保护电器）的动作开始，到电动机的运行进入稳定状态（或完成一个工作循环停机）而结束。

（3）电气原理图中有主回路、控制回路和辅助回路等，可以按其基本功能分类，有助于分析和理解电路原理，同时还要标清线路中每台电机和每个电器元件的原理、性能和作用，以及元件之间的闭锁关系。

（4）电气原理图中的电器元件通常不表示空间实际位置，例如同一个接触器的线圈和触点往往分开画在图中的不同位置甚至画在两张图上，因此，当接触器动作后，应考虑到全部触点转换状态后在电路中起到的作用。此外，对于同时动作的电器，应注意触点转换的逻辑关系和是否有延时过程。

（5）电气原理图中触点、开关的状态均是处于该电器未受力(电磁、机械及人工操作等)时的状态，机械开关应是循环开始前的状态。另外，在旧标准中，对触点符号通常规定：当触点符号垂直放置时，动触点在静触点左侧为动合触点，而在右侧为动断触点；当触点符号水平放置时，动触点在静触点上方为动合触点，而在下方为动断触点。新标准中没有这种严格规定，识图时应注意从符号的图形区分是动合还是动断触点。

（6）为了安装与维修方便，电气原理图中各导线连接点、电机和电器的接线端子都需编号。编号可以是阿拉伯数字，或根据需要将数字和拉丁字母组合使用，但不能使用字母"I"和"O"。

例如，CW6132 型车床电气原理如图 7 - 1 所示，三相交流引入线采用 L1、L2、L3 标记，电源开关之后的三相交流主电路分别按 U、V、W 顺序标记。图中各导线连接点，以及线圈、绕组、触点等连接点均用数字或字母标注。还有导线的截面、保护电器的整定值等已在图上标明。按图幅分区的方式能够表明各部分的基本功能，为读者分析电路提供方便。

任务二　基本控制线路

 任务描述

任何电气控制线路都是由一些基本控制线路所组成，牢固掌握这些基本控制线路的结构特点、控制原理对以后分析实际电气设备的控制线路具有非常重要的意义，所以必须对基本控制线路的分析做到熟练和举一反三。

任务分析

本任务从最简单的点动控制、单向连续运转控制分析入手，逐渐深入到正反转、自动往返控制、各种降压启动控制、转子串电阻控制、转子串频敏变阻器控制、电气制动控制以及直流电动机控制等常见控制形式，通过大量实例的分析使读者能比较熟练地掌握电气控制线路的分析方法、各种控制电路的结构性能特点。

 相关知识

一、三相笼型异步电动机全压启动控制电路

三相笼型异步电动机具有结构简单、坚固耐用、价格便宜、维修方便等优点，获得了广泛的应用。对它的启动控制有趋势启动与降压启动两种方式。

笼型异步电动机的直接启动是一种简单、可靠、经济的启动方法。由于直接启动电流可达电动机额定电流的 4～7 倍，过大的启动电流会造成电网电压显著下降，直接影响在同

一电网工作的其他电动机，甚至使它们停转或无法启动，故直接启动电动机的容量受到一定限制。可根据启动电动机容量、供电变压器容量和机械设备是否许来分析，也可用下面经验公式来确定：

$$\frac{I_{st}}{I_N} \leqslant \frac{3}{4} + \frac{S}{4P} \qquad\qquad (7-1)$$

式中：I_{st} 为电动机全压启动电流(A)；I_N 为电动机额定电流(A)；S 为电源变压器容量(kV·A)；P 为电动机容量(kW)。

一般容量小于 10 kW 的电动机常用直接启动。

1. 单向旋转控制电路

三相笼型异步电动机单方向旋转可用开关或接触器控制，相应的有开关控制电路和接触器控制电路。

1）开关控制电路

图 7-4 所示的为电动机单向旋转控制电路，其中图 7-4(a)所示的为刀开关控制电路，图 7-4(b)所示的为自动开关控制电路。

采用开关控制的电路仅适用于不频繁启动的小容量电动机，它不能实现远距离控制和自动控制，也不能实现零压、欠压和过载保护。

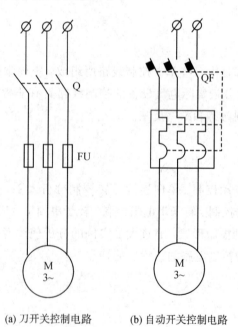

(a) 刀开关控制电路　　　　(b) 自动开关控制电路

图 7-4　电动机单向旋转的控制电路

2）接触器控制电路

图 7-5 为接触器控制电动机单向旋转的电路。图中 Q 为三相转换开关、FU1、FU2 为熔断器、KM 为接触器、FR 为热继电器、M 为笼型异步电动机，SB1 为停止按钮、SB2 为启动按钮。

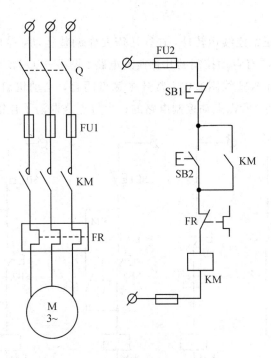

图 7-5　接触器控制单向旋转电路

（1）电路工作情况如下：

合上电源开关 Q，引入电源，按下启动按钮 SB2，KM 线圈通电，常开主触点闭合，电动机接通电源启动。同时，与启动按钮并联的接触器开触点也闭合，当松开 SB2 时，KM 线圈通过其本身常开辅助触点继续保护通电，从而保证了电动机连续运转。这种用接触器自身辅助触点保持线圈通电的电路，称为自锁或自保电路。辅助常开触点称为自锁触点。

当需电动机停止时，可按下停止按钮 SB1，切断 KM 线圈电路，KM 常开主触点与辅助触点均断开，切断电动机电源电路和控制电路，电动机停止运转。

（2）电路保护有以下几种情况：

① 短路保护：由熔断器 FU1、FU2 分别实现主电路和控制电路的短路保护。为扩大保护范围，在电路中熔断器应安装在靠近电源端，通常安装在电源开关下边。

② 过载保护：由于熔断器具有反时限保护特性和分散性，难以实现电动机的长期过载保护，为此采用热继电器 FR 实现电动机的长期过载保护。当电动机出现长期过载时，串接在电动机定子电路中的双金属片因过热变形，致使其串接在控制电路中的常闭触点打开，切断 KM 线圈电路，电动机停止运转，实现过载保护。

③ 欠压和失压保护：当电源电压由于某种原因严重欠压或失压时，接触器电磁吸力急剧下降或消失，衔铁释放，常开主触点与自锁触点断开，电动机停止运转。而当电源电压恢复正常时，电动机不会自行运转，避免事故发生。因此具有自锁的控制电路具有欠压与失压保护。

2. 点动控制电路

生产机械除需要正常连续运转外，往往还需要作调整运动，这时就需要进行"点动"控制。图 7－6 所示的为具有点动控制的几种典型电路。图 7－6(a) 所示的为点动控制电路的最基本形式，按下 SB，KM 线圈通电，常开主触点闭合，电动机启动旋转，松开 SB、KM 断开，电动机停止运转。所以点动控制电路的最大特点是取消了自锁触点。

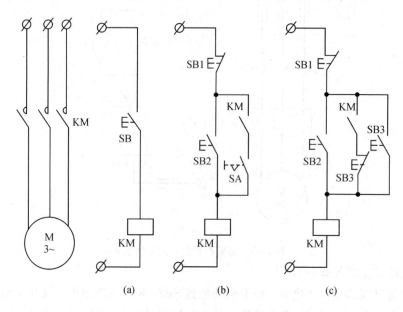

图 7－6　具有点动控制的几种典型电路

图 7－6(b) 所示的为采用开关 SA 断开自锁回路的点动控制电路，该电路可实现连续运转和点动控制，由开关 SA 选择，当 SA 合上时为连续控制；SA 断开时为点动控制。

图 7－6(c) 所示的为用点动按钮常闭触点断开自锁回路的点动控制电路。SB2 为连续运转启动按钮，SB1 为连续运行停止按钮，SB3 为点动按钮。当按下 SB3 时，常闭触点先将自锁回路切断，而后常开触点才接通，使 KM 线圈通电，常开主触点闭合，电动机启动旋转；当松开 SB3 时，常开触点先断开，KM 线圈断电，常开触点断开，电动机停转，而后SB3 常闭触点才闭合，但 KM 常开辅助触点已断开，KM 线圈无法通电，实现点动控制。

3. 可逆旋转控制电路

生产机械往往要求运动部件可以实现正反两个方向的运动，这就要求拖动电动机能作正、反向旋转。由电动机工作原理可知，改变电动机三相电源的相序，就能改变电动机的转向，常用的可逆旋转控制电路有如下几种。

1) 倒顺开关控制电路

倒顺开关是组合开关的一种，也称为可逆转换开关。图 7－7 所示的为用倒顺开关控制的可逆运行电路。图 7－7(a) 所示的为直接操作倒顺开关实现电动机正反转的电路，因转换开关无灭弧装置，所以仅适用电动机容量为 5.5 kW 以下的控制电路中。在操作中，使电动机由正转到反转，或反转到正转时，应将开关手柄扳至"停止"位置，并稍加停留，这样就可以避免电动机由于突然反接造成很大的冲击电流，防止电动机过热而烧坏。

对于容量大于 5.5 kW 的电动机，可用图 7-7(b)所示的控制电路进行控制。它是利用倒顺开关来改变电动机相序，预选电动机旋转方向，而由接触器 KM 来接通与断开电源，控制电动机启动与停止。由于采用接触器通断负载电路，则可实现过载保护和零压与欠压保护。

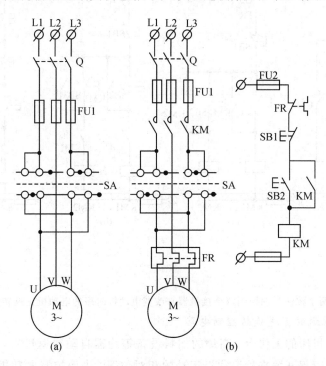

图 7-7　用倒顺开关控制的电动机正反转控制电路

2）按钮控制的可逆旋转控制电路

图 7-8 所示的为两个按钮分别控制两个接触器来改变电动机相序，实现电动机可逆旋转的控制电路。图 7-8(a)所示的电路最为简单，按下正转启动按钮 SB2 时，KM1 线圈通电并自锁，接通正序电源，电动机正转。此时若按下反转启动按钮 SB3，KM2 线圈也通电，由于 KM1、KM2 同时通电，其主触点闭合，将造成电源两相短路，因此，这种电路不能采用。图 7-8(b)是在图 7-8(a)基础上扩展而成的，它将 KM1、KM2 常闭辅助触点串接在对方线圈电路中，形成相互制约的控制，称为互锁或联锁控制。这种利用接触器（或继电器）常闭触点的互锁又称为电气互锁。该电路欲使电动机由正转到反转，或由反转到正转必须先按下停止按钮，而后再反向启动。

对于要求频繁实现正反转的电动机，可用图 7-8(c)所示的控制电路控制，它是在图 7-8(b)所示的电路基础上将正转启动按钮 SB2 与反转启动按钮 SB3 的常闭触点串接在对方常开触点电路中，利用按钮的常开、常闭触点的机械连接，在电路中互相制约的接法，称为机械互锁。这种具有电气、机械双重互锁的控制电路是常用的、可靠的电动机可逆旋转控制电路，它既可实现正转→停止→反转→停止的控制，又可实现正转→反转→停止的控制。

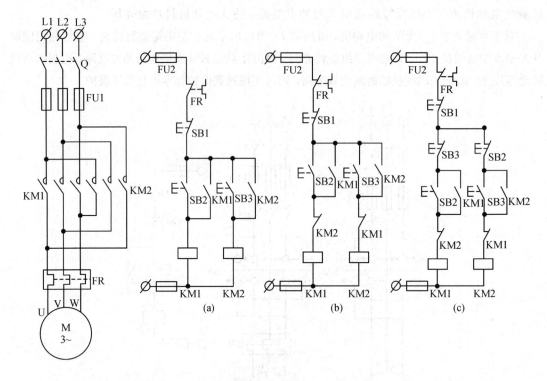

图 7-8 两个按钮分别控制两个接触器来改变电动机时序的电动机正反转控制电路

3）具有自动往返的可逆旋转控制电路

机械设备中如机床的工作台、高炉的加料设备等均需自动往返运行，而自动往返的可逆运行通常是利用行程开关来检测往返运动的相对位置，进而控制电动机的正反转来实现生产机械的往复运动。

图 7-9 所示的为机床工作台往复运动的示意图。行程开关 SQ1、SQ2 分别固定安装在床身上，反映加工终点与原位。撞块 A、B 固定在工作台上，随着运动部件的移动分别压下行程开关 SQ1、SQ2，使其触点动作，改变控制电路的通断状态，使电动机正反向运转，实现运动部件的自动往返运动。

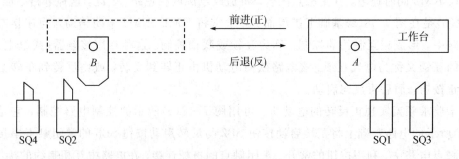

图 7-9 工作台往复运动示意图

图 7-10 所示的为往复自动循环的控制电路。图中 SQ1 为反向转正向行程开关，SQ2 为正向转反向行程开关，SQ3、SQ4 为正反向极限保护用行程开关。合上电源开关 Q，按下

正向启动按钮 SB2，KM1 通电并自锁，电动机正向旋转，拖动运动部件前进，当前进加工到位，撞块 B 压下 SQ2，其常闭触点断开，KM1 断电，电动机停转，但 SQ2 常开触点闭合，又使 KM2 通电，电动机反向启动运转，拖动运动部件后退，当后退到位时，撞块 A 压下 SQ1，使 KM2 断电，KM1 通电，电动机由反转变为正转，拖动运动部件变后退为前进，如此周而复始地自动往复工作。按下停止按钮 SB1 时，电动机停止，运动部件停下。若换向因行程开关 SQ1、SQ2 失灵，则由极限保护行程开关 SQ3、SQ4 实现保护，避免运动部件因超出极限位置而发生事故。

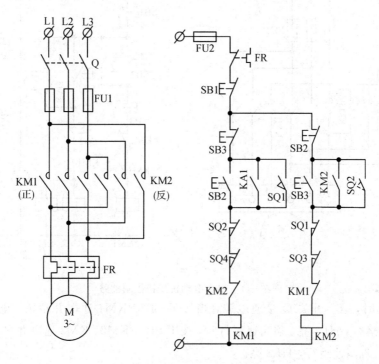

图 7 - 10　往复自动循环的控制电路

　　上述利用行程开关按照机械设备的运动部件的行程位置进行的控制，称为行程控制原则。行程控制是机械设备自动化和生产过程自动化中应用最广泛的控制方法之一。

4. 双速笼型异步电动机变速控制电路

　　为使生产机械获得更大的调整范围，除采用机械变速外，还可采用电气控制方法实现电动机的多速运行。

　　由电动机工作原理可知，感应式异步电动机转速表达式为

$$n = n_0(1 - s) = \frac{60f}{p}(1 - s) \tag{7 - 2}$$

　　电动机转速与供电电源频率 f、转差率 s 及定子绕组的极对数 p 有关。由于变频调速与串级调速的技术和控制方法比较复杂，尚未普遍采用，目前多见的仍是采用多速电动机来实现变速。下面以常用的双速电动机为例介绍其控制电路。

1）双速感应电动机按钮控制的调速电路

图 7 - 11 所示的为双速电动机按钮控制电路。图中 KM1 为 D 连接接触器，KM2、KM3 为双 Y 连接接触器，SB2 为低速按钮，SB3 为高速按钮，HL1、HL2 分别为低、高速指示灯。

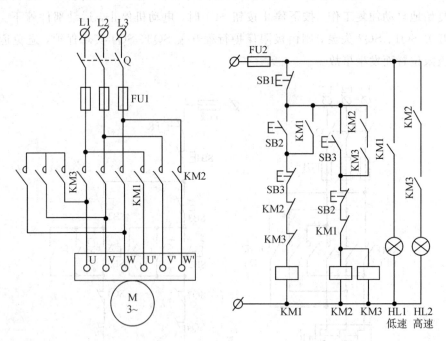

图 7 - 11　双速电动机按钮控制电路

电路工作时，合上开关 Q 接通电源，当按下 SB2，KM1 通电并自锁，电动机作 D 连接，实现低速运行，HL1 亮。需高速运行时，按下 SB3，KM2、KM3 通电并自锁，电动机接成双 Y 连接实现高速运行，HL2 亮。

由于电路采用了 SB2、SB3 的机械互锁和接触器的电气互锁，能够实现低速运行直接转换为高速，或由高速直接转换为低速，无需再操作停止按钮。

2）双速感应电动机手动变速和自动加速的控制电路

图 7 - 12 所示的为双速电动机手动调速和自动加速控制电路。与图 7 - 11 所示的电路相比，引入了一个自动加速与手动变速选择开关 SA，时间继电器 KT 及电源指示灯 HL1。

当选择手动变速时，将开关 SA 扳在"M"位置，时间继电器 KT 电路切除，电路工作情况与图 7 - 11 所示情况相同。当需自动加速工作时，将 SA 扳在"A"位置。按下 SB2，KM1 通电并自锁，同时 KT 相继通电并自锁，电动机按 D 连接低速启动运行，当 KT 延时常闭触点打开、延时常开触点闭合时，KM1 断电，而 KM2、KM3 通电并自锁，电动机便由低速自动转换为高速运行，实现了自动控制。

当 SA 置于"M"位置，仅按下低速启动按钮 SB2 则可使电动机只作三角形接法的低速运行。

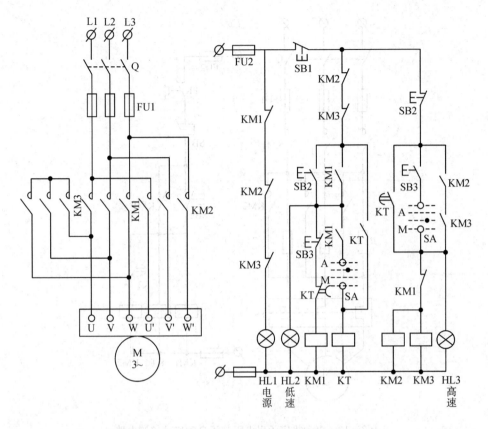

图 7-12　双速电动机手动变速和自动加速控制电路

时间继电器 KT 自锁触点作用是在 KM1 线圈断电后，KT 仍保持通电，直到已进入高速运行即 KM2、KM3 线圈通电后，KT 才被断电，一方面使控制电路可靠工作，另一方面使 KT 只在换接过程中短时通电，减少 KT 线圈的能耗。

二、三相笼型异步电动机减压启动控制电路

三相笼型异步电动机容量在 10 kW 以上或不能满足式(7-1)条件时，应采用减压启动。有时为了减小和限制启动时对机械设备的冲击，即使允许直接启动的电动机，也往往采用减压启动。

三相笼型异步电动机减压启动的方法有：定子绕组电路串电阻或电抗器；Y-D 连接；延边三角形和使用自耦变压器启动等。这些启动方法的实质，都是在电源电压不变的情况下，启动时减小加在电动机定子绕组上的电压，以限制启动电流；而在启动以后再将电压恢复至额定值，电动机进入正常运行。

1. 定子电路串电阻(电抗器)启动控制电路

1) 定子串电阻减压自动启动控制电路

图 7-13 所示的为电动机定子串电阻减压自动启动控制电路。图中 KM1 为接通电源接触器，KM2 为短接电阻接触器，KT 为启动时间继电器，R 为减压启动电阻。

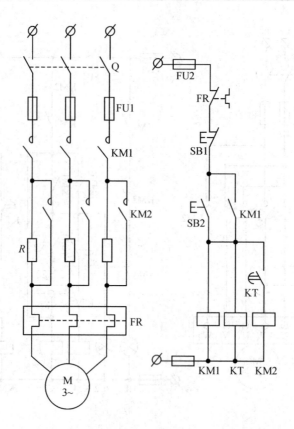

图7-13　电动机定子串电阻减压自动启动控制电路

电路工作情况：

合上电源开关 Q，按下启动按钮 SB2，KM1 通电并自锁，同时 KT 通电，电动机定子串入电阻 R 进行减压启动，经时间继电器 KT 的延时，其常开延时闭合触点闭合，KM2 通电，将启动电阻短接，电动机进入全压正常运行。KT 的延时时间长短根据电动机启动过程时间长短来整定。电动机进入正常运行后，KM1、KT 始终通电工作，不但消耗了电能，而且增加了出现故障的概率。若发生时间继电器触点不动作的故障，将使电动机长期在减压下运行，造成电动机无法正常工作，甚至烧毁电动机。

2）具有手动与自动控制的定子串电阻控制电路

图 7-14 所示的为具有手动与自动控制的串电阻减压启动电路。它是在图 7-13 所示电路的基础上增设了一个选择开关 SA，其手柄有两个位置，当手柄置于"M"位时为手动控制；当手柄置于"A"位时为自动控制。还增设了升压控制按钮 SB3，同时在主电路中 KM2 主触点跨接在 KM1 与电阻 R 两端，在控制回路中设置了 KM2 自锁触点与联锁触点，这就提高了电路的可靠性，同时电动机启动结束后在正常运行时，KM1、KT 处于断电状态，不仅减少了能耗，而且减少了故障机率。一旦发生 KT 触点闭合不上，可将 SA 扳在"M"位置，按下升压按钮 SB3，KM2 通电，电动机便可进入全压下工作，所以该电路克服了图 7-13 所示的控制电路的缺点，使电路更加安全可靠。

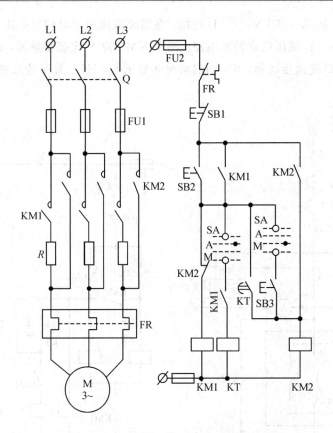

图 7-14　手动与自动控制的串电阻减压启动电路

3）定子串电阻减压启动优缺点

电动机定子串电阻减压启动不受定子绕组接法形式的限制，启动过程平滑，设备简单。但是，由于串接电阻启动时，一般允许启动电流为额定电流的 2～3 倍，减压启动时加在定子绕组上的电压为全电压时的 1/2，这时将使电动机的启动转矩为额定转矩的 1/4，启动转矩小。因此，串接电阻减压启动仅适用于对启动转矩要求不高的生产机械上。另外，由于存在启动电阻，将使控制柜体积增大，电能损耗大，对于大容量电动机往往采用连接电抗器来实现减压启动。

2. Y-D 减压启动控制电路

三相笼型异步电动机额定电压通常为 380/660 V，相应的绕组接法为 Y-D(星-三角形简称)，这种电动机每相绕组额定电压为 380 V。我国采用的电网供电电压 380 V，因此，电动机启动时接成 Y-D 连接，电压降为额定电压的 $1/\sqrt{3}$，正常运行时换接成 D 连接，由电工基础知识可知：

$$I_{\text{DL}} = 3I_{\text{YL}} \tag{7-3}$$

式中：I_{DL} 为电动机 D 接时线电流，A；I_{YL} 为电动机 Y 接时线电流，A。

因此 Y 接时启动电流仅为 D 连接时的 1/3，相应的启动转矩也是 D 连接时的 1/3。因此，Y-D 启动仅适用于空载或轻载下的启动。现在生产的 Y 系列笼型异步电动机功率在

4.0 kW 以上者均为 380/660 V，Y-D 连接，在需要减压启动时均可采用 Y-D 启动。

图 7-15 为 Y-D 减压启动控制电路。图中 KM1 为 Y 连接接触器，KM2 为接通电源接触器，KM3 为 D 连接接触器，KT 为启动时间显示器，HL1 为 Y 连接指示灯，HL2 为 D 连接指示灯。

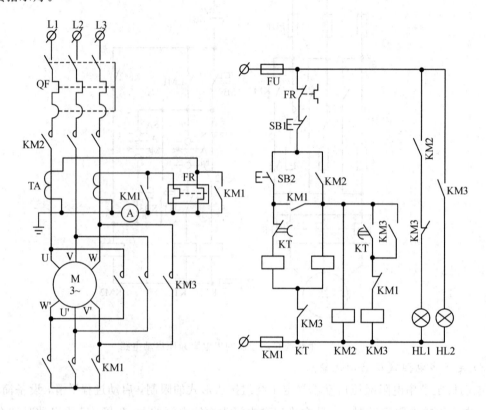

图 7-15　Y-D 减压启动控制电路一

1）电路工作情况

合上电源开关 QF，按下启动按钮 SB2，KM1 通电，随即 KM2 通电并自锁，电动机接成 Y 联结，接入三相电源进行减压启动，同时指示灯 HL1 亮，并由 KM1 的两对常开辅助触点将热继电器 FR 发热元件短接。在按下 SB2，KM1 通电动作的同时，KT 通电，经一段时间延时后，KT 常闭触点断开，KM1 断电释放，电动机星形中性点断开，FR 发热元件接入电路；另一对 KT 常开触点延时闭合，KM3 通电并自锁，指示灯 HL1 关断，HL2 亮，电动机接成 D 连接运行时处于断电状态，使电路更为可靠地工作。至此，电动机 Y-D 减压启动结束，电动机投入正常运行。停止时，按下 SB1 即可。

该电路常用于 13 kW 以上电动机的启动控制中，对电动机进行长期过载保护的热继电器 FR 发热元件接在电流互感器的二次侧，为防止电动机启动电流大、时间长而使热继电器发生误动作，致使电动机无法正常启动。为此，设置了 KM1 触点在启动过程中将其短接，不致发生误动作。

当电动机容量在 4~13 kW 时，可采用图 7-16 所示的控制电路。该电路只用两个接触器来控制 Y-D 减压启动，电路工作情况由读者自行分析。

2）该电路主要特点

（1）利用接触器 KM2 的常闭辅助触点来连接电动机星形中性点，由于电动机三相平衡，星点电流很小，该触点容量是允许的。

（2）电动机在 Y-D 减压启动过程中，KM1 与 KM2 换接过程有一间隙，短时断电，这可避免由于电器动作不灵活引起电源短路的故障发生。但由于机械惯性，在换接成 D 连接时，电动机电流并不大，对电网没多大影响。

（3）将启动按钮 SB2 常闭触点接于 KM2 线圈电路中，使电动机刚启动时不致直接接成 D 连接启动运行。

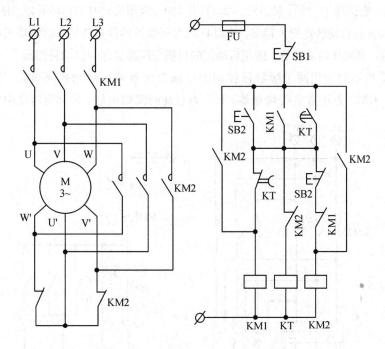

图 7-16　Y-D 减压启动控制电路二

3. 自耦变压器减压启动控制电路

自耦变压器一次侧电压、电流和二次侧电压、电流关系为

$$\frac{U_1}{U_2} = \frac{I_2}{I_1} = k \tag{7-4}$$

式中：k 为自耦变压器的变比。

当电动机定子绕组经自耦变压器减压启动时，加在电动机端的相电压为 $\frac{1}{k}U_1$，此时电动机定子绕组内的启动电流为全压时的 $1/k$，即

$$I_{ST2} = \frac{1}{k}I_{ST} \tag{7-5}$$

式中：I_{ST2} 为电动机电压为 U_2 时减压启动电流，即自耦变压器二次侧电流；I_{ST} 为电动机全压启动时启动电流。

又因为电动机接在自耦变压器二次侧，一次侧接电网，因此电动机从电网吸取的电流为

$$I_{ST1} = \frac{I_{ST2}}{K} = \frac{1}{k^2}I_{ST} \qquad\qquad (7-6)$$

式中：I_{ST1} 为电动机电压为 U_2 时电网上流过的启动电流，即自耦变压器一次侧电流。

由此可知，利用自耦变压器启动和直接启动相比，电网所供给的启动电流减小到 $1/k^2$。

启动转矩正比于电压的平方，定子每相绕组上的电压降低到直接启动的 $1/k$，启动转矩也将降低为直接启动的 $1/k^2$。自耦变压器二次绕组有电源电压的 65%、73%、85%、100% 等抽头，因此，能获得 42.3%、53.3%、72.3% 及 100% 全压启动时的启动转矩。显然比 Y - D 减压启动时的 33% 的启动转矩要大得多。所以自耦变压器虽然价格较贵，但仍是三相笼型异步电动机最常用的一种减压启动装置。减压启动用的自耦变压器又称为启动补偿器。

图 7 - 17 所示的为用两个接触器控制的自耦变压器减压启动控制电路。图中 KM1 为减压接触器，KM2 为正常运行接触器，KT 为启动时间继电器，KA 为启动中间继电器。

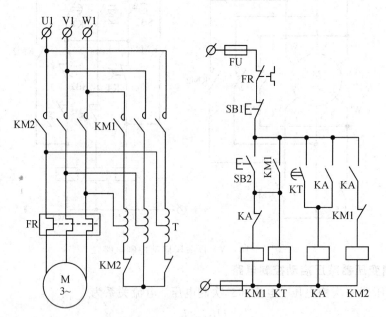

图 7 - 17　两个接触器控制的自耦变压器减压启动控制电路

其电路工作情况如下：

合上电源开关，按下启动按钮 SB2，KM1 通电并自锁，将自耦变压器 T 接入，电动机定子绕组经自耦变压器供电作减压启动，同时 KT 通电，经延时，KA 通电 KM1 断电，KM2 通电，自耦变压器切除，电动机在全压下正常运行。该电路在电动机启动过程中会出现二次涌流冲击，仅适用于不频繁启动，电动机容量在 30 kW 以下的设备。

三、绕线转子异步电动机启动控制电路

由《电机与电力拖动》一书可知，三相绕线型异步电动机转子中绕有三相绕组，通过滑环可以串接外加电阻，从而减小启动电流和提高启动转矩，适用于要求启动转矩高及对调速要求高的场合。

按照绕线型异步电动机启动过程中转子串接装置的不同有串电阻启动与串频敏变阻器启动两种控制电路。

1. 转子绕组串电阻启动控制电路

1）按电流原则控制绕线型电动机转子串电阻启动控制电路

图 7-18 所示的为按电流原则控制绕线型电动机转子串电阻启动控制电路。图中 KM1～KM3 为短接电阻接触器，R_1～R_3 为转子电阻，KA$_1$～KA3 为电流继电器，KM4 为电源接触器，KA4 为中间继电器。

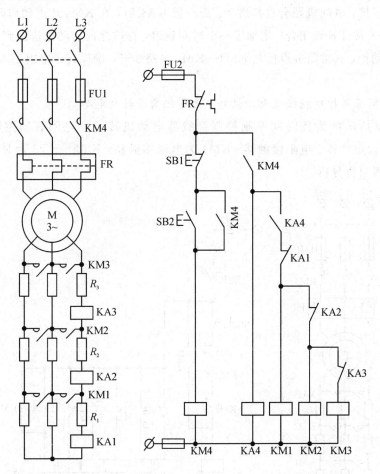

图 7-18 按电流原则控制绕线型电动机转子串电阻启动控制电路

其电路工作情况如下：

合上电源开关 Q，按下启动按钮 SB2，KM4 通电并自锁，电动机定子绕组接通三相电源，转子串入全部电阻启动，同时 KA4 通电，为 KM1～KM3 通电作准备。由于刚启动时电流很大，KA1～KA3 的吸合电流相同，故同时吸合动作，其常闭触点都断开，使 KM1～KM3 处于断电状态，转子电阻全部串入，以达到限制电流和提高转矩的目的。在启动过程中，随着电动机转速的升高，启动电流逐渐减小，而 KA1～KA3 释放电流调节得不同，其中 KA1 释放电流最大，KA2 次之，KA3 为最小，所以当启动电流减小到 KA1 释放电流整定值时，KA1 首先释放，其常闭触点返回闭合，KM1 通电，短接一段转子电阻 R_1，由于电阻被短接，转子电流增加，启动转矩增大，致使转速又加速上升，转速的上升又使电流下降，当电流降低到 KA2 释放电流时，KA2 常闭触点返回，使 KM2 通电，短接第二段转子电阻 R_2，如此继续，直至转子电阻全部短接，电动机启动过程结束。

为保证电动机转子串入全部电阻启动，设置了中间继电器 KA4。若无 KA4，当启动电流由零上升在尚未到达吸合值时，KA1～KA3 未吸合，将使 KM1～KM3 同时通电，将转子电阻全部短接，电动机则会直接启动。而设置 KA4 后，在 KM4 通电动作后才使 KA4 通电，再使 KA4 常开触点闭合，增加了一个时间延迟，在这之前启动电流已到达电流继电器吸合值并已动作，其常闭触点已将 KM1～KM3 电路断开，确保转子电阻串入，避免电动机的直接启动。

2）按时间原则控制绕线型电动机转子串电阻启动控制电路

图 7-19 所示的为按时间原则控制绕线型电动机转子串电阻启动控制电路。图中 KM1～KM3 为短接转子电阻接触器，KM4 为电源接触器，KT1～KT3 为时间继电器。其工作过程读者自行分析。

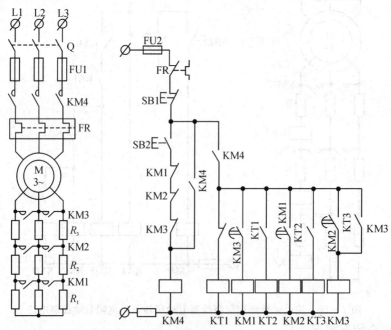

图 7-19　按时间原则控制绕线型电动机转子串电阻启动控制电路

2. 转子绕组串频敏变阻器启动控制电路

绕线型异步电动机转子串接电阻启动，需要使用的电器元件较多，控制电路复杂，启动电阻体积较大，在启动过程中逐渐切除电阻，电流与转矩将突然加大，产生一定的机械冲击。为获得较理想的启动机械特性，可采用频敏变阻器进行启动控制。

1）频敏变阻器

频敏变阻器是一种静止的、无触点的电磁元件，其电阻值随频率变化而改变。它是几块 30～50 mm 厚的铸铁板或钢板叠成的三柱式铁芯，在欠铁芯上分别装有线圈，三个线圈连接成星形，并与电动机转子绕组相接。

电动机启动时，频敏变阻器通过转子电路获得交变电动势，绕组中的交变电流在铁芯中产生交变磁通，呈现出电抗 X。由于变阻器铁芯是用较厚钢板制成，交变磁通在铁芯中产生很大的涡流损耗和少量的磁滞损耗。涡流损耗在变阻器电路中相当于一个等值电阻 R。由于电抗 X 与电阻 R 都是由交变磁通产生的，其大小又都随转子频率的变化而变化。因此，在电动机启动过程中，随着转子频率的改变，涡流的集肤效应的强弱也在改变。转速低时频率高，涡流截面小，电阻就大。随着电动机转速升高，频率降低，涡流截面自动增大，电阻减小。同时频率的变化又引起电抗的变化。

理论分析与实践证明，频敏变阻器铁芯等值电阻与电抗均近似与转差率的平方根成正比。所以，绕线型异步电动机串接频敏变阻器启动时，随着启动过程转子频率的降低，其阻抗值自动减小，实现了平滑无级的启动。图 7-20 所示的为频敏变阻器等效电路及其与电动机的连接。

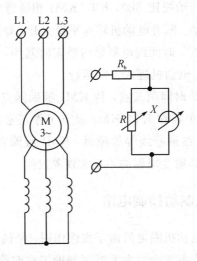

图 7-20　频敏变阻器等效电路及其与电动机的连接

2）转子串频敏变阻器启动控制电路

图 7-21 所示的为电动机单方向旋转，转子串接频敏变阻器自动短接的控制电路。图中 KM1 为电源接触器，KM2 为短接频敏变阻器接触器，KT 为启动时间继电器。

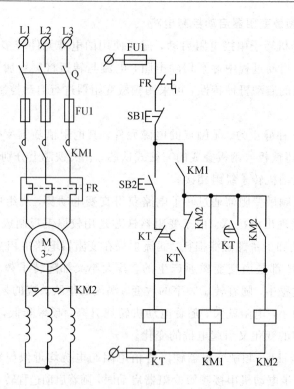

图 7 - 21　电动机转子串频敏变阻器自动短接的控制电路

电路工作情况如下：

合上电源开关 Q，按下启动按钮 SB2，KT、KM1 相继通电并自锁，电动机定子接通电源，转子接入频敏变阻器启动。随着电动机转速平稳上升，频敏变阻器阻抗逐渐自动下降，当转速上升到接近额定转速时，时间继电器延时整定时间到，其延时触点动作，KM2 通电并自锁，将频敏变阻器短接，电动机进入正常运行。

该电路操作时，按下 SB2 时间稍长点，待 KM1 辅助触点闭合后才可松开。KM1 为电源接通接触器，KM1 线圈通电需在 KT、KM2 触点工作正常条件下进行，若发生 KM2 触点粘连、KT 触点粘连及 KT 线圈断线等故障时，KM1 线圈将无法通电，从而避免了电动机直接启动和转子长期串接频敏变阻器的不正常现象发生。

四、三相异步电动机电气制动控制电路

在生产过程，有些设备电动机断电后由于惯性作用，停机时间拖得太长，影响生产率，并造成停机位置不准确，工作不安全。为了缩短辅助工作时间，提高生产效率和获得准确的停机位置，必须对拖动电动机采取有效的制动措施。

停机制动有两种类型：一是电磁铁操纵机械进行制动的电磁机械制动；二是电气制动，使电动机产生一个与转子原来的转动方向相反的转矩来进行制动。常用的电气制动有反接制动和能耗制动。

1. 反接制动控制电路

异步电动机反接制动是改变三相异步电动机电源的相序进行反接制动的。反接制动时，当电动机转速降至零时，电动机仍有反向转矩，因此应在接近零速时切断三相电源，以免引起电动机反向启动。

图 7-22 为单向反接制动控制电路。图中 KM1 为单向旋转接触器，KM2 为反接制动接触器，KV 为速度继电器，R 为反接制动电阻。

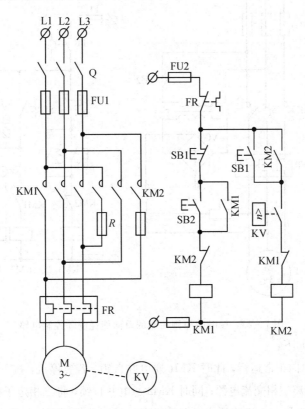

图 7-22 单向反接制动控制电路

电路工作情况如下：

电动机正常运转时，KM1 通电吸合，KV 的一对常开触点闭合，为反接制动做好准备。当按下停止按钮 SB1 时 KM1 断电，电动机定子绕组脱离三相电源，但电动机因惯性仍以很高速度旋转，KV 原闭合的常开触点仍保持闭合，当将 SB1 按到底，使 SB1 常开触点闭合，KM2 通电并自锁，电动机定子串接二相电阻接上反序电源，电动机进入反制动状态。电动机转速迅速下降，当电动机转速接近 100 r/min 时，KV 常开触点复位，KM2 断电，电动机及时脱离电源，随后自然停车至零。

2. 能耗制动控制电路

能耗制动是电脱离三相交流电源后，给定子绕组加一直流电源，以产生静止磁场，起阻止旋转的作用，达到制动的目的。能耗制动比反接制动所消耗的能量小，其制动电流比反接制动时要小得多。

1）按时间原则控制的单向运行能耗制动控制电路

图 7-23 为按时间原则进行能耗制动的控制电路。图中 KM1 为单向运行接触器，KM2 为能耗制动接触器，KT 为时间继电器，T 为整流变压器，VC 为桥式整流电路。

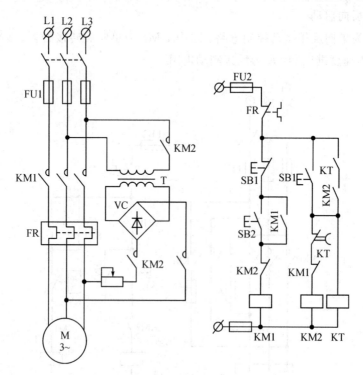

图 7-23　按时间原则控制的单向能耗制动控制电路

电路工作情况如下：

设电动机现已单向正常运行，此时 KM1 通电并自锁。若要停机，按下停止按钮 SB1，KM1 断电，电动机定子脱离三相交流电源；同时 KM2 通电并自锁，将二相定子接入直流电源进行能耗制动，在 KM2 通电同时 KT 也通电。电动机在能耗制动作用下转速迅速下降，当接近零时，KT 延时时间到，其延时触点动作，使 KM2、KT 相继断电，制动过程结束。

该电路中，将 KT 常开瞬动点与 KM2 自锁触点串接，是考虑时间继电器断线或机械卡住至使触点不能动作时，不至于使 KM2 长期通电，造成电动机定子长期通入直流电源。

2）按速度原则控制的可逆运行能耗制动控制电路

图 7-24 为按速度原则控制的可逆运转能耗制动控制电路。图中 KM1、KM2 为正反转接触器，KM3 为制动接触器。

电路工作情况如下：

合上电源开关 Q，根据需要可按下正转或反转启动按钮 SB2 或 SB3，相应接触器 KM1 或 KM2 通电并自锁，电动机正常运转。此时速度继电器相应触点 KV1 或 KV2 闭合，为停车时接通 KM3 做好准备，从而可靠实现能耗制动。

停车时，按下停止按钮 SB1，电动机定子绕组脱离三相交流电源，同时 KM3 通电，电动机定子接入直流电源进入能耗制动，转速迅速下降，当转速降至 100 r/min 时，速度继电器 KV1 或 KV2 触点断开，此时 KM3 断电，能耗制动结束，电动机自然停车。

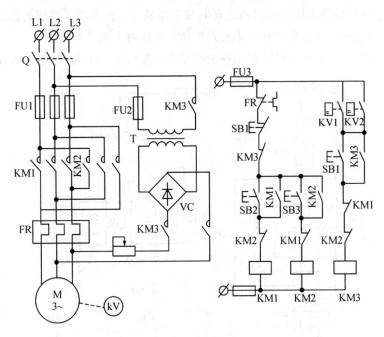

图 7 - 24　按速度原则控制的可逆运转能耗制动控制电路

思 考 与 练 习

（1）什么是失压、欠压保护？利用哪些电器电路可以实现失压、欠压保护？

（2）分析图 7 - 25 中各控制电路，并按正常操作时出现的问题加以改进。

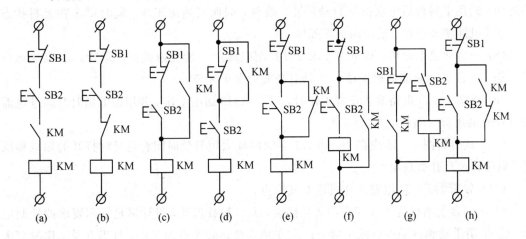

图 7 - 25　题（2）用图

（3）点动控制电路有何特点？试用按钮、开关、中间继电器、接触器等电器，分别设计出能实现连续运转和点动工作的电路。

(4) 试设计可从两处操作的对一台电动机实现连续运转和点动工作的电路。

(5) 在图 7-8(c)所示的电动机可逆运转控制电路中，已采用了按钮的机械互锁，为什么还要采用电气互锁？当出现两种互锁触点接错，电路将出现什么现象。

(6) 分析图 7-26 中电动机具有几种工作状态？各按钮、开关、触点的作用是什么？

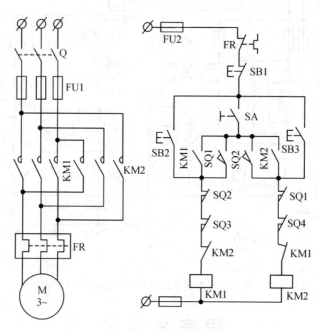

图 7-26 题(6)用图

(7) 试设计一个送料装置的控制电路。当料斗内有料时，信号发出，电动机拖动料斗前进，到达下料台，电动机自动停止，进行卸料。当卸料完毕再发出信号，电动机反转拖动料斗退回，到达上料台后电动机又自动停止、装料，周而复始地工作。同时要求在无料状态下，电动机能实现点动、正反向试车工作。

(8) 一台双速电动机，按下列要求设计控制电路：① 能低速或高速运行；② 高速运行时，先低速启动；③ 能低速点动；④ 具有必要的保护环节。

(9) 将图 7-13 电路改为正常工作时，只有 KM2 通电工作，并用断电延时时间继电器来替代通电延时时间继电器。

(10) 试分析图 7-15 电路中，当 KT 延时时间太短及延时闭合与延时打开的触点接反后，电路将出现什么现象？

(11) 分析图 7-27 电路工作过程及其特点。

(12) 一台电动机为 Y/D 660/380V 接法，允许轻载启动，设计满足下列要求的控制电路：① 采用手动和自动控制减压启动；② 实现连续运转和点动工作，且当点动工作时要求处于减压状态工作；③ 具有必要的联锁和保护环节。

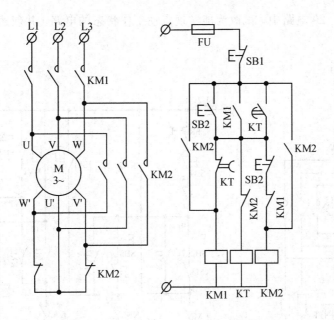

图 7 - 27　题(11)用 Y - D 减压启动控制电路

(13) 分析图 7 - 19 电路：① 电动机启动的电路工作过程；② KM1、KM2、KM3 常闭触点串接在 KM4 线圈回路中的作用；③ KM3 常闭触点串接在 KT1 线圈回路中的作用；④ KM4 常开触点的联锁作用，⑤ 应如何整定 KT1、KT2、KT3 的动作时间？为什么？

(14) 分析图 7 - 28 控制电路的工作情况，中间继电器 KA 在电路中有何作用？

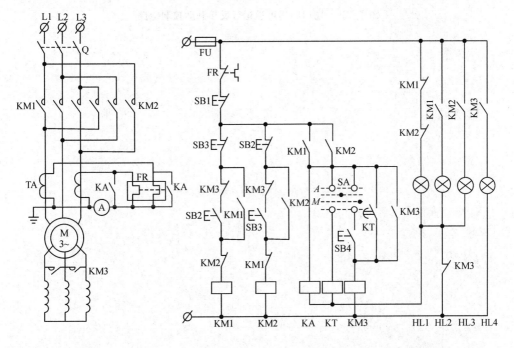

图 7 - 28　题(14)用电动机正反转，转子串接频敏变阻器启动控制电路

（15）在图 7-29 电路中，试改为能实现点动工作状态的电路，并叙述点动工作时电路的工作过程。

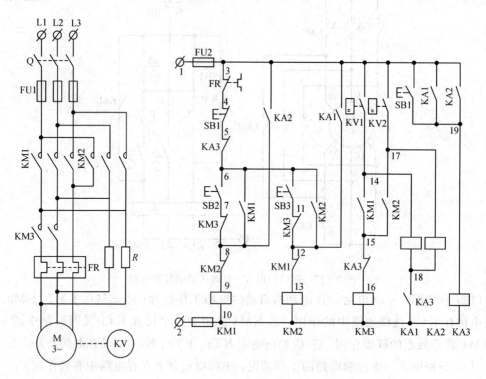

图 7-29　题(15)用可逆运行反接制动控制电路

第二篇

PLC 及电机控制应用

模块八　PLC 概述

任务一　PLC 入门

 任务描述

随着计算机、数字通信技术的飞速发展，计算机控制已扩展到了几乎所有的工业领域。现代社会要求制造业对市场需求作出迅速的反应。为了满足这一要求，生产设备和自动生产线的控制系统必须具有极高的可靠性和灵活性。PLC 正是顺应这一要求出现的，现已成为工业自动化领域被广泛应用的一种工业控制装置。

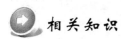 **任务分析**

PLC 是英文 Programmable Logic Controller 的缩写，称为可编程控制器，它是从早期的继电器逻辑控制系统发展而来的。PLC 之所以得以快速发展和壮大，在于它更加适合工业环境和市场的要求，具有可靠性高、抗干扰性强、性价比高等特点，现已成为自动化工程的核心设备，其使用量高居首位。

相关知识

一、PLC 的产生

自 1836 年继电器问世以来，人们就开始用导线将它同开关器件巧妙地连接，构成用途各异的逻辑控制或顺序控制。在 PLC 问世之前，工业控制领域是以继电器控制占主导地位的。

1968 年，美国通用汽车公司(GM)为了适应汽车型号的不断更新，生产工艺不断变化的需要，实现小批量、多品种生产，希望能生产一种新型工业控制器，它能做到尽可能减少重新设计和更换电器控制系统及接线，以降低成本，缩短周期。

PLC 的设计思想是吸取继电器和计算机两者的优点：虽然继电器控制系统体积大、可靠性低、接线复杂、不易更改、查找和排除故障困难，对生产工艺变化的适应性差，但简单易懂、价格便宜；虽然计算机编程困难，但它的功能强大、灵活(可编程)、通用性好；采用面向控制过程、面向问题的"自然语言"进行编程，可以使不熟悉计算机的人也能很快掌握使用。

1969年，由美国数字设备公司(DEC)根据美国通用汽车公司(GM)的要求研制成功世界上第一台PLC(PDP-14)，并在通用汽车公司自动装配线上试用成功。这种新型的工控装置，以其体积小、可变性好、可靠性高、使用寿命长、简单易懂、操作维护方便等一系列优点，很快就在美国的许多行业里得到推广应用，也受到了世界上许多国家的高度重视。

近年来，PLC的发展十分迅速，成为具备计算机功能的一种通用工业控制装置。它集三电(电控、电仪、电传)为一体，具有性能价格比高、高可靠性的特点，在工业自动化领域，例如冶金、电力、汽车电子、印刷包装、纺织、建材加工、空调和电梯等场合得到了广泛的应用，如图8-1所示。

图8-1　PLC的应用

二、PLC的定义

国际电工委员会(IEC)于1987年对PLC定义为："可编程控制器是一种数字运算操作的电子系统，专为在工业环境下应用而设计。它采用可编程序的存储器，用于其内部存储程序，执行逻辑运算、顺序控制、定时、计数和算术运算等面向用户的指令，并通过数字式和模拟式的输入和输出，控制各种类型的机械或生产过程。可编程控制器及其有关外围设备，都应按易于与工业系统联成一个整体，易于扩充其功能的原则设计"。

　　上述定义表明，PLC 是一种能直接应用于工业环境的数字电子装置，是以微处理器为基础，结合计算机技术、自动控制技术和通信技术，用面向控制过程、面向用户的"自然语言"编程的一种简单易懂、操作方便、可靠性高的新一代通用工业控制装置。

三、PLC 的特点

　　PLC 作为一种工业控制装置，在结构、性能、功能及编程手段等方面有独到的特点。

　　1. 性能特点——可靠性高，抗干扰能力强

　　PLC 是专为工业控制而设计的，在设计与制造过程中均采用了屏蔽、滤波、光电隔离等有效措施，并且采用模块式结构，有故障后可以迅速更换。PLC 的平均无故障时间可达 2 万小时以上。

　　2. 功能特点——功能完善，适应性(通用性)强

　　PLC 具有逻辑运算、定时、计数等很多功能，还能进行 D/A、A/D 转换，数据处理，通信联网。并且其运行速度很快，精度高。PLC 品种多，档次也多，许多 PLC 制成模块式，可灵活组合。

　　3. 编程特点——编程手段直观、简单，易于掌握

　　编程简单是 PLC 优于微机的一大特点。目前大多数 PLC 都采用与实际电路接线图非常相近的梯形图编程，这种编程语言形象直观，易于掌握。

　　4. 使用特点——使用方便，易于维护

　　PLC 体积小、质量轻、便于安装；其输入端子可直接与各种开关量和传感器连接，输出端子通常也可直接与各种继电器连接；其维护方便，有完善的自诊断功能和运行故障指示装置，可以迅速、方便地检查、判断出故障，缩短检修时间。

　　由上述内容可知，PLC 控制系统比传统的继电器控制系统具有许多优点，在许多方面可以取代继电器控制。

四、PLC 主要功能

　　1. 开关逻辑和顺序控制

　　这是 PLC 应用最广泛、最基本的场合。它的主要功能是完成开关逻辑运算和进行顺序逻辑控制，从而可以实现各种控制要求。

　　2. 模拟控制(A/D 和 D/A 控制)

　　在工业生产过程中，许多连续变化的需要进行控制的物理量，如温度、压力、流量、液位等，这些都属于模拟量。过去，PLC 长于逻辑运算控制，对于模拟量的控制主要靠仪表或分布式控制系统，目前大部分 PLC 产品都具备处理这类模拟量的功能，而且编程和使用方便。

　　3. 定时/计数控制

　　PLC 具有很强的定时、计数功能，它可以为用户提供数十个甚至上百个定时器与计数器。对于定时器，定时间隔可以由用户加以设定；对于计数器，如果需要对频率较高的信号进行计数，则可以选择高速计数器。

4. 步进控制

PLC 为用户提供了一定数量的移位寄存器，用移位寄存器可方便地完成步进控制功能。

5. 运动控制

在机械加工行业，可编程序控制器与计算机数控（CNC）集成在一起，用以完成机床的运动控制。

6. 数据处理

大部分 PLC 都具有不同程度的数据处理能力，它不仅能进行算术运算、数据传送，而且还能进行数据比较、数据转换、数据显示打印等操作，有些 PLC 还可以进行浮点运算和函数运算。

7. 通信联网

PLC 具有通信联网的功能，它使 PLC 与 PLC 之间、PLC 与上位计算机以及其他智能设备之间能够交换信息，形成一个统一的整体，实现分散集中控制。

五、PLC 的分类

PLC 产品种类繁多，其规格和性能也各不相同。对 PLC 的分类，通常根据其结构形式的不同、功能的差异和 I/O 点数的多少等进行大致分类。

1. 按结构形式分类

（1）整体式 PLC。整体式 PLC 将电源、CPU、I/O 接口等部件都集中装在一个机箱内，具有结构紧凑、体积小、价格低的特点。整体式 PLC 由不同 I/O 点数的基本单元（又称主机）和扩展单元组成。基本单元内有 CPU、I/O 接口、与 I/O 扩展单元相连的扩展口，以及与编程器或 EPROM 写入器相连的接口等。扩展单元内只有 I/O 和电源等，没有 CPU。基本单元和扩展单元之间一般用扁平电缆连接。整体式 PLC 一般还可配备特殊功能单元，如模拟量单元、位置控制单元等，使其功能得以扩展。小型 PLC 一般采用整体式结构，如图 8 - 2 所示。

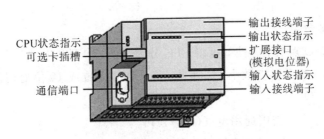

CPU状态指示　　　　　　　　输出接线端子
可选卡插槽　　　　　　　　　输出状态指示
　　　　　　　　　　　　　　扩展接口
　　　　　　　　　　　　　　(模拟电位器)
　　　　　　　　　　　　　　输入状态指示
通信端口　　　　　　　　　　输入接线端子

图 8 - 2　整体式 PLC 结构

（2）模块式 PLC。模块式 PLC 将 PLC 各组成部分分别制成若干个单独的模块，如 CPU 模块、I/O 模块、电源模块（有的含在 CPU 模块中）以及各种功能模块。模块式 PLC 由框架或基板和各种模块组成。模块装在框架或基板的插座上。这种模块式 PLC 的特点是配置灵活，可根据需要选配不同模块组成一个系统，而且其装配方便，便于扩展和维修。大、中型 PLC 一般采用模块式结构，如图 8-3 所示。

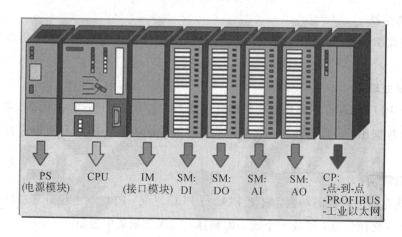

图 8-3　模块式 PLC 结构

2. 按功能分类

根据 PLC 所具有的功能不同，可将 PLC 分为低档、中档、高档三类。

（1）低档 PLC。其具有逻辑运算、定时、计数、移位以及自诊断、监控等基本功能，还可有少量模拟量输入/输出、算术运算、数据传送和比较、通信等功能。主要用于逻辑控制、顺序控制或少量模拟量控制的单机控制系统。

（2）中档 PLC。其除具有低档 PLC 的功能外，还具有较强的模拟量输入/输出、算术运算、数据传送和比较、数制转换、远程 I/O、子程序、通信联网等功能。有些还可增设中断控制、PID 控制等功能，适用于复杂控制系统。

（3）高档 PLC。其除具有中档机的功能外，还增加了带符号算术运算、矩阵运算、位逻辑运算、平方根运算及其他特殊功能函数的运算、制表及表格传送功能等。高档 PLC 机具有更强的通信联网功能，可用于大规模过程控制或构成分布式网络控制系统，实现工厂自动化。

3. 按 I/O 点数分类

根据 PLC 的 I/O 点数的多少，可将 PLC 分为小型、中型和大型三类。

（1）小型 PLC。其 I/O 点数小于 256 点，单 CPU，8 位或 16 位处理器，用户存储器容量在 4 K 字以下。

如：GE-I 型　　　美国通用电气（GE）公司

　　TI100　　　　美国德州仪器公司

　　F、F1、F2　　日本三菱电气公司

C20 C40　　　　　日本立石公司（欧姆龙）

S7 - 200　　　　　德国西门子公司

EX20 EX40　　　　日本东芝公司

SR - 20/21　　　　中外合资无锡华光电子工业有限公司

（2）中型 PLC。其 I/O 点数为 256～2048 点，双 CPU，用户存储器容量为 2～8 K 字。

如：S7 - 300　　　　　德国西门子公司

SR - 400　　　　中外合资无锡华光电子工业有限公司

SU - 5、SU - 6　　德国西门子公司

C - 500　　　　　日本立石公司

GE - Ⅲ　　　　　GE 公司

（3）大型 PLC。其 I/O 点数大于 2048 点，多 CPU，16 位、32 位处理器，用户存储器容量为 8～16K 字。

如：S7 - 400　　　　　德国西门子公司

GE - Ⅳ　　　　　GE 公司

C - 2000　　　　立石公司

K3　　　　　　日本三菱电气公司

任务二　　PLC 硬件认知

任务描述

　　PLC 是一门理论性和实践性都较强的主干专业课。PLC 编程的应用面广、功能强大、使用方便，在工业生产领域得到了广泛的使用。了解 PLC 的基本过程和原理，有利于初学者从整体上认识 PLC，为深入学习 PLC 的编程设计奠定基础。

任务分析

　　可编程控制器是一种工业控制计算机，它的工作原理是与计算机工作原理基本一致。本任务以西门子 S7 - 200PLC 为对象，进行可编程控制器的硬件基础知识介绍。

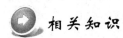相关知识

一、PLC 的基本结构

　　PLC 的基本结构主要由中央处理器模块、存储器模块、输入输出模块和电源等几部分构成，如图 8 - 4 所示。

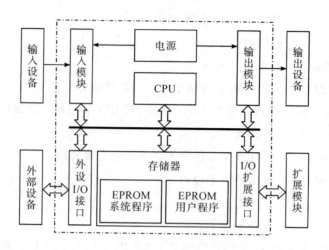

图 8 - 4　PLC 的基本结构

1. 中央处理器(CPU)

CPU 是 PLC 的核心部件,主要用来运行用户程序、监控输入/输出接口状态以及进行逻辑判断和数据处理。CPU 用扫描的方式读取输入装置的状态或数据,从内存逐条读取用户程序,通过解释后按指令的规定产生控制信号,然后分时、分渠道地执行数据的存取、传送、比较和变换等处理过程,完成用户程序所设计的逻辑或算术运算任务,并根据运算结果控制输出设备响应外部设备的请求以及进行各种内部诊断。

2. 存储器

可编程控制器的存储器主要包括系统程序存储器和用户存储器两部分。

(1) 系统程序存储器:用以存放系统工作程序(监控程序)、模块化应用功能子程序、命令解释功能子程序的调用管理程序,以及对应定义(I/O、内部继电器、计时器、计数器、移位寄存器等存储系统)参数等。系统程序直接关系到 PLC 的性能,不能由用户直接存取。

(2) 用户存储器:用以存放用户程序即存放通过编程器输入的用户程序,以字(16 位/字)为单位表示其存储容量。通常 PLC 产品资料中所指的存储器形式或存储方式及容量,针对的是用户程序存储器。

3. 电源

PLC 的电源是指为 CPU、存储器和 I/O 接口等内部电子电路工作所配备的直流开关电源。PLC 通常有 220 V AC 电源型和 24 V DC 电源型两种。电源的直流输出电压多为直流 5 V 和直流 24 V,直流 5 V 电源供 PLC 内部使用,直流 24 V 电源除供内部使用外,还可以供输入/输出单元和各种传感器使用。

4. 输入/输出接口单元

输入(Input)和输出(Output)接口单元,是 PLC 与现场 I/O 设备或其他外部设备之间的连接部件。PLC 通过输入接口把外部设备(如开关、按钮、传感器)的状态或信息读入 CPU,通过用户程序的运算与操作,把结果通过输出接口传递给执行机构(如电磁阀、继电器、接触器等)。

5. 扩展接口

扩展接口是 PLC 主机用于扩展输入/输出点数和类型的部件。这种扩展接口实际上为总线形式，可以配置开关量的 I/O 单元，也可配置模拟量和高速计数等特殊 I/O 单元及通信适配器等。

6. 外设 I/O 接口

外设 I/O 接口也叫通信接口，用于连接其他 PLC、编程器、文本显示器、触摸屏、变频器或打印机等外部设备，如图 8-5 所示。PLC 通过 PC/PPI 电缆或使用 MPI 卡通过 RS-485接口与计算机连接，可以实现编程、监控、联网等功能。

图 8-5　PLC 的外部设备

二、PLC 的工作过程

PLC 的工作过程主要可分为三个阶段，输入采样阶段、程序执行阶段和输出刷新阶段，如图 8-6 所示。

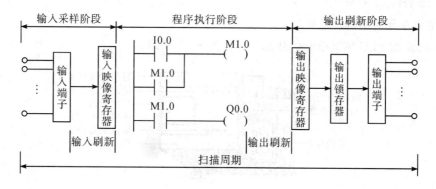

图 8-6　PLC 工作过程三阶段

1. 输入采样阶段

在这一阶段，PLC 以扫描工作方式按顺序对所有输入端的输入状态进行采样，并存入输入映像寄存器中。在本工作周期内，采样结果的内容都不会改变，而且采样结果将在 PLC 执行程序时被使用。当 PLC 进入程序执行阶段后输入端将被封锁，直到下一个扫描周期的输入采样阶段才对输入状态进行重新采样，即集中采样。

2. 程序执行阶段

在这一阶段，PLC 按顺序进行扫描，即从上到下、从左到右地扫描每条指令，并分别从输入映像寄存器和输出映像寄存器中获得所需的数据进行运算、处理，再将程序执行的结果写入输出映像寄存器中保存。在用户程序中如果对输出结果多次赋值，则最后一次有效。在一个扫描周期内，只在输出刷新阶段才将输出状态从输出映像寄存器中输出，对输出接口进行刷新。在其他阶段，输出状态一直保存在输出映像寄存器中，这个结果在全部程序执行完毕之前不会送到输出端口上。

3. 输出刷新阶段

在所有用户程序执行完后，PLC 将输出映像寄存器中的内容送入输出锁存器中。通过一定方式输出，驱动外部负载，即集中输出。

PLC 输出对输入的响应滞后，即从 PLC 输入端的输入信号发生变化到 PLC 输出端对该输入变化做出反应需要一段时间，对一般的工业控制，这种滞后是允许的。

三、S7 - 200 系列 PLC 介绍

S7 - 200 系列 PLC 是整体式结构，其基本结构包括主机单元（又称基本单元）和编程器，是具有很高性价比的小型 PLC。S7 - 200 主机单元的 CPU 有 CPU21X 和 CPU22X 两代产品，CPU22X 是 S7 - 200 的第二代产品（包括 CPU221、CPU222、CPU224、CPU224XP、CPU226）。除了 CPU221 型以外的主机单元都可以进行系统扩展，如扩展数字量 I/O 扩展单元、模拟量 I/O 扩展单元、通信模板、网络设备和人机界面（Human Machine Interface，HMI）等。

1. 主机单元的结构及功能

CPU22X 型 PLC 主机单元的外部结构如图 8 - 7 所示。

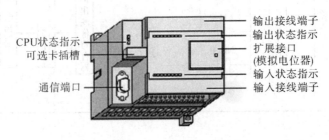

图 8 - 7　CPU22X 型 PLC 主机单元的外部结构

（1）输入接线端子：在 PLC 主机单元底部端子盖下是输入接线端子和为传感器提供的 24 V 直流电源，输入接线端子用于连接外部控制信号。

（2）输出接线端子：在顶部端子盖下是输出接线端子和 PLC 的工作电源，输出接线端子用于连接被控设备。

（3）CPU 状态指示：CPU 状态指示灯有 SF、STOP、RUN，共 3 个，其功能如表 8-1 所示。

表 8-1　CPU 状态指示灯的功能

名　　称			状 态 及 作 用
SF	系统故障	亮	严重的出错或硬件故障
STOP	停止状态	亮	不执行用户程序，可以通过编程装置向 PLC 装载程序或进行系统设置
RUN	运行状态	亮	执行用户程序

（4）输入状态指示：用于显示是否有控制信号（如按钮、行程开关、接近开关、光电开关等数字量信息）接入 PLC。

（5）输出状态指示：用于显示 PLC 是否有信号输出到执行设备（如接触器、电磁阀、指示灯等）。

（6）扩展接口：通过扁平电缆，可以连接数字量 I/O 扩展模块、模拟量 I/O 扩展模块、热电偶模块和通信模块等，如图 8-8 所示。

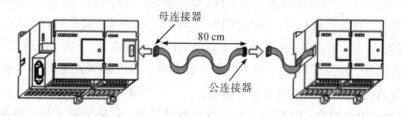

图 8-8　PLC 与扩展模块的连接

（7）通信端口：支持 PPI、MPI 通信协议，有自由口通信能力，用以连接编程器（手持式或 PC 机）、文本/图形显示器以及 PLC 网络等外部设备。个人计算机与 S7-200 系列 PLC 的连接如图 8-9 所示。

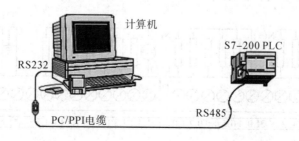

图 8-9　个人计算机与 S7-200 系列 PLC 的连接

(8) 扩展接口模拟电位器：用来改变特殊寄存器(SMB28、SMB29)中的数值，以改变程序运行时的参数，如定时器、计数器的预置值，过程量的控制参数等。

2. 输入/输出接线

输入/输出接口电路是 PLC 与被控对象间传递输入/输出信号的接口部件。各输入/输出点的通/断状态用发光二极管(LED)显示，外部接线一般接在 PLC 的接线端子上。

(1) 输入接线。CPU226 的主机共有 24 个输入点(I0.0～I0.7、I1.0～I1.7、I2.0～I2.7)和16 个输出点(Q0.0～Q0.7、Q1.0～Q1.7)。CPU226 的输入电路接线如图8-10所示。系统设置 1M 为输入端子 I0.0～I0.7、I1.0～I1.4 的公共端，2M 为 I1.5～I1.7、I2.0～I2.7 的公共端。

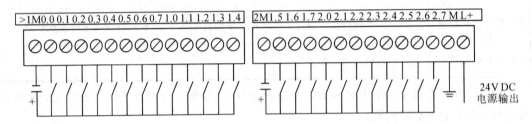

图 8-10　CPU 226 的输入电路接线图

(2) 输出接线。S7-200 系列 CPU 22X 主机的输入和输出有两种类型：一种是 CPU 22X AC/DC/继电器，AC 表示供电为交流输入电源 220 V，DC 表示输入端的电源电压为直流 24 V，提供 24 V 直流电源给外部元件(如传感器、开关)等，"继电器"表示输出为继电器输出(驱动交、直流负载)；另一种是 CPU 22X DC/DC/DC，其中第一个 DC 表示供电电源电压为直流 24 V，第二个 DC 表示输入端的电源电压为直流 24 V，提供 24 V 直流给外部元件(如传感器、开关等)，第三个 DC 表示输出端子的电源为直流 24 V，场效应晶体管输出(驱动直流负载)，用户可根据需要选用。

在继电器输出电路中，PLC 由 220 V 交流电源供电，负载采用了继电器驱动，所以既可以选用直流电源为负载供电，也可以采用交流电源为负载供电。在继电器输出电路中，数字量输出分为 3 组，每组的公共端为本组的电源供给端，Q0.0～Q0.3 共用 1L，Q0.4～Q0.7、Q1.0 共用 2L，Q1.1～Q1.7 共用 3L，各组之间可接入不同电压等级、不同电压性质的负载电源，如图 8-11 所示。

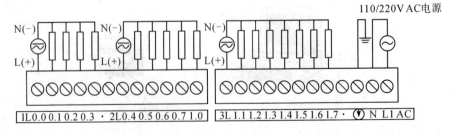

图 8-11　CPU226 的继电器输出电路接线图

在晶体管输出电路中，PLC 由 24V 直流电源供电，负载采用 MOSFET 功率驱动器件，所以只能用直流电源为负载供电。输出端将数字量分为两组，每组有一个公共端，共有 1L、2L 两个公共端，可接入不同电压等级的负载电源。接线图如图 8 - 12 所示。

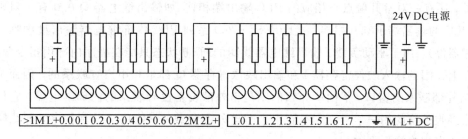

图 8 - 12　CPU226 的晶体管输出电路接线图

【例】　有一台 S7 - 224 CPU，控制一只 24V DC 的电磁阀和一只 220V AC 电磁阀，输出端应如何接线？

　　解　因为两个电磁阀的线圈电压不同，而且有直流和交流两种电压，所以如果不经过转换，则只能用继电器输出的 CPU，而且两个电磁阀应分别接在两个组中。其接线如图 8 - 13 所示。

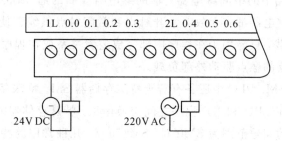

图 8 - 13　控制两个电磁阀的 PLC 接线图

3. S7 - 200 系列 PLC 的内存结构

　　PLC 的内存分为程序存储区和数据存储区两大部分。程序存储区用于存放用户程序，由机器自动按顺序存储程序。用户不必为哪条程序存放在哪个地址而费心。数据存储区用于存放输入/输出状态及各种各样的中间运行结果，是用户实现各种控制任务所必须了如指掌的内部资源。

　　S7 - 200 系列 PLC 具有 7 个字节存储器，它们分别是输入映像寄存器 I、输出映像寄存器 Q、变量存储器 V、内部位存储器 M、特殊存储器 SM、顺序控制状态寄存器 S 和局部变量存储器 L；具有 4 个字存储器，它们分别是定时器 T、计数器 C、模拟量输入寄存器 AI 和模拟量输出寄存器 AQ；具有 2 个双字存储器，它们分别是累加器 AC 和高速计数器 HC。

　　(1) 输入映像寄存器 I。输入映像寄存器 I 是 PLC 用来接收用户设备发来的控制信号的接口，工程技术人员常将其称为输入继电器。每一个输入继电器线圈都与相应的 PLC 输入端相连(如 I0.0 的线圈与 PLC 的输入端子 0.0 相连)，当控制信号接通时，输入继电器线圈得电，对应的输入映像寄存器 I 的 I0.0 位为"1"态；当控制信号断开时，输入继电器的线圈失电，对应输入映像寄存器 I 的 I0.0 位为"0"态。输入接线端子可以接常开触点或常闭触点，也可以接多个触点的串并联。

（2）输出映像寄存器 Q。输出映像寄存器 Q 是 PLC 用来将输出信号传送到负载的接口，常称为输出继电器，每一个输出继电器都有无数对常开和常闭触点供编程时使用。除此之外，还有一对常开触点与相应的 PLC 输出端相连（如输出继电器 Q 0.0 有一对常开触点与 PLC 的输出端子 0.0 相连，这也是 S7 - 200 系列 PLC 内部继电器输出型中唯一可见的物理器件），用于驱动负载。输出继电器线圈的通/断状态只能在程序内部用指令驱动。

以上介绍的输入映像寄存器 I 和输出映像寄存器 Q 都是和用户有联系的，因而又称为PLC 与外部联系的窗口。下面所介绍的则是与外部设备没有联系的内部继电器，它们既不能用来接收外部的用户信号，也不能用来驱动外部负载，只能用于编制程序，即线圈和触点都只能出现在梯形图中。

（3）变量存储器 V。变量存储器 V 主要用于模拟量控制、数据运算、设置参数等，而且既可以用来存放程序执行过程中控制逻辑的中间结果，也可以用来保存与工序或任务有关的其他数据。

（4）内部位存储器 M。PLC 中备有许多内部位存储器 M，常称为辅助继电器。其作用相当于继电器控制电路中的中间继电器。辅助继电器线圈的通/断状态只能在程序内部用指令驱动，每个辅助继电器都有无数对常开触点和常闭触点供编程使用；但这些触点不能直接输出驱动外部负载，只能用于在程序内部完成逻辑关系或在程序中驱动输出继电器的线圈，再用输出继电器的触点驱动外部负载。

（5）特殊存储器 SM。PLC 中还备有若干特殊存储器 SM。特殊存储器位提供大量的状态和控制功能，用来在 CPU 和用户程序之间交换信息。特殊存储器能用位、字节、字或双字来存取，其位存取的编号范围为 SM0.0～SM179.7。几种常用的特殊存储器的工作时序如图 8 - 14 所示。

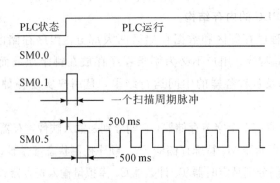

图 8 - 14　常用特殊存储器的工作时序

① SM0.0：此触点用于运行监视，它始终为"1"状态。当 PLC 在运行时可以利用其触点驱动输出继电器，在外部显示程序是否处于运行状态。

② SM0.1：此触点产生初始化脉冲。每当 PLC 的程序开始运行时，SM0.1 线圈接通一个扫描周期随即失电，因此 SM0.1 的触点常用于调用初始化程序等。

③ SM0.4、SM0.5：此触点产生时钟脉冲。当 PLC 处于运行状态时，SM0.4 产生周期

为 1 min 的时钟脉冲，SM0.5 产生周期为 1 s 的时钟脉冲。若将时钟脉冲信号送入计数器作为计数信号，可起到定时器的作用。

（6）顺序控制状态寄存器 S：顺序控制状态寄存器 S 是使用步进控制指令编程时的重要状态元件，通常与步进指令一起使用以实现顺序功能流程图的编程。

（7）局部变量存储器 L：S7 - 200 有 64 个字节的局部变量存储器 L，其中 60 个可以作为暂时存储器或用于给子程序传递参数。如果用梯形图或功能块图编程，STEP 7－Micro/WIN 保留这些局部存储器的后 4 个字节；如果用语句表编程，则可以寻址所有 64 个字节，但是不要使用局部变量存储器的最后 4 个字节。

（8）定时器 T：PLC 所提供的定时器 T 的作用相当于时间继电器，每个定时器可提供无数对常开和常闭触点供编程使用，其设定时间由程序赋予。

（9）计数器 C：计数器 C 用于累计其计数输入端接收到的由断开到接通的脉冲个数。计数器可提供无数对常开和常闭触点供编程使用，其设定值由程序赋予。

（10）模拟量输入寄存器 AI/输出寄存器 AQ：模拟量输入信号需经 A/D 转换后送入 PLC，而 CPU 的输出信号须经 D/A 转换后送出，即在 CPU 外为模拟量，在 CPU 内为数字量。在 CPU 内的数字量字长为 16 位，即两个字节，因此其地址均以偶数表示，如 AIW0，AIW2，…和 AQW0，AQW2，…。模拟量输入寄存器 AI 为只读存储器；模拟量输出寄存器 AQ 为只写存储器，用户不能读取模拟量输出。

（11）累加器 AC：累加器 AC 是用来暂存数据的寄存器，可以用来存放运算数据、中间数据和结果，是可以像存储器那样使用的读/写单元。

（12）高速计数器 HC：一般计数器的计数频率受扫描周期的影响，不能太高，而高速计数器 HC 可用来累计比 CPU 的扫描速度更快的事件。高速计数器的编号范围根据 CPU 的型号有所不同，如 CPU221/222 各有 4 个高速计数器，其编号为 HC0、HC3、HC4、HC5；CPU224/226 各有 6 个高速计数器，其编号为 HC0～HC5。

任务三　PLC 编程环境

任务描述

STEP 7 - Micro/WIN 是西门子公司专为 SIMATIC S7 - 200 系列 PLC 研制开发的编程软件，它是基于 Windows 的应用软件，其功能强大，主要用于开发程序，也可用于实时监控用户程序。

任务分析

STEP 7 - Micro/WIN 编程软件具有很强的编辑功能，熟练掌握编辑和修改用户程序的操作可以大大提高编程效率。

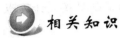相关知识

一、STEP 7 - Micro/WIN 编程软件认知

1. 软件使用语言的变更

在 Windows 桌面上点击 STEP7 - MicroWIN SP6 的图标可进入该系统，如图 8 - 15所示。

图 8 - 15　STEP7 - Micro/WIN 软件图标

系统默认的安装语言是英语，当系统安装成功后，可以通过修改参数设置，将软件的界面语言更换成中文，其操作步骤如下：

（1）打开软件，在"Tools"选项的下拉菜单中选择"Options"，如图 8 - 16 所示。

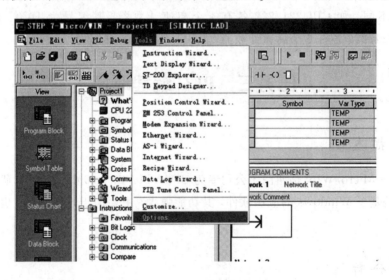

图 8 - 16　在"Tools"选项的下拉菜单中选择"Options"

（2）在打开的"Options"对话框中，先从左侧的树状选择框中选择"General"，然后在右

面对应的"Languages"选项卡中选择"Chinese",再点击【OK】按钮,如图 8 - 17 所示,完成界面语言的变更。

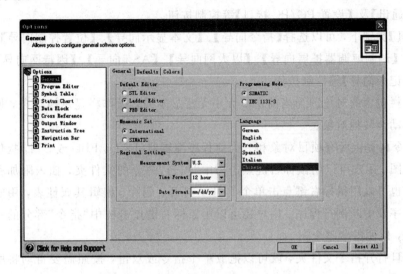

图 8 - 17　STEP7 软件语言变更界面

(3) 在弹出的对话框中,根据提示语言选择"保存现在项目"或者"不保存",编程界面自动关闭;再次打开编程画面,系统进入纯中文编程界面。

2. 软件界面

软件界面由操作栏、指令树、交叉引用、数据块、状态表、符号表、输出窗口、状态条、程序编程器窗口、局部变量表等组成。软件主界面如图 8 - 18 所示。

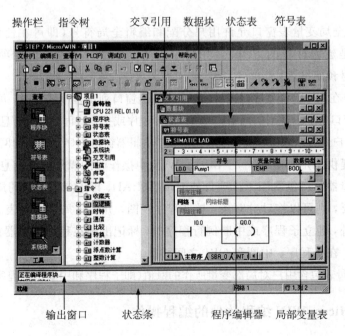

图 8 - 18　STEP7 软件主界面

(1) 操作栏包括"视图"和"工具"两个类别的按钮控制群组。

在"视图"类别下，可以选择【程序块】、【符号表】、【状态表】、【数据块】、【系统块】、【交叉引用】、【通讯】及【设置 PG/PC 接口】等控制按钮。

在【工具】类别下，可以选择【指令向导】、【文本显示向导】、【位置控制向导】、【EM 253 控制面板】、【调制解调器扩展向导】、【以太网向导】、【AS-i 向导】、【因特网向导】、【配方向导】及【数据记录向导】等控制按钮。

当操作栏包含的对象因为当前窗口大小无法显示时，操作栏显示滚动条，使用户能向上或向下移动至其他对象。

(2) 指令树提供所有项目对象和为当前程序编辑器(LAD、FBD 或 STL)提供的所有指令的树型视图。用户可以用鼠标右键点击树中"项目"部分的文件夹，插入附加程序组织单元(POU)；也可以用鼠标右键点击单个 POU，打开、删除、编辑其属性表，用密码保护或重命名子程序及中断例行程序。用户还可以用鼠标右键点击树中"指令"部分的一个文件夹或单个指令，以便隐藏整个树。

用户一旦打开指令文件夹，就可以拖放单个指令或双击，按照需要自动将所选指令插入程序编辑器窗口中的光标位置。用户可以将指令拖放在"偏好"文件夹中，排列经常使用的指令。

(3) 交叉参考允许用户检视程序的交叉参考和组件使用信息。

(4) 数据块允许用户显示和编辑数据块内容。

(5) 状态图窗口允许用户将程序输入、输出或将变量置入图表中，以便追踪其状态。用户可以建立多个状态图，以便从程序的不同部分检视组件，每个状态图在状态图窗口中有自己的标签。

(6) 符号表/全局变量表窗口允许用户分配和编辑全局符号(即可在任何 POU 中使用的符号值，不只是建立符号的 POU)。用户可以建立多个符号表，可在项目中增加一个 S7-200 系统符号预定义表。

(7) 输出窗口在用户编译程序时提供信息。当输出窗口列出程序错误时，可双击错误信息，会在程序编辑器窗口中显示适当的网络，当用户编译程序或指令库时，提供信息。当输出窗口列出程序错误时，用户还可以双击错误信息，会在程序编辑器窗口中显示适当的网络。

(8) 状态条提供用户在 STEP 7—Micro/WIN 中操作时的操作状态信息。

(9) 程序编辑器窗口包含用于该项目的编辑器(LAD、FBD 或 STL)的局部变量表和程序视图。如果需要，则可以拖动分割条，扩展程序视图，并覆盖局部变量表。当用户在主程序一节(OB1)之外，建立子程序或中断例行程序时，标记出现在程序编辑器窗口的底部。用户可点击该标记，在子程序、中断和 OB1 之间移动。

(10) 局部变量表包含用户对局部变量所作的赋值(即子程序和中断例行程序使用的变量)。

二、STEP 7-Micro/WIN 编程软件的编程操作

(1) 先重新打开编程软件，然后新建一个工程文件并保存，如图 8-19、图 8-20 所示。

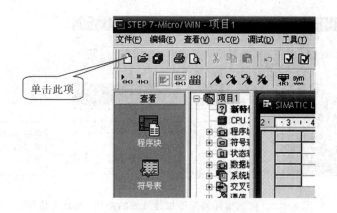

图 8-19　新建一个工程文件

图 8-20　保存刚才新建的工程文件

（2）依据所编制的 PLC 的 I/O 地址表建立一个符号表，如图 8-21 所示。并依据实际情况添加符号表的符号、地址等信息，如图 8-22 所示。

图 8-21　进入符号表编写模式

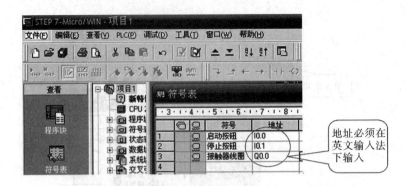

图 8-22　依据实际情况添加符号表的符号、地址等信息

（3）依据控制要求，编写梯形图程序，如图 8-23、图 8-24 所示。

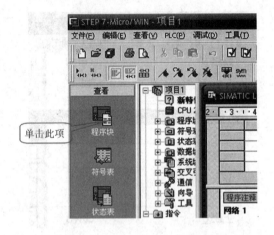

图 8-23　进入程序编写模式

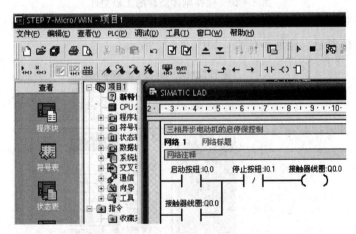

图 8-24　输入梯形图并添加必要注释

（4）编译并调试程序直到编译通过，如图 8-25、图 8-26 所示。

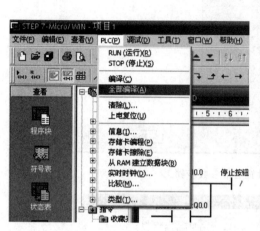

图 8-25　编译　　　　　　　　　　　图 8-26　显示编译结果

（5）设置通信参数，具体步骤如图 8-27、图 8-28、图 8-29 所示。

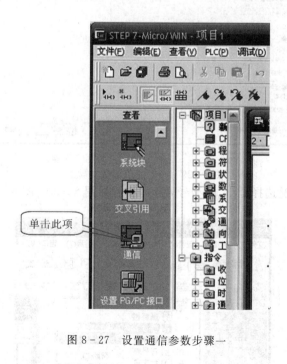

图 8-27　设置通信参数步骤一

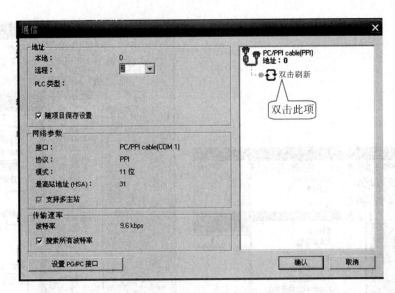

图 8 - 28　设置通信参数步骤二

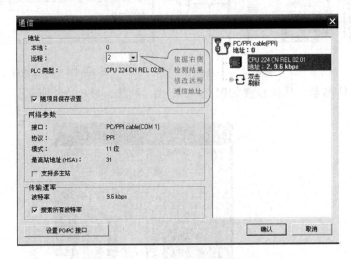

图 8 - 29　设置通信参数步骤三

(6) 依据实际情况选择 PLC 的型号,具体步骤如图 8 - 30、图 8 - 31 所示。

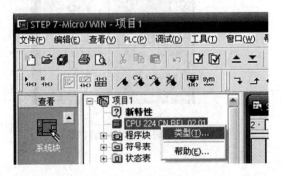

图 8 - 30　选择 PLC 类型步骤一

图 8-31　选择 PLC 类型步骤二

（7）把程序下载到 PLC 中，如图 8-32、图 8-33、图 8-34 及图 8-35 所示。

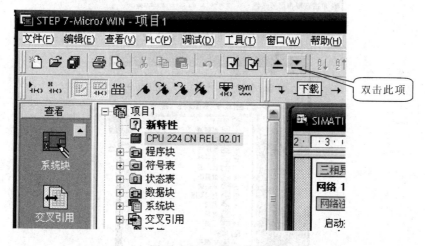

图 8-32　程序下载界面

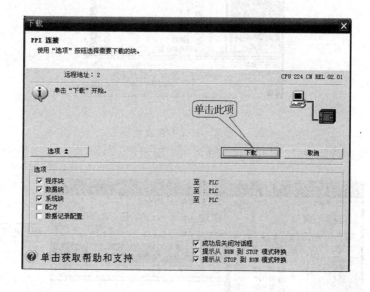

图 8-33　下载程序

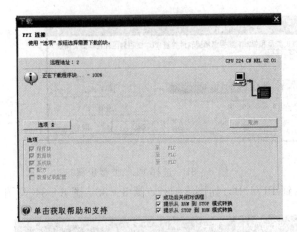

图 8-34 正在下载程序块

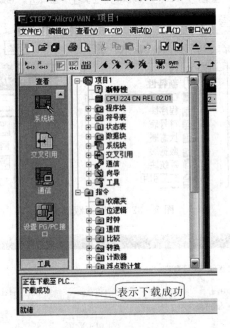

图 8-35 下载成功

（8）对程序进行监控，如图 8-36、图 8-37 所示。

图 8-36 进入程序状态监控模式

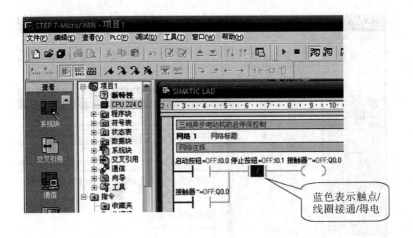

图 8 - 37　程序状态监控模式

（9）运行程序，如图 8 - 38、图 8 - 39 及图 8 - 40 所示。

图 8 - 38　运行程序

图 8 - 39　按下启动按钮

图 8 - 40　按下停止按钮

思 考 与 练 习

（1）什么是可编程序控制器？可编程序控制器主要有哪些特点？

（2）可编程控制器有哪几种分类方法？

（3）举例说明可编程序控制器的应用场合。

（4）PLC 的硬件是由哪几部分组成的？简述每部分的作用。

（5）可编程序控制器与继电接触器相比，有何优缺点？

（6）简述 PLC 的工作原理。

（7）S7 - 200 PLC 有哪些输出方式？各方式分别适应什么类型的负载？

（8）如何设置 STEP 7 - Micro/WIN 编程软件的语言环境？

（9）简述 STEP7 编程软件的编程操作步骤。

（10）STEP7 - Micro/WIN 编辑软件的触点、线圈、指令盒的快捷键各是什么？

（11）怎样将用户程序下载到 S7 - 200 的 PLC 中？

模块九　PLC 常用指令及应用

任务一　电动机简单启停控制

 任务描述

　　将 PLC 与电动机的启停控制结合在一起作为学习 PLC 应用技术的入门案例，是因为电动机是工业控制系统的主要控制对象，应用非常广泛，且电动机的控制过程比较简单，有利于初学者快速进行 PLC 编程入门，为深入学习程序设计奠定基础。

任务分析

　　本任务以被广泛应用的三相鼠笼式异步电动机为对象，主要介绍 PLC 基本编程语言、方法及典型应用。通过本任务的学习，学会利用 PLC 的编程语言实现电动机的点动、长动、正反转控制和顺序启停等典型控制任务设计。

 相关知识

一、PLC 梯形图编程语言

　　PLC 有多种程序设计语言，包括梯形图、语句表、功能块图、顺序功能流程图等。S7 - 200系列 PLC 使用的 STEP7 - Micro/WIN 编程软件，可使用梯形图、语句表、功能块图编程语言，本书主要介绍梯形图设计方法。

　　梯形图沿袭了继电器控制电路的形式，它是在电气控制系统中常用的继电器、接触器逻辑控制基础上简化了符号演变来的，具有形象、直观、实用等特点。LAD 梯图形指令有触点、线圈和指令盒三种基本形式。

1. 触点

　　触点代表输入条件如外部开关、按钮及内部条件等。触点有常开触点和常闭触点。用户程序中，常开触点、常闭触点可以使用无数次。当触点状态为"1"时，对应的常开触点闭合，常闭触点断开。常开触点和存储器位的状态一致，常闭触点对存储器的状态取反。

2. 线圈

线圈表示输出结果，即 CPU 对存储器赋值操作的结果。线圈左侧接点组成的逻辑运算结果为"1"时，"能流"可以达到线圈，使线圈得电动作，CPU 将线圈指定的存储器的位置为"1"；逻辑运算结果为"0"时，线圈不通电，存储器的位置"0"。PLC 采用循环扫描的工作方式，所以在用户程序中，每个线圈只能使用一次。

触点和线圈的基本符号如图 9-1 所示，图中问号代表需要指定的操作数的存储器的地址。CPU 运行扫描到触点符号时，将访问触点操作数指定的存储器位，并进行读操作。

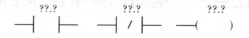

图 9-1　触点和线圈的基本符号

3. 指令盒

指令盒代表一些较复杂的功能，如定时器、计数器或数学运算指令等，定时器指令盒如图 9-2 所示。图中上边问号代表定时器号，PT 左侧问号代表设定值的多少，当"能流"通过指令块时，执行定时器指令块所代表的功能。

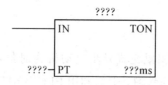

图 9-2　定时器指令盒

梯形图的设计应注意以下三点：

（1）梯形图按从左到右、从上到下的顺序排列。每一逻辑行起始于左母线，然后是触点的串、并连接，最后是线圈与右母线相联。

（2）梯形图中每个梯级流过的不是物理电流，而是"概念电流"，从左流向右，其两端没有电源。这个"概念电流"只是形象地描述用户程序执行中应满足线圈接通的条件。

（3）输入继电器仅接收外部输入信号，不能由 PLC 内部其他继电器的触点来驱动。因此，梯形图中只出现输入继电器的触点，而不出现其线圈。输出继电器输出程序执行结果给外部输出设备，当梯形图中的输出继电器线圈得电时，就有信号输出，但该信号不直接驱动输出设备，而要通过输出接口的继电器、晶体管或晶闸管才能实现。输出继电器的触点可供内部编程使用。

二、基本位逻辑指令

1. 逻辑取（装载指令）LD(Load)、LDN 及线圈驱动指令＝(Out)

逻辑取及线圈驱动指令格式及功能如表 9-1 所示。

表 9 - 1　逻辑取及线圈输出指令表

符号(名称)	功　能	电路表示	操 作 元 件
LD(取)	常开触点与起始母线的连接	——| |——	I、Q、V、M、SM、S、T、C、L
LDN(取反)	常闭触点与起始母线的连接	——| / |——	I、Q、V、M、SM、S、T、C、L
＝(输出)	输出驱动各类继电器的线圈	——( )——	Q、V、M、SM、S、T、C、L

（1）LD(Load)：取指令。

（2）LDN(Load Not)：取反指令。

（3）＝(Out)：线圈驱动指令，用于驱动各类继电器的线圈。

指令的使用方法如图 9 - 3 所示。

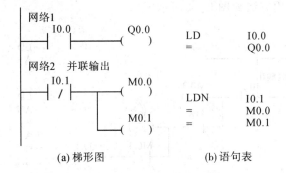

(a) 梯形图　　　　　　　(b) 语句表

图 9 - 3　逻辑取及线圈输出指令的使用方法

说明：

（1）LD 装载指令：每一个以常开触点开始的逻辑行（或电路块）均使用这一指令，可以用于 I、Q、V、M、SM、S、T、C、L。

（2）LDN 指令：每一个以常闭触点开始的逻辑行（或电路块）均使用这一指令，可以用于 I、Q、V、M、SM、S、T、C、L。

（3）LD 与 LDN 指令对应的触点一般与左侧母线相连，若与后述的 ALD、OLD 指令组合，则可用于串、并联电路块的起始触点。

（4）＝指令：是驱动线圈的输出指令，可以用于 Q、V、M、SM、S、T、C、L。

（5）线圈驱动指令可并行多次输出（即并行输出）。

（6）输入继电器 I 不能使用"＝"指令。

2. 触点串、并联指令(A(And)/AN(And Not)/O(Or)/ON(Or Not))

触点串、并联指令格式及功能如表 9 - 2 所示。

表 9 - 2　触点串、并联指令表

符号(名称)	功　能	电　路　表　示	操 作 元 件
A(与)	常开触点与前面的触点（或电路块）串联连接	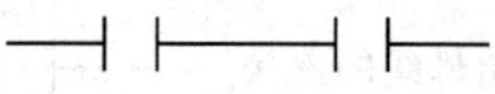	I、Q、V、M、SM、S、T、C、L
AN(与非)	常闭触点与前面的触点（或电路块）串联连接	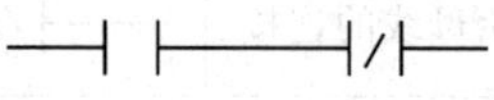	I、Q、V、M、SM、S、T、C、L
O(或)	常开触点与前面的触点（或电路块）串联连接	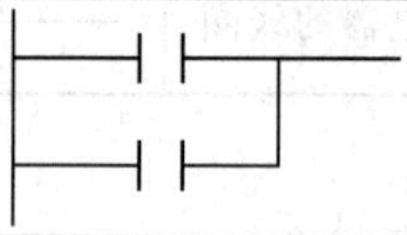	I、Q、V、M、SM、S、T、C、L
ON(或非)	常闭触点与前面的触点（或电路块）串联连接	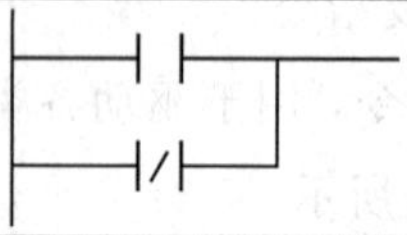	I、Q、V、M、SM、S、T、C、L

A、AN 指令的使用方法如图 9 - 4 所示。

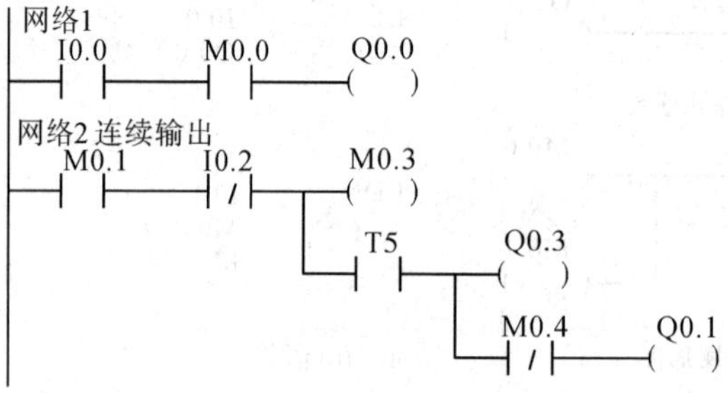

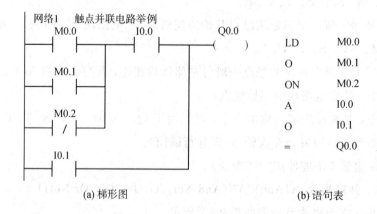

(a) 梯形图　　　　　　　　　　(b) 语句表

图 9 - 4　A. AN 指令的使用方法

O 指令和 ON 指令的使用方法如图 9 - 5 所示。

网络1　　触点并联电路举例

梯形图	语句表
M0.0　I0.0　Q0.0	LD　M0.0
M0.1	O　M0.1
M0.2	ON　M0.2
I0.1	A　I0.0
	O　I0.1
	= 　Q0.0

(a) 梯形图　　　　　　　　　　(b) 语句表

图 9 - 5　ON 指令的使用方法

说明：

（1）A 和 AN 指令用于单个触点与前面的触点（或电路块）的串联（此时不能用 LD、LDN 指令），串联触点的次数不限，即该指令可多次重复使用。

（2）O、ON 是用于将单个触点与上面的触点（或电路块）并联连接的指令。

（3）O 和 ON 指令引起的并联是从 O 和 ON 一直并联到前面最近的母线上，并联的数量不受限制。

3. 取反指令 NOT

取反触点将它左边电路的逻辑运算结果取反，运算结果若为"1"则变为"0"，为"0"则变为"1"，该指令没有操作数，其指令如表 9-3 所示。

表 9-3　取反指令表

符号（名称）	功　能	电　路　表　示	操　作　元　件
NOT（取反）	逻辑运算结果取反	┤├──┤NOT├──	无

NOT 指令的使用方法如图 9-6 所示。

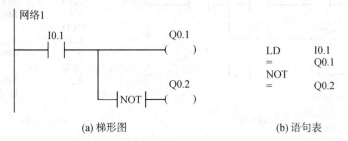

图 9-6　NOT 指令的使用方法

4. 电路块操作指令 ALD、OLD

ALD 和 OLD 指令用于电路块的操作，所以也把这两条指令称为块操作指令，其指令格式及功能如表 9-4 所示。

表 9-4　ALD/OLD 指令表

符　号（名称）	功　能	电　路　表　示	操　作　元　件
ALD（电路块与）	并联电路块的串联连接		无
OLD（电路块或）	串联电路块的并联连接		无

ALD 指令的使用方法如图 9-7 所示，OLD 指令的使用方法如图 9-8 所示。

说明：

（1）ALD 指令："并联电路块"开始端用 LD 或 LDN 指令（使用 LD 或 LDN 指令后生成一条新母线），完成并联电路组块后使用 ALD 指令将"并联电路块"与前面电路串联连接（使用 ALD 指令后新母线自动终结）；如果多个"并联电路块"以 ALD 指令与前面电路串联连接，则 ALD 的使用次数可以不受限制。

（2）OLD 指令：在支路起点用 LD 或 LDN 指令，在支路终点用 OLD 指令；如果将多个"串联电路块"并联连接，则并联连接的电路块的个数不受限制。

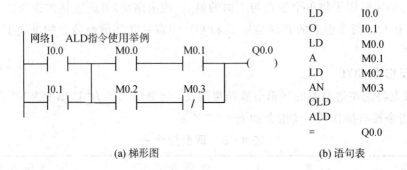

LD	I0.0
O	I0.1
LD	M0.0
A	M0.1
LD	M0.2
AN	M0.3
OLD	
ALD	
=	Q0.0

(a) 梯形图　　　　　　　　　　(b) 语句表

图 9-7　ALD 指令的使用方法

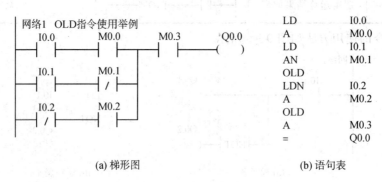

LD	I0.0
A	M0.0
LD	I0.1
AN	M0.1
OLD	
LDN	I0.2
A	M0.2
OLD	
A	M0.3
=	Q0.0

(a) 梯形图　　　　　　　　　　(b) 语句表

图 9-8　OLD 指令的使用方法

5．堆栈操作指令

S7-200 系列 PLC 采用模拟栈的结构，用于保存逻辑运算结果及断点的地址，称为逻辑堆栈（Stack）。S7-200CN 系列 PLC 使用一个 9 层堆栈来处理所有逻辑操作。堆栈是一组能够存储和取出数据的暂存单元，其特点是"先进后出"。每一次进行入栈操作，新值放入栈顶，栈底值丢失；每一次进行出栈操作，栈顶值出栈，第 2 级堆栈内容上升到栈顶，栈底自动生成随机数。堆栈指令格式及功能如表 9-5 所示。

表 9-5　堆栈指令表

符 号（名称）	功 能	电 路 表 示	操 作 元 件
逻辑入栈 (Logic Push, LPS)	把栈顶值复制后压入堆栈	LPS ─┤├──┤├──(Q0.1)	无
逻辑读栈 (Logic Read, LRD)	读取堆栈内容	LRD ────┤├──(Q0.2)	无
逻辑出栈 (Logic Pop, LPP)	把堆栈弹出一级	LPP ────┤├──(Q0.3)	无

堆栈操作指令用于处理线路的分支点。在编制控制程序时,经常遇到多个分支电路同时受一个或一组触点控制的情况,如图9-9(a)所示,若采用前述指令不容易编写程序,用堆栈操作指令则可方便地将图9-9(a)所示梯形图转换为语句表。

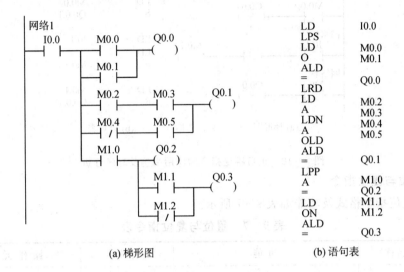

| (a)梯形图 | (b)语句表 |

图9-9 堆栈指令的使用方法

说明:

(1)逻辑堆栈指令可以嵌套使用,最多为9层。

(2)为保证程序地址指针不发生错误,入栈指令LPS和出栈指令LPP必须成对使用,最后一次读栈操作应使用出栈指令LPP。

(3)堆栈指令没有操作数。

6. 正负跳变指令

正/负跳变指令的助记符分别为EU(Edge Up,上升沿)和ED(Edge Down,下降沿),它们没有操作数,触点符号中间的"P"和"N"分别表示正跳变(Positive Transition)和负跳变(Negative Transition)。正跳变触点检测到一次正跳变(触点的输入信号由"0"变为"1",即上升沿脉冲)时,或负跳变触点检测到一次负跳变(触点的输入信号由"1"变为"0"即下降沿脉冲)时,触点接通一个扫描周期。EU/ED指令格式及功能如表9-6所示,其应用举例及时序分析如图9-10所示。

表9-6 正负跳变输出指令表

符号(名称)	功　能	电路表示	操作元件
EU(上升沿脉冲)	上升沿微分输出	─┤ P ├─	无
ED(下降沿脉冲)	下降沿微分输出	─┤ N ├─	无

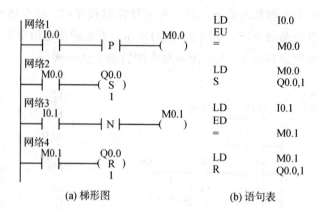

(a) 梯形图　　　　　　　(b) 语句表

图 9 - 10　正负跳变指令的应用举例及时序分析

7. 置位与复位指令

置位复位指令格式及功能如表 9 - 7 所示。

表 9 - 7　置位与复位指令表

符号(名称)	功　能	电路表示	操 作 元 件
S(Set,置位)	从 bit 或 OUT 指定的地址参数开始的 N 个点都被置位,并保持	Bit —(S) N	I、Q、M、SM、V、S、T、C、L
R(Reset,复位)	从 bit 或 OUT 指定的地址参数开始的 N 个点都被复位,并保持	Bit —(R) N	I、Q、M、SM、V、S、T、C、L

置位复位指令的使用方法如图 9 - 11 所示。

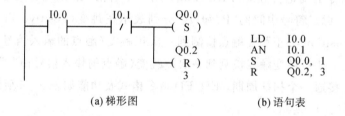

(a) 梯形图　　　　　　　(b) 语句表

图 9 - 11　置位复位指令的使用方法

说明:

(1) 对同一元件(同一寄存器的位)可以多次使用 S/R 指令(与"＝"指令不同)。

(2) 由于是扫描工作方式,当置位、复位指令同时有效时,写在后面的指令具有优先权。

(3) 操作数 N 为:VB、IB、QB、MB、SMB、SB、LB、AC、常量、* VD、* AC、* LD。取值范围为:0~255;数据类型为:字节。

(4) 操作数 S-bit 为:Q、M、SM、T、C、V、S、L。数据类型为布尔型。

（5）置位复位指令通常成对使用，也可以单独使用或与指令盒配合使用。

8. RS触发器指令

RS触发器具有置位与复位的双重功能。置位优先触发器SR是一个置位优先的锁存器，如果置位信号（S1）和复位信号（R）同时为真时，输出亦为真。复位优先触发器RS是一个复位优先的锁存器，如果置位信号（S）和复位信号（R1）同时为真时，输出为假。RS触发器指令格式及功能如表9-8所示，指令真值表如表9-9所示。

表9-8　RS触发器输出指令表

符号（名称）	功　　能	电路表示	操作元件
SR（置位优先触发器）	当置位信号（S1）为真时，输出为真	Bit S1 OUT SR R	Q, M, V, S
RS（复位优先触发器）	当复位信号（R1）为真时，输出为假	Bit S1 OUT RS R1	Q, M, V, S

表9-9　RS触发器指令真值表

指　令	S1	R	OUT（Bit）	指　令	S1	R	OUT（Bit）
置位优先指令（SR）	0	0	保持前一状态	复位优先指令（RS）	0	0	保持前一状态
	0	1	0		0	1	0
	1	0	1		1	0	1
	1	1	1		1	1	0

RS触发器应用举例如图9-12所示。

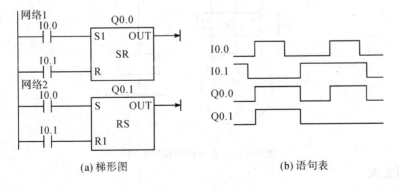

(a) 梯形图　　　　　　　(b) 语句表

图9-12　RS触发指令应用举例

9. 空操作指令

空操作指令只起增加程序容量的作用。当使能输入有效时，执行空操作指令，将稍微延长扫描周期长度，且不影响用户程序的执行，不会使能流断开。空操作指令格式如图 9 - 13 所示。

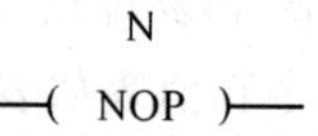

$$N$$
$$—(\ NOP \ )—$$

图 9 - 13　空操作指令格式

说明：

NOP 指令操作数 N＝0～255，为执行该操作指令的次数。

三、项目实施

项目一　单台电动机的点动控制

点动控制是指按下按钮，电动机得电运转；松开按钮，电动机失电停转。点动控制线路是用按钮、接触器来控制电动机运转的最简单的控制线路，应用比较广泛。例如，在市面上广为使用的自动卷帘门就是利用电机带动卷帘中心轴转动的，当按下启动按钮，卷帘门自动上升，松开按钮，卷帘门自动停止，其控制电路如图 9 - 14 所示。

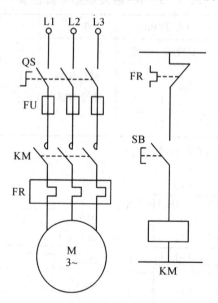

图 9 - 14　点动控制控制电路

1. 控制要求

接通电源开关 QS→按下启动按钮 SB →接触器线圈 KM 通电，开主触点闭合→电动机 M 接通。松开 SB →线圈 KM 断电→M 停止。

2. I/O 端口分配

根据控制要求，I/O 端口分配情况如表 9－10 所示。

表 9－10　点动控制 I/O 端口分配

输 入 信 号			输 出 信 号		
PLC 地址	电气符号	功能说明	PLC 地址	电气符号	功能说明
I0.0	SB	启动按钮，常开触点	Q0.0	KM	接触器线圈

3. 程序设计

点动控制梯形图如图 9－15 所示。

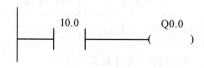

图 9－15　点动控制梯形图

项目二　单台电动机的连续控制

电动机单向连续运行的启动/停止控制是最基本、最常用的控制。

连续控制是典型的启保停电路，当按下启动按钮时，电动机启动，并依靠接触器自身的辅助触点来使其线圈保持通电，即使松开启动按钮电动机依旧保持运转；当按下停止按钮时，电动机停止运行。该控制方式采用热继电器 FR 对电动机 M 进行过载保护。连续控制电路如图 9－16 所示。

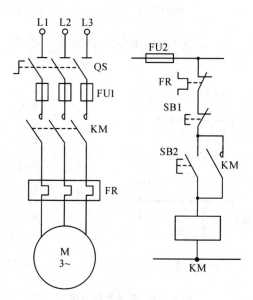

图 9－16　连续控制电路图

1. 控制要求

接通电源开关 QS→按下启动按钮 SB2→接触器 KM 吸合→接触器 KM 辅助常开触点闭合→电动机 M 运行→松开按钮 SB2→M 继续运行。

按下停止按钮 SB1→KM 线圈断电，接触器所有触点断开→M 停转。

2. I/O 端口分配

根据控制要求，I/O 端口分配情况如表 9 - 11 所示。

表 9 - 11　连续控制 I/O 端口分配

输 入 信 号			输 出 信 号		
PLC 地址	电气符号	功能说明	PLC 地址	电气符号	功能说明
I0.1	SB1	停止按钮，常闭触点	Q0.0	KM	接触器线圈
I0.0	SB2	启动按钮，常开触点			
I0.2	FR	热继电器，常闭触点			

3. 程序设计

连续控制梯形图程序如图 9 - 17 和图 9 - 18 所示。

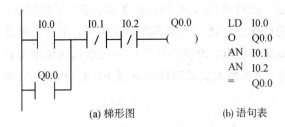

　　　　(a) 梯形图　　　　　　　　　(b) 语句表

图 9 - 17　连续控制方法一

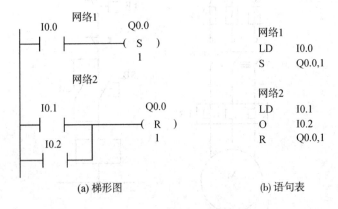

　　　　(a) 梯形图　　　　　　　　　(b) 语句表

图 9 - 18　连续控制方法二

项目三　单按钮控制两台电动机的依次顺序启动

1. 控制要求

（1）按下按钮 SB1，第一台电动机 M1 启动，松开按钮 SB1，第二台电动机 M2 启动，并要防止两台电机同时启动造成对电网的不良影响。

（2）按停止按钮 SB2 时，两台电机都停止。

一个按钮控制两台电动机的依次顺序启动的控制电路如图 9-19 所示。

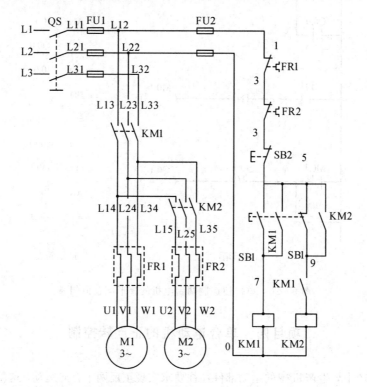

图 9-19　单按钮控制两台电动机顺序启动的控制电路

2. I/O 端口分配

根据控制要求，I/O 端口分配情况如表 9-12 所示。

表 9-12　单按钮控制两台电动机顺序启动 I/O 端口分配

输入信号			输出信号		
PLC 地址	电气符号	功能说明	PLC 地址	电气符号	功能说明
I0.0	SB1	启动按钮，常开触点	Q0.0	KM1	电机 M1 接触器线圈
I0.1	SB2	停止按钮，常开触点	Q0.1	KM2	电机 M2 接触器线圈

3. 程序设计

单按钮控制两台电机的梯形图及语句表如图 9-20 所示。

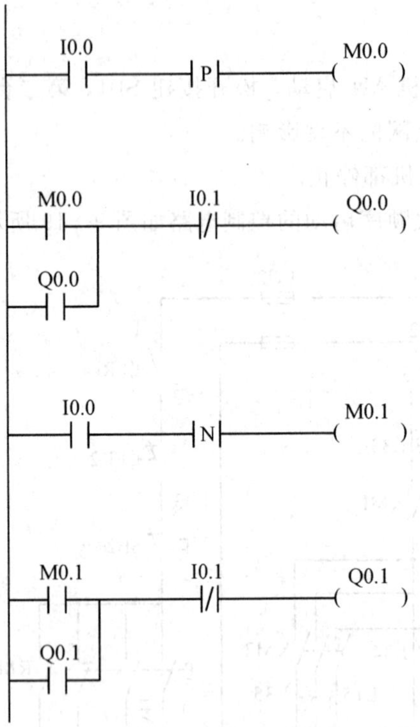

```
        I0.0              P        M0.0              LD    I0.0
        ┤├──────────────┤ ├───────( )              EU
                                                    =     M0.0

                                                    LD    M0.0
        M0.0        I0.1           Q0.0              O     Q0.0
        ┤├──────────┤/├──────────( )               AN    I0.1
        Q0.0                                         =     Q0.0
        ┤├
                                                    LD    I0.0
                                                    ED
        I0.0              N        M0.1              =     M0.1
        ┤├──────────────┤ ├───────( )
                                                    LD    M0.1
                                                    O     Q0.1
        M0.1        I0.1           Q0.1              AN    I0.1
        ┤├──────────┤/├──────────( )               =     Q0.1
        Q0.1
        ┤├
```

(a) 梯形图　　　　　　　　　　　　(b) 语句表

图 9-20　单按钮控制两台电机的梯形图及语句表

项目四　单台电动机的正反转控制

　　工农业生产中，生产机械的运动部件往往要求实现正反两个方向运动，这就要求拖动电动机能正反向旋转。例如，在铣床加工中工作台的左右、前后和上下运动，起重机的上升与下降等，这就要求电动机能实现正反转控制。从电动机的原理可知，改变电动机三相电源的相序即可改变电动机的旋转方向，而改变三相电源的相序只需任意调换电源的两根进线。

1. 控制要求

　　当按下正转启动按钮 SB1 时，电动机 M 正向启动且连续运转；当按下反转启动按钮 SB2 时，电动机 M 反向启动且连续运转，当按 SB3 停止按钮或 FR 动作，电动机停止。当正转接触器 KM1 通电闭合时，反转接触器 KM2 不能通电闭合；反之当反转接触器 KM2 通电闭合时，正转接触器 KM1 不能通电闭合，具备互锁功能。其电气控制图如图 9-21 所示。

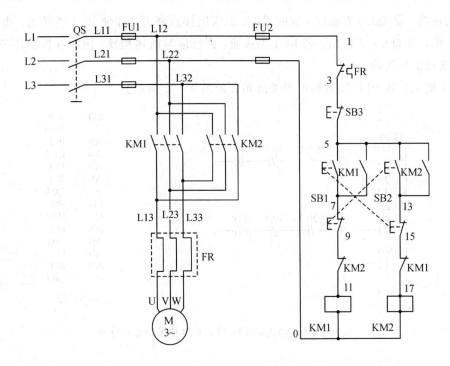

图9-21 电机正反转的电气控制图

2. I/O端口分配

根据控制要求,I/O端口分配情况如表9-13所示。

表9-13 电机正反转I/O端口分配

输 入 信 号			输 出 信 号		
PLC地址	电气符号	功能说明	PLC地址	电气符号	功能说明
I0.0	SB1	正转启动按钮,常开触点	Q0.0	KM1	正转接触器线圈
I0.1	SB2	反转启动按钮,常开触点	Q0.1	KM2	反转接触器线圈
I0.2	SB3	停止按钮,常闭触点			
I0.3	KR	热继电器,常闭触点			

3. 程序设计

根据电动机正反转控制要求,2个接触器KM1、KM2不能同时得电,必须保证一个接触器的主触点断开以后,另一个接触器的主触点才能闭合(实现联锁控制),否则会造成电机电源的短路。为确保运行可靠,要采取软、硬件两种互锁措施。

硬件互锁:在PLC的输出回路中,KM1的线圈和KM2的线圈之间必须加硬件接线互锁,避免当交流接触器主触点熔焊在一起而不能断开时,造成主回路短路。

软件互锁:软件梯形图中输出继电器Q0.0、Q0.1线圈不能同时带电,为了进一步保证不同时得电,可双互锁,即启动按钮和输出继电器的同时软件互锁。若I0.0先接通,

Q0.0 则保持,使 Q0.0 有输出,同时 Q0.0 的常闭接点断开,即使 I0.1 再接通,也不能使 Q0.1 动作,故 Q0.1 无输出。若 I0.1 先接通,则情形与前述相反。因此在控制环节中,该电路可实现信号互锁。

电动机正反转 PLC 控制梯形图及语句表如图 9 - 22 所示。

```
网络1
   I0.0   I0.2   Q0.1   I0.3   I0.1   Q0.0
  ─┤├──┤/├──┤/├──┤/├──┤/├──( )
   Q0.0
  ─┤├
网络2
   I0.1   I0.2   Q0.0   I0.3   I0.0   Q0.1
  ─┤├──┤/├──┤/├──┤/├──┤/├──( )
   Q0.1
  ─┤├
```

(a) 梯形图

```
LD    I0.0
O     Q0.0
AN    I0.2
AN    Q0.1
AN    I0.3
AN    I0.1
=     Q0.0
LD    I0.1
O     Q0.1
AN    I0.2
AN    Q0.0
AN    I0.3
AN    I0.1
=     Q0.1
```

(b) 语句表

图 9 - 22　电动机正反转 PLC 控制梯形图及指令表

项目五　运动机械的自动往复控制

运动机械的自动往复控制实质上就是在电动机正、反转控制的基础上,增加了由行程开关控制电动机正反转,并考虑了运动部件的限位保护,由限位开关控制电动机停止。

1. 控制要求

在生产过程中,经常需要对生产机械运动部件的行程进行控制,并使其在一定的范围内自动往复循环运动,如龙门刨床工作台、导轨磨床工作台、运煤小车等。运煤小车具有左右两个运动方向,运煤小车的停止与左右位置有关,所以在左右位置处设立两个行程开关 SQ1、SQ2,运煤小车自动往复运动示意图如图 9 - 23 所示。

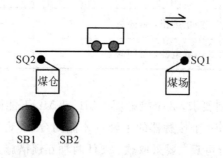

图 9 - 23　运煤小车自动往复运动示意图

运煤小车自动往复运动控制硬件原理如图 9 - 24 所示。

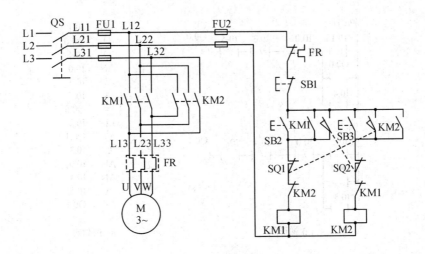

图9-24   运煤小车自动往复运动控制硬件原理图

2. I/O端口分配

根据控制要求,I/O端口分配情况如表9-14所示。

表9-14   电机正反转I/O端口分配

输入输出	PLC地址	电气符号	功能说明
输入	I0.0	SB1	停止按钮
	I0.1	SB2	正转启动按钮
	I0.2	SB3	反转启动按钮
	I0.3	SQ1	前进终端返回行程开关
	I0.4	SQ2	后退终端返回行程开关
	I0.5	FR	热继电器
输出	Q0.0	KM1	正转接触器线圈
	Q0.1	KM2	反转接触器线圈

3. 程序设计

程序设计思路如下:

(1) 按正转启动按钮 SB2(I0.1),Q0.0 通电并自锁。

(2) 按反转启动按钮 SB3(I0.2),Q0.1 通电并自锁。

(3) 正、反转启动按钮和前进、后退终端返回行程开关的常闭触点相互串接在对方的线圈回路中,形成联锁的关系。

(4) 前进、后退终端安全行程开关动作时,电动机 M 停止运行。

运动机械自动往复的 PLC 控制系统梯形图及语句表如图9-25所示。

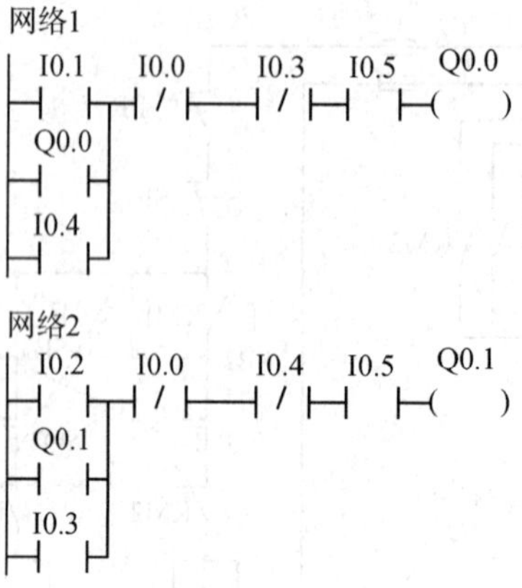

网络1

LD	I0.1
O	Q0.0
O	I0.4
AN	I0.0
AN	I0.3
A	I0.5
=	Q0.0

网络2

LD	I0.2
O	Q0.1
O	I0.3
AN	I0.0
AN	I0.4
A	I0.5
=	Q0.1

(a) 梯形图　　　　　　　　　　　(b) 语句表

图 9 - 25　运动机械自动往复的 PLC 控制系统梯形图及语句表

任务二　电动机的定时计数控制

任务描述

定时计数器是 PLC 中最重要的资源之一,在 PLC 基本指令应用中占有重要地位。PLC 定时计数器的编程可广泛应用于工业环境中对时间和计数有控制要求的场合。

任务分析

S7 - 200 系列 PLC 有 256 个定时计数器,其定时器的定时时间和计数器的计数个数可以在编程时设定,也可以在运动过程中根据需要进行修改,使用方便灵活。

本任务通过异步电动机的星-三角形降压启动,多台皮带机的顺序启动逆序停车控制、自动门控制、包装生产线计数控制、闪烁计数控制等任务的实施,主要学习 PLC 定时计数器编程语言及典型应用设计。

相关知识

一、定时器指令介绍

S7 - 200 系列 PLC 的定时器按照工作方式可分为接通延时定时器 TON、断开延时定时器 TOF 和保持型接通延时定时器 TONR 三种类型。使用定时器时,不管是哪种类型的定时器(TON,TONR,TOF),定时器号不能重复。定时器按时间可分为 1 ms、10 ms 和 100 ms 三种,如表 9 - 15 所示。

表 9 - 15　定时器分类表

定时器类型	分辨率/ms	设置范围	最大值/s	定时器号码
TONR	1	0~32 767	32.767	T0，T64
	10	0~32 767	327.67	T1~T4，T65~T68
	100	0~32 767	3276.7	T5~T31，T69~T95
TON、TOF	1	0~32 767	32.767	T32，T96
	10	0~32 767	327.67	T33~T36，T97~T100
	100	0~32 767	3276.7	T37~T63，T101~T255

1. 接通延时定时器(TON)

接通延时定时器(TON)的梯形图形式如图 9 - 26 所示。

其中，定时器号(TXX)：定时器的编号为(0~255)，也就是说总共有 256 个定时器可以使用，定时时间 = 设定值×基准时间(时间间隔或时间分辨率)。

TON 指令使能端(IN)输入有效时(接通)，定时器开始计时，当前值递增，当前值大于或等于预置值(PT)时，输出状态位置"1"，当前值的最大值为 32 767。使能端输入无效(断开)时，当前值为"0"，定时器复位。TON 定时器的用法举例如图 9 - 27 所示。

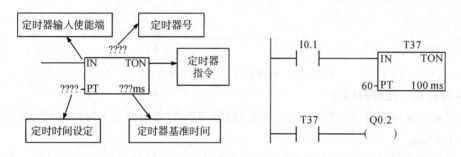

图 9 - 26　延时定时器梯形图　　　　　图 9 - 27　延时定时器使用举例

此例中，定时器号是 T37，因此定时器为 100 ms 的定时器。定时器预设值为 60，即定时时间为：60×100 ms＝6 s；初始时，I0.1 断开，定时器当前值为"0"。当 I0.1 接通，则定时器开始计时，当前值到达 60 后，定时器常开点接通。到达预设值后若 I0.1 还是接通，则定时器继续计时，直到当前值到达 32 767。在定时过程中，只要 I0.1 断开，则定时器当前值清"0"，触点断开。

2. 保护型接通延时定时器(TONR)

保持型接通延时定时器(TONR)有记忆功能，用于累计多个时间间隔，其形式图如图 9 - 28 所示。

TONR 和 TON 相比，具有以下几个不同之处：

(1) 当输入 IN 接通时，TONR 将以上次的保持值作为当前值开始继续往上累计时间，直到 TONR 的当前值等于设定值，计时器动作。

(2) 当输入 IN 断开时，TONR 定时器状态位和当前值保持不变。

（3）只能用复位指令 R 对其进行复位操作。TONR 复位后，定时器位为 OFF，当前值为 0。

图 9-29 为有记忆接通延时定时器使用举例。

II 记忆型通电延时定时器 TONR

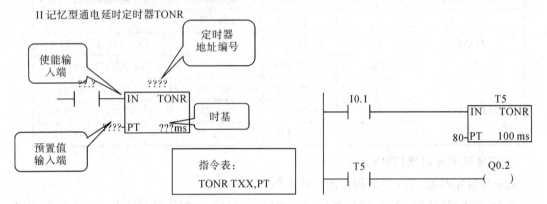

图 9-28　保护型接通延时定时器形式图　　　图 9-29　保持型接通延时定时器使用举例

TONR 指令在启用输入端使能后，开始计时。当前值到达 80 后，触点接通。到达预设值后若 I0.1 还是接通，则定时器继续计时，直到当前值到达 32 767。在计时过程中若 I0.1 断开，则定时器保持当前值不变。

若要使定时器复位，也就是清"0"，则需用复位指令，如图 9-30 所示。

图 9-30　保持型接通延时定时器的复位

3. 断开延时定时器（TOF）

断开延时定时器 TOF 常用于设定停机后的延时，以及故障后的时间延时，其形式图如图 9-31 所示。

断开延时定时器 TOF 当使能输入端 IN 为"1"时，定时器线圈立即接通得电，即常开触点闭合，常闭触点断开，并把当前值设为"0"；当输入端（IN）断开时，定时器线圈并不是立即失电，需要经过一段延时才能失电。当定时器 TOF 的当前值等于定时器的预置 PT 时，定时器位状态才为"OFF"。图 9-32 为断开延时定时器 TOF 使用举例。

III 断电延时定时器 TOF

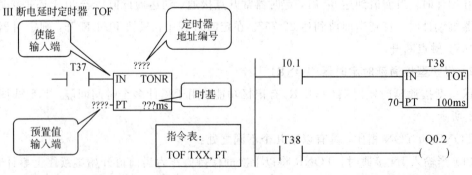

图 9-31　断开延时定时器形式图　　　图 9-32　断开延时定时器使用举例

当输入信号 I0.1 使能后，定时器触点 T38 立刻接通，当前值被清"0"，并保持此状态。

当输入信号 I0.1 由接通→断开时,定时器开始计时,当前值到达设定值后,定时器触点断开,当前值停止计时。若在定时器计时过程中,输入信号 I0.1 接通,则定时器仍保持接通状态,当前值清"0"。

二、定时器的典型应用

1. 延时启动程序

如图 9-33 所示,按下按钮 I0.0,马达 Q0.0 延时 6 s 后启动,按下停止按钮 I0.1,马达立即停止。

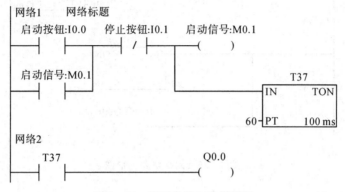

图 9-33　延时启动电路梯形图

2. 延时断开程序

如图 9-34 所示,当 I0.0 接通时,Q0.0 接通并保持,当 I0.0 断开后,经 4 s 延时后,Q0.0 断开,T37 同时被复位。

3. 脉冲信号发生器

使用定时器本身的常闭触点作定时器的使能输入。定时器的状态位置"1"时,依靠本身的常闭触点的断开使定时器复位,并重新开始定时,进行循环工作,产生每隔 1 s 的脉冲信号,脉冲电路梯形图如图 9-35 所示。

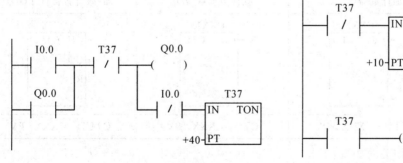

图 9-34　延时断开电路梯形图　　　　图 9-35　脉冲信号产生电路梯形图

4. 闪烁电路

脉冲信号产生电路的拓展,即可产生闪烁电路,如图 9-36 所示。按下启动按钮 I0.0,指示灯以 2 s 的频率闪烁,按下停止按钮 I0.1,指示灯灭。

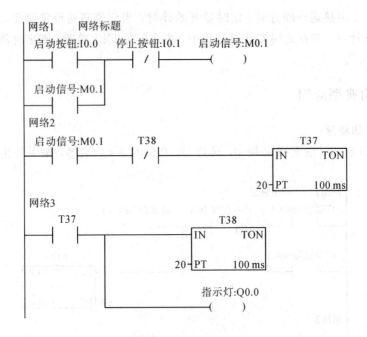

图 9 - 36　闪烁电路梯形图

三、计数器指令介绍

计数器用于累计其输入端的计数脉冲的次数，当计数器达到预置值时，计数器发生动作，以完成计数控制任务。S7 - 200 CPU 提供了 256 个内部计数器，计数器号范围为 C(0～255)。计数器共分为以下三种类型：加计数器(CTU)、减计数器(CTD)、加/减计数器(CTUD)。计数器指令的形式、梯形图符号及格式如表 9 - 16 所示。

表 9 - 16　计数器指令

形　式	指 令 名 称		
	加计数器(CTU)	减计数器(CTD)	加/减计数器(CTUD)
梯形图符号	CXXX CU　CTU R PV	CXXX CD　CTD LD PV	CXXX CU　CTUD CD R PV
格式	CTU　CXXX，PV	CTD　CXXX，PV	CTUD　CXXX，PV

计数器有两个相关的变量：

当前值：计数器累计计数的当前值，计数最大值为 32 767。

计数器位：计数器的当前值等于或大于设定值时，计数器位被置为"1"。

1. 增计数器 CTU

增计数器 CTU 采用的是通过获取计数输入信号的上升沿进行加法计数的计数方法。

计数输入信号 CU 端每出现一次上升沿，计数器从 0 开始加"1"，当计数达到设定值(PV)时，计数器的输出触点接通。计数达到设定值后，如果 CU 端仍有上升沿到来时，计数器仍计数，但不影响计数器的状态位。计数器具有复位输入端 R，当复位端(R)置位时，计数器被复位，即当前值清"0"，输出状态位也强制清"0"。初始时最好用 SM0.1 复位计数器，复位后计数器当前值＝0。增计数器梯形图符号如图 9-37 所示。

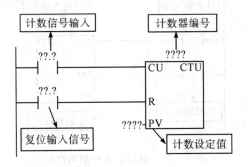

图 9-37　增计数器梯形图符号

增计数器指令使用举例如图 9-38 所示。

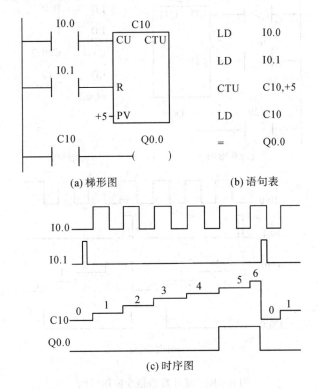

(a) 梯形图　　　　　　(b) 语句表

(c) 时序图

图 9-38　增计数器指令使用举例

2. 减计数器 CTD

减计数器 CTD 采用的是通过获取计数输入信号的上升沿进行减法计数的计数方法。计数输入信号每出现一次上升沿，计数器从设定值开始减"1"，当现行计数值减到"0"时，计数器的输出触点接通。计数值为"0"后，如果继续输入计数信号时，计数值保持"0"，输出触点保持接通状态。减计数器具有装载输入端 LD，当 LD 端置位时，设定值被写入并作为现行计数值。初始时最好用 SM0.1 装载复位计数器，复位后计数器当前值＝设定值。减计数器梯形图符号如图 9 - 39 所示。

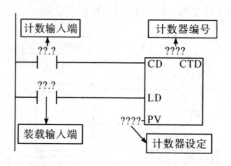

图 9 - 39　减计数器梯形图符号

减计数器指令使用举例如图 9 - 40 所示。

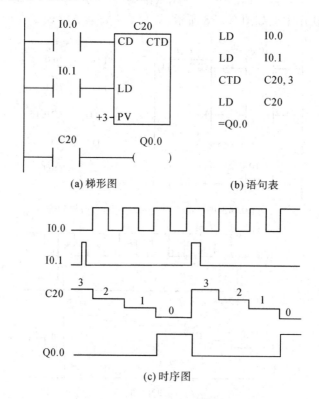

(a) 梯形图　　　　　　　　　　(b) 语句表

(c) 时序图

图 9 - 40　减计数器指令使用举例

3. 增减计数器 CTUD

增减计数器(CTUD)具有增计数与减计数两个输入端，通过获取对应计数输入信号的上升沿，进行加法、减法计数。

当增计数输入 CU 端每出现一次上升沿时，作增计数，当计数达到设定值(PV)时，计数器的输出触点接通。计数达到设定值后，如果继续输入计数信号时，计数值仍然增加，输出触点保持接通状态；当加到 32 767 后，如果再输入加计数信号，现行值变为 −32 768，再继续进行加计数。同时，减计数输入信号也开始起作用，减计数输入 CD 端每出现一次上升沿，计数器从现行值开始减"1"。当现行值减到最小值 −32 768 后，如果再输入减计数信号，现行值变为 +32 767，再继续进行减计数。增减计数器具有复位输入端 R，当复位信号为"1"时，计数器复位，触点断开，计数器清"0"。增减计数器梯形图符号如图 9−41 所示。

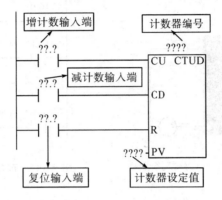

图 9−41　增减计数器梯形图符号

增减计数器指令使用举例如图 9−42 所示。

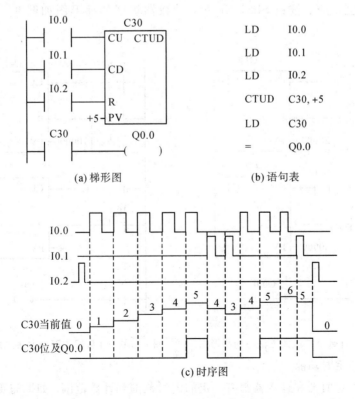

(a) 梯形图　　　　(b) 语句表

(c) 时序图

图 9−42　增减计数器指令使用举例

四、计数器的典型应用

1. 按钮的计数控制

如图 9-43 所示，要求按下 SB1 按钮 10 次，EL 亮；按下按钮 SB2，EL 灭，其梯形图如图 9-44 所示。

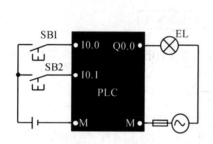

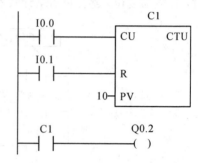

图 9-43　按钮的计数控制 PLC 外部接线图　　　图 9-44　按钮的计数控制的梯形图

2. 计数器的扩展

一个计数器的最大计数值为 32 767。在实际应用中，如果计数范围超过该值，就需要对计数器的计数范围进行扩展。例如，对于图 9-43 所示的接线，现要求按下 SB1 按钮 40 000 次，EL 亮；按下按钮 SB2，EL 灭，计数器扩展的梯形图如图 9-45 和图 9-46 所示。

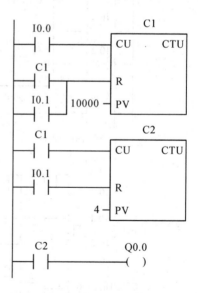

图 9-45　计数器扩展的方法一的梯形图　　　图 9-46　计数器扩展的方法二的梯形图

3. 计数器的定时功能

由于 PLC 的定时器和计数器都有一定的定时范围和计数范围。如果需要的设定值超过机器范围，我们可以通过计数器或计数器与定时器的组合来实现长时间的定时。

一台电动机 M1，要求按下 I0.0 启动按钮 100 min 后，电动机自行启动，按下停止按钮 I0.1 后电动机停止。程序设计如图 9-47 和图 9-48 所示。

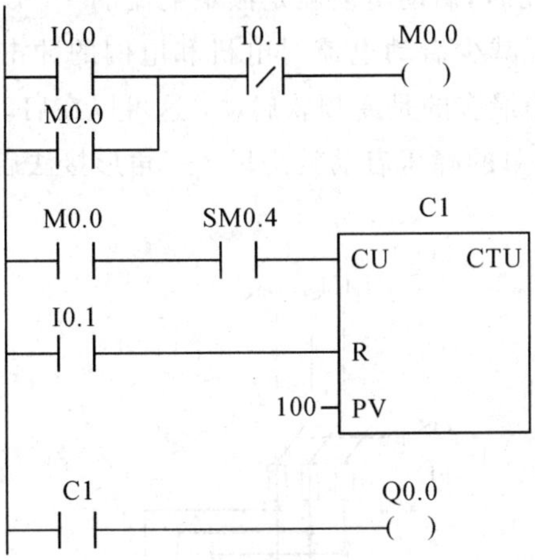

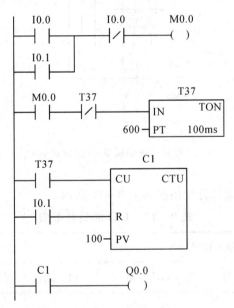

图 9-47　通过计数器与时钟脉冲的组合实现单个计数器的定时控制梯形图

图 9-48　通过计数器与定时器的串联组合实现计数器与定时器组合的定时控制梯形图

五、项目实施

项目一　三相异步电动机星-三角形降压启动控制

三相异步电动机星-三角形降压启动控制是应用最广泛的启动方式，我们已经在模块七中作过详细介绍。星—三角形降压启动是指首先星形启动,延时几秒后变为三角形启动的启动方式。

三相异步电机直接启动时,启动电流就是额定电流的 4~7 倍。降压启动的启动电流是额定电流的 1/3 左右。为了减少启动电流对电机和电网的冲击,大容量的电机往往需要采取降压启动。现在国内用的最多的是变频软启动,这可以在启动时保护电机,防止电机的启动电流过大而烧毁电机。简单的降压启动就是星—三角形接法启动,其主控回路如图 9 - 49 所示。

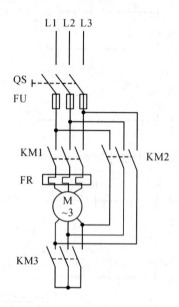

图 9 - 49　三相异步电动机星-三角形启动的主控回路

1. I/O 端口分配

根据控制要求,I/O 端口分配情况如表 9 - 17 所示。

表 9 - 17　I/O 端口分配表

输入信号			输出信号		
PLC 地址	电气符号	功能说明	PLC 地址	电气符号	功能说明
I0.0	SB1	启动按钮	Q0.0	KM1	电源
I0.1	SB2	停止按钮	Q0.1	KM2	Y 形启动
I0.2	FR	热继电器,过载保护	Q0.2	KM3	△形启动

2. 程序设计

三相异步电动机星-三角形降压启动梯形图如图 9 - 50 所示。

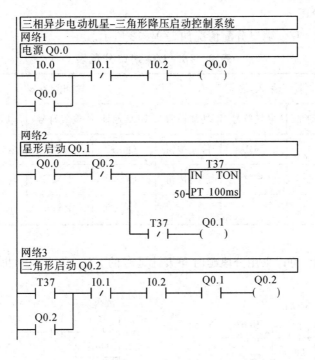

图 9-50　三相异步电动机星-三角形启动梯形图

项目二　3 台电机顺序启动控制

控制要求：按下启动按钮 SB1 按钮时，第 1 台电机启动，5 s 后第 2 台电机启动，再过 5 s，第 3 台电机启动。按下停止按钮 SB2 三台电机全部停止工作，主电路如图 9-51 所示。

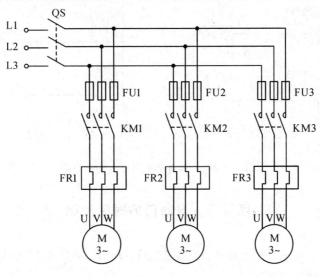

图 9-51　三台电机顺序启动的主电路图

1. I/O 端口分配

根据控制要求，I/O 端口分配情况如表 9 – 18 所示。

表 9 – 18　I/O 端口分配表

输 入 信 号			输 出 信 号		
PLC 地址	电气符号	功能说明	PLC 地址	电气符号	功能说明
I0.0	SB1	停止按钮	Q0.1	KM1	电动机 M1
I0.1	SB2	启动按钮	Q0.2	KM2	电动机 M2
			Q0.3	KM3	电动机 M3

2. 程序设计

对于时间控制，可以采用分段延时和累计延时的方法，3 台电动机顺序启动的梯形图如图 9 – 52 所示。

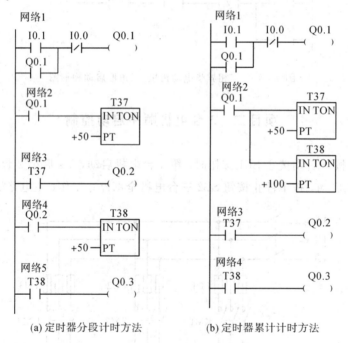

(a) 定时器分段计时方法　　　　　(b) 定时器累计计时方法

图 9 – 52　三台电动机顺序启动梯形图

项目三　自动门的时间控制

自动门在工厂、企业、军队系统、医院、银行、超市、酒店等领域的应用非常广泛。图 9 – 53 为自动门时间控制示意图。

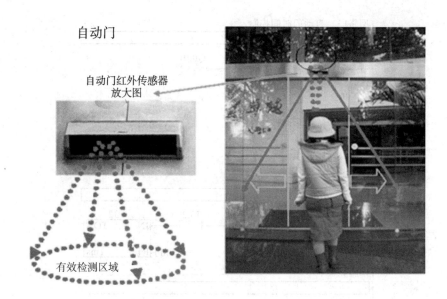

图 9 - 53 自动门时间控制示意图

自动门控制装置由门内和门外感应探测器、开关门位置限位开关、主控制器、开关门执行机构(电动机)等部件组成。自动门利用门内或门外红外传感器检测是否有人进入检测区域，如果检测到有人，则驱动电机正转执行开门动作，直到碰到开到位限位开关停止开门，开始定时 8 s，当定时时间到，则驱动电机反转执行关门动作，直到碰到关到位限位开关停止关门。

1. I/O 端口分配

根据控制要求，I/O 端口分配情况如表 9 - 19 所示。

表 9 - 19 I/O 端口分配表

输 入 信 号			输 出 信 号		
PLC 地址	电气符号	功能说明	PLC 地址	电气符号	功能说明
I0.1	SB1	门内红外探测开关	Q0.0	KM1	开门
I0.2	SB2	门外红外探测开关	Q0.1	KM2	关门
I0.3	SQ1	开到位开关			
I0.4	SQ2	关到位开关			

2. 程序设计

自动门控制的梯形图如图 9 - 54 所示。

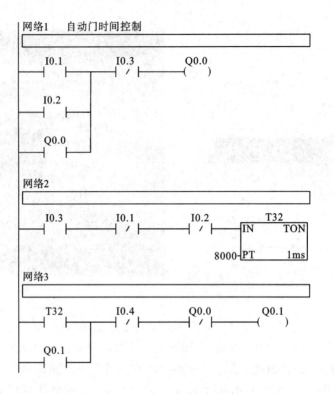

图 9 - 54　自动门控制梯形图

项目四　包装生产线计数控制

控制要求：牛奶包装 24 盒为一箱。用光电开关 I0.0 检测传送带上通过的产品并计数，有产品通过时 I0.0 为"ON"，如果在 10 s 内没有产品通过，由 Q0.0 发出报警信号，用 I0.1 为报警解除按钮，每计数 24 盒产生一个打包信号 Q0.1。

1. I/O 端口分配

根据控制要求，I/O 端口分配情况如表 9 - 20 所示。

表 9 - 20　I/O 端口分配表

输 入 信 号			输 出 信 号		
PLC 地址	电气符号	功能说明	PLC 地址	电气符号	功能说明
I0.0	SQ1	光电开关	Q0.0	KM1	报警
I0.1	SB1	报警解除按钮	Q0.1	KM2	打包装箱

2. 程序设计

包装线计数控制的梯形图如图 9 - 55 所示。

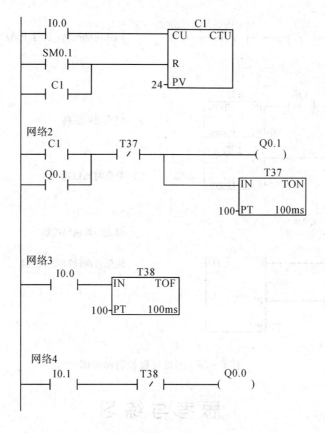

图 9 - 55　包装线计数控制梯形图

项目五　闪烁计数控制

控制要求：按下启动按钮后灯泡以灭 2 s、亮 3 s 的工作周期闪烁 20 次后自动停止，按停止按钮，灯泡立即停止闪烁。

1. I/O 端口分配

根据控制要求，I/O 端口分配情况如表 9 - 21 所示。

表 9 - 21　I/O 端口分配表

输 入 信 号			输 出 信 号		
PLC 地址	电气符号	功能说明	PLC 地址	电气符号	功能说明
I0.0	SB1	启动	Q0.0	HL	灯泡
I0.1	SB2	停止			

2. 程序设计

闪烁计数控制的梯形图如图 9 - 56 所示。

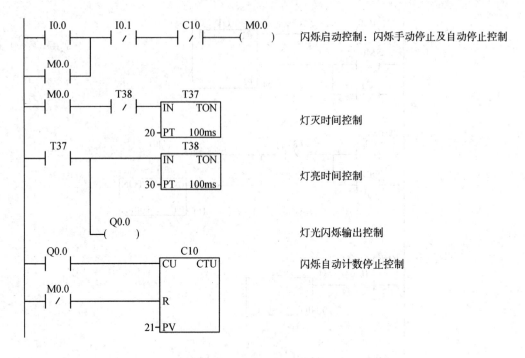

图 9-56　闪烁计数控制梯形图

思 考 与 练 习

（1）根据下列语句表程序，画出梯形图。

```
LD    I0.0
AN    I0.1
LD    I0.2
A     I0.3
O     I0.4
A     I0.5
OLD
LPS
A     I0.6
=     Q0.1
LPP
A     I0.7
=     Q0.2
A     I1.1
=     Q0.3
```

（2）写出图 9－57 所示的梯形图对应的语句表指令。

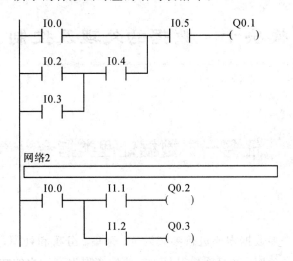

图 9－57　题（2）用梯形图

（3）使用置位、复位指令，编写两台电动机的控制程序，控制要求如下：① 启动时，电动机 M1 先启动，才能启动电动机 M2；停止时，电动机 M1、M2 同时停止。② 启动时，电动机 M1、M2 同时启动；停止时，只有在电动机 M2 停止时，电动机 M1 才能停止。

（4）S7－200 系列 PLC 有哪几种形式的定时器？S7－200 系列 PLC 的定时器有哪几种分辨率（最小定时单位）？定时器的编号与定时器的分辨率之间的关系是什么？

（5）接通延时定时器和保持型接通延时定时器有何区别？

（6）设计周期为 5 s，占空比为 20% 的方波输出信号程序（输出点可以使用 Q0.0）。

（7）设计满足图 9－58 所示时序的梯形图。

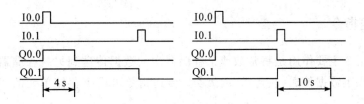

图 9－58　题（7）用时序图

（8）编写断电延时 5 s 后，M0.0 和 Q0.0 置位的程序。

（9）一台电动机 M1，要求按下启动按钮 1 h 后，电动机自行启动；按下停止按钮后电动机停止。试分别用定时器和计数器两种方法设计梯形图。

（10）试设计程序实现功能：按下启动按钮，第一台电机 M1 启动，运行 5 s 后，第 2 台电机 M2 启动；M2 运行 15 s 后，第 3 台电动机 M3 启动。按下停止按钮，3 台电动机全部停止。在启动过程中，指示灯闪烁，在运行过程中，指示灯常亮。

模块十　数据的处理及控制

任务一　数据处理类指令

 任务描述

　　工业生产现场有许多数据需要进行参数设定、采集、分析和处理,利用 PLC 的数据处理类指令可以优化程序结构,拓展系统功能,方便地实现生产过程的数据处理控制。

 任务分析

　　数据处理功能主要包括数据传送、数据比较、数据移位、数据运算等。本任务通过参数设定值的选择控制、8 个彩灯循环移位控制、霓虹灯的闪烁控制、喷泉模拟控制、定尺裁剪控制等项目的实施,将使学习者进一步掌握数据传送指令、比较指令、移位、算术运算等指令的应用。

相关知识

一、数据传送指令

　　数据传送指令主要作用是将常数或某存储器中的数据传送到另一存储器中。它包括单一数据传送和成组数据传送(块传送)两大类。传送指令可用于存储单元的清零、数据准备及初始化等场合。

1. 单一数据传送指令 MOV

　　单一数据传送指令是指将输入的数据 IN 传送到输出 OUT,在传送的过程中不改变数据的原始值。根据传送数据的类型,MOV 可分为字节传送 MOVB、字传送 MOVW、双字传送 MOVD 和实数传送 MOVR,其格式及功能如表 10-1 所示。

表 10-1　单一数据传送指令的格式及功能

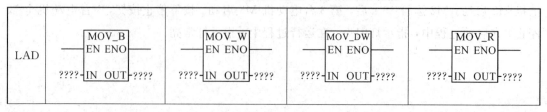

续表

STL	MOVB IN, OUT	MOVW IN, OUT	MOVD IN, OUT	MOVR IN, OUT
操作数及数据类型	IN：VB, IB, QB, MB, SB, SMB, LB, AC, 常量 OUT：VB, IB, QB, MB, SB, SMB, LB, AC	IN：VW, IW, QW, MW, SW, SMW, LW, T, C, AIW, AC, 常量 OUT：VW, T, C, IW, QW, SW, MW, SMW, LW, AC, AQW	IN：VD, ID, QD, MD, SD, SMD, LD, HC, AC, 常量 OUT：VD, ID, QD, MD, SD, SMD, LD, AC	IN：VD, ID, QD, MD, SD, SMD, LD, AC, 常量 OUT：VD, ID, QD, MD, SD, SMD, LD, AC
	字节	字、整数	双字、双整数	实数
功能	使能输入有效时，即 EN＝1 时，将一个输入 IN 的字节、字/整数、双字/双整数或实数送到 OUT 指定的存储器输出。在传送过程中不改变数据的大小。传送后，输入存储器 IN 中的内容不变			

【例 10-1】　将 16 进制常数 A6 传送到 QB0 中。梯形图及语句表如图 10-1 所示。

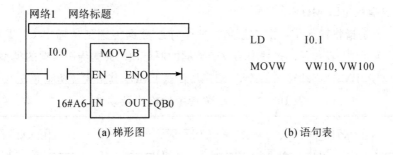

（a）梯形图　　　　　　　　　　（b）语句表

图 10-1　MOV_B 传送指令举例对应的梯形图及语句表

【例 10-2】　假定 I0.0 闭合，将 VW2 中的数据传送到 VW10 中，则对应的梯形图及传送结果如图 10-2 所示。

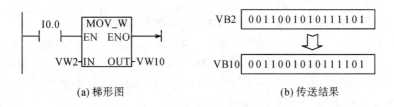

（a）梯形图　　　　　　　　　（b）传送结果

图 10-2　MOVW 传送指令举例对应的梯形图及传送结果

【例 10-3】　传送指令的初始化设置。要求在开机运行时将 VB10 清"0"、将 VW100 置数 1800，则对应的梯形图如图 10-3 所示。

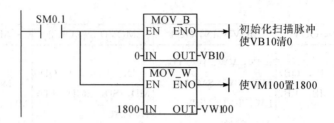

图 10 - 3　存储器的设置与清 0 程序举例对应的梯形图

【例 10 - 4】　多台电动机的同时启停控制，设三台电动机分别由 Q0.0、Q0.1、Q0.2 驱动，I0.0 为启动输入信号，I0.1 为停止信号，则对应的梯形图如图 10 - 4 所示。

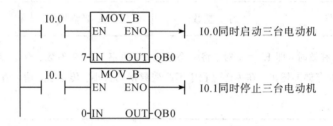

图 10 - 4　多台电动机的同时启停控制梯形图

2. 块传送指令 BLKMOV

块传送指令是指将输入 IN 指定地址的 N 个连续数据传送到从输出 OUT 指定地址开始的 N 个连续单元中，在传送的过程中不改变数据的原始值。根据传送数据的类型，BLKMOV 可分为字节块传送 BMB、字块传送 BMW、双字块传送 BMD。其格式及功能如表 10 - 2 所示。

表 10 - 2　块传送指令的格式及功能

LAD	BLKMOV_B EN　ENO ????－IN　OUT－???? ????－N	BLKMOV_W EN　ENO ????－IN　OUT－???? ????－N	BLKMOV_D EN　ENO ????－IN　OUT－???? ????－N
STL	BMB IN, OUT	BMW IN, OUT	BMD IN, OUT
操作数及数据类型	IN: VB, IB, QB, MB, SB, SMB, LB OUT: VB, IB, QB, MB, SB, SMB, LB 数据类型：字节	IN: VW, IW, QW, MW, SW, SMW, LW, T, C, AIW OUT: VW, IW, QW, MW, SW, SMW, LW, T, C, AQW 数据类型：字	IN/OUT: VD, ID, QD, MD, SD, SMD, LD 数据类型：双字
	N: VB, IB, QB, MB, SB, SMB, LB, AC，常量；数据类型：字节；数据范围：1～255		
功能	使能输入有效时，即 EN＝1 时，把从输入 IN 开始的 N 个字节(字、双字)传送到以输出 OUT 开始的 N 个字节(字、双字)中，N 的范围为 1～255		

【例 10 - 5】　I0.1 闭合时，将从 VB0 开始的连续 4 个字节传送到 VB10～VB13 中。对应的梯形图及传送结果如图 10 - 5 所示。

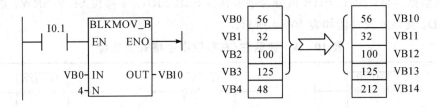

图 10 - 5　块传送指令编程举例对应的梯形及传送结果

二、字节交换指令

字节交换指令用来交换输入字 IN 的最高位字节和最低位字节。指令格式及功能如表 10 - 3 所示。

表 10 - 3　字节交换指令使用格式及功能

LAD	STL	功能及说明
SWAP EN ENO ????-IN	SWAP　IN	功能：使能输入 EN 有效时，将输入字 IN 的高字节与低字节交换，结果仍放在 IN 中 IN：VW, IW, QW, MW, SW, SMW, T, C, LW, AC 数据类型：字

【例 10 - 6】　假定变量存储器 VW4 单元中存放一数据 8E16，执行 SWAP 指令，其梯形图及执行结果如图 10 - 6 所示。

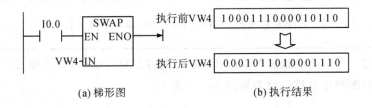

(a) 梯形图　　　　　　　　(b) 执行结果

图 10 - 6　字节交换指令编程举例对应的梯形图及执行结果

当 I0.0 由"0"变"1"后，SWAP 指令将使 VW4 中内容的高字节与低字节交换，其结果使 VW4 中的内容变为 168E。

三、移位指令

移位指令的作用是将存储器中的数据按要求进行某种移位操作。数据移位指令可用于数据的乘除操作以及顺序控制的场合。移位指令分为左、右移位和循环左、右移位及寄存器移位指令三大类。前两类移位指令按移位数据的长度又分字节型、字型、双字型三种。

1. 数据左/右移位指令 SHL/SHR

数据左/右移位指令是指将输入端 IN 指定的数据左/右移 N 位，结果存在 OUT 中。根据移位的数据类型，SHL/SHR 可分为字节移位 SLB/SRB、字移位 SLW/SRW、双字移位 SLD/SRD。其格式及功能如表 10-4 所示。

表 10-4　数据左/右移位指令格式及功能

LAD	SHL_B / SHR_B	SHL_W / SHR_W	SHL_DW / SHR_DW
STL	SLB　OUT, N SRB　OUT, N	SLW　OUT, N SRW　OUT, N	SLD　OUT, N SRD　OUT, N
操作数及数据类型	IN：VB, IB, QB, MB, SB, SMB, LB, AC, 常量 OUT：VB, IB, QB, MB, SB, SMB, LB, AC 数据类型：字节	IN：VW, IW, QW, MW, SW, SMW, LW, T, C, AIW, AC, 常量 OUT：VW, IW, QW, MW, SW, SMW, LW, T, C, AC 数据类型：字	IN：VD, ID, QD, MD, SD, SMD, LD, AC, HC, 常量 OUT：VD, ID, QD, MD, SD, SMD, LD, AC 数据类型：双字
	N：VB, IB, QB, MB, SB, SMB, LB, AC, 常量；数据类型：字节；数据范围：N≤数据类型（B、W、D）对应的位数		
功能	SHL：字节、字、双字左移 N 位；SHR：字节、字、双字右移 N 位		

【例 10-7】　将变量存储器 VB20 单元中的内容左移 3 位，VB40 单元中的内容右移 4 位，对应的梯形图程序及移位结果如图 10-7 所示。

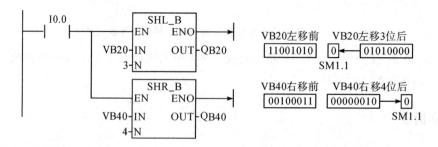

图 10-7　移位指令编程举例对应的梯形图及移位结果

2. 数据循环左/右移位指令 ROL/ROR

数据循环左/右移位指令是指将输入端 IN 指定的数据循环左/右移 N 位，结果存在 OUT 中。根据移位的数据类型，ROL/ROR 可分为字节循环移位 RLB/RRB、字循环移位 RLW/RRW、双字循环移位 RLD/RRD。其格式及功能如表 10-5 所示。

表 10-5　循环左/右移位指令格式及功能

LAD	ROL_B EN　ENO ????-IN　OUT-???? ????-N ROR_B EN　ENO ????-IN　OUT-???? ????-N	ROL_W EN　ENO ????-IN　OUT-???? ????-N ROR_W EN　ENO ????-IN　OUT-???? ????-N	ROL_DW EN　ENO ????-IN　OUT-???? ????-N ROR_DW EN　ENO ????-IN　OUT-???? ????-N
STL	RLB　OUT, N RRB　OUT, N	RLW　OUT, N RRW　OUT, N	RLD　OUT, N RRD　OUT, N
操作数及数据类型	IN: VB, IB, QB, MB, SB, SMB, LB, AC, 常量 OUT: VB, IB, QB, MB, SB, SMB, LB, AC 数据类型：字节	IN: VW, IW, QW, MW, SW, SMW, LW, T, C, AIW, AC, 常量 OUT: VW, IW, QW, MW, SW, SMW, LW, T, C, AC 数据类型：字	IN：VD, ID, QD, MD, SD, SMD, LD, AC, HC, 常量 OUT：VD, ID, QD, MD, SD, SMD, LD, AC 数据类型：双字
操作数及数据类型	N：VB, IB, QB, MB, SB, SMB, LB, AC, 常量；数据类型：字节		
功能	ROL：字节、字、双字循环左移 N 位；ROR：字节、字、双字循环右移 N 位		

【例 10-8】 将 AC0 中的字循环左移 4 位，VW100 中的字循环右移 5 位，移位后的数据仍存入原来的存储单元，对应的梯形图及移位结果如图 10-8 所示。

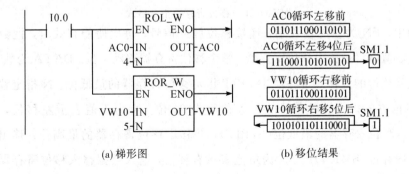

(a) 梯形图　　　　　　　　　(b) 移位结果

图 10-8　循环移位指令编程举例对应的梯形图及移位结果

【例 10 - 9】　数据乘除 2^n 运算程序，假定 VW0 中存有数据 160，现将其除以 8，结果保存在 VW2 中；将其乘以 4，结果保存到 VW4 中。利用移位指令编程实现其运算结果的梯形图如图 10 - 9 所示。

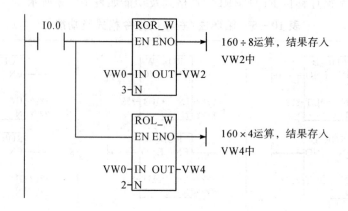

图 10 - 9　数据乘除 2^n 运算梯形图

3. 移位寄存器指令(SHRB)

移位寄存器指令是可以指定移位寄存器的长度和移位方向的移位指令，其指令格式如图 10 - 10 所示。

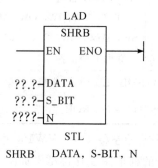

图 10 - 10　移位寄存器指令格式

梯形图中，EN 为使能输入端，连接移位脉冲信号，每次使能有效时，把数据输入端(DATA)的数值(位值)移入移位寄存器，整个移位寄存器移动 1 位。DATA 为数据输入端，执行指令时将该位的值移入寄存器。S_BIT 指定移位寄存器的最低位。N 指定移位寄存器的长度和移位方向，移位寄存器的最大长度为 64 位，N 为正值表示左移位，输入数据(DATA)移入移位寄存器的最低位(S_BIT)，并移出移位寄存器的最高位。移出的数据被放置在溢出内存位(SM1.1)中。N 为负值表示右移位，输入数据移入移位寄存器的最高位中，并移出最低位(S_BIT)。移出的数据被放置在溢出内存位(SM1.1)中。

【例 10 - 9】 图 10 - 11 为一个 4 位寄存器的移位过程示意图，观察该图可直观地了解 SHRB 指令是如何移位的。

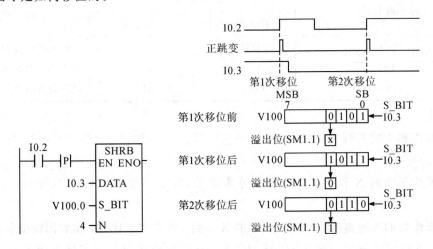

图 10 - 11 移位寄存器的移位过程示意图

【例 10 - 10】 9 只彩灯，L1、L2、L3、L4、L5、L6、L7、L8、L9，要求按下启动按钮，9 只灯依次点亮，时间间隔为 1 s，并循环。按下停止按钮，全都停下来，其梯形图如图 10 - 12 所示。

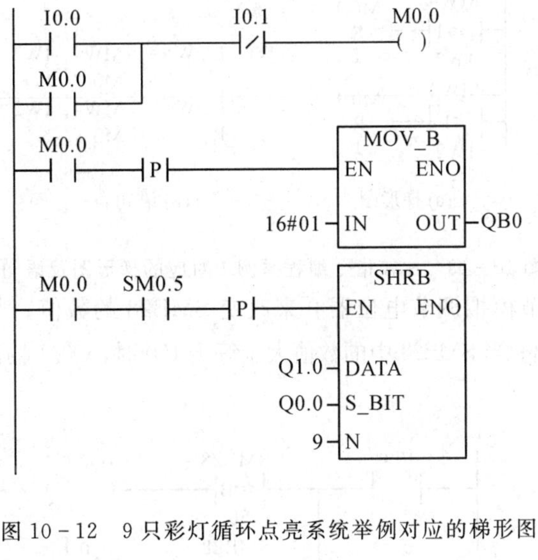

图 10 - 12 9 只彩灯循环点亮系统举例对应的梯形图

四、数据比较指令

比较指令用于比较两个数据的大小，并根据比较的结果使触点闭合，可用于控制线圈输出或进行其他操作，包括字节比较、字整数比较、双字整数比较及实数比较指令四种。数据比较指令的格式及功能见表 10 - 6。

表 10－6　数据比较指令的格式及功能

梯形图 LAD	语句表 STL		功　能
	操作码	操作数	
IN1 —┤ FX ├— IN2	LDXF AXF OXF	IN1,IN2 IN1,IN2 IN1,IN2	比较两个数 IN1 和 IN2 的大小，若比较式为真，则该触点闭合

说明：

① 操作码中的 F 代表比较符号，可分为“＝”、“＜＞”、“＞＝”、“＜＝”、“＞”及“＜”六种。

② 操作码中的 X 代表数据类型，分为字节(B)、字整数(I)、双字整数(D)和实数(R)四种。

③ 操作数的寻址范围要与指令码中的 X 一致。其中字节比较、实数比较指令不能寻址专用的字及双字存储器，如 T、C 及 HC 等；字整数比较时不能寻址专用的双字存储器 HC；双字整数比较时不能寻址专用的字存储器 T、C 等。

【例 10－11】 若 MW4 中的数小于 IW2 中的数，则使 M0.1 复位；若 MW4 中的数据大于等于 IW2，则使 M0.1 置位。其对应的梯形图及语句表程序如图 10－13 所示。

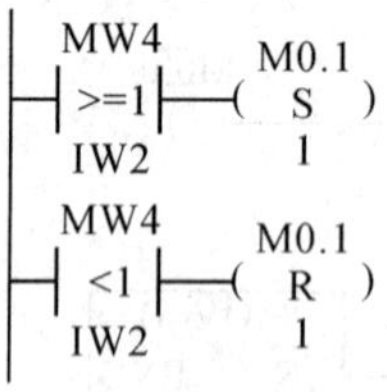

(a) 梯形图

```
LDW>=   MW4, IW2
S       M0.1, 1
LDW<    MW4, IW2
R       M0.1, 1
```

(b) 语句表

图 10－13　比较指令编程举例 1 对应的梯形图及语句表

【例 10－12】 调节模拟调节电位器 0 来改变 SMB28 的数值。当 SMB28 中的数值小于等于 50 时，Q0.0 输出；当 SMB28 中的数值大于等于 150 时，Q0.1 输出，其梯形图如图 10－14 所示。

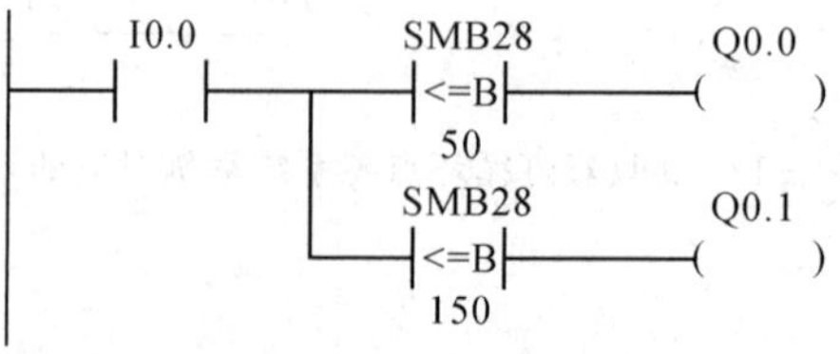

图 10－14　比较指令编程举例 2 对应的梯形图

【例 10－13】 多台电动机分时启动控制。启动按钮按下后，3 台电动机每隔 3 s 分别依次启动，按下停止按钮，三台电动机同时停止。设 PLC 的输入端子 I0.0 为启动按钮输入端，I0.1 为停止按钮输入端，Q0.0、Q0.1、Q0.2 分别为驱动三台电动机的电源接触器输出端子。其对应的梯形图如图 10 - 15 所示。

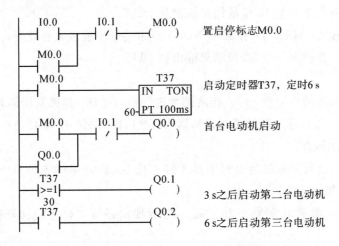

图 10 - 15 三台电机分时启动举例对应的梯形图

五、算术运算指令

算术运算指令包括加、减、乘、除等运算，主要实现对数值类数据的四则运算，多用于实现按数据运算结果进行控制的场合。

1. 整数、双字整数加/减指令

整数与双整数加减法指令格式及功能如表 10 - 7 所示。

表 10 - 7 整数与双整数加减法指令格式及功能

	ADD_I	SUB_I	ADD_DI	SUB_DI
LAD	EN ENO IN1 OUT IN2	EN ENO IN1 OUT IN2	EN ENO IN1 OUT IN2	EN ENO IN1 OUT IN2
STL	MOVW IN1, OUT +I IN2, OUT	MOVW IN1, OUT −I IN2, OUT	MOVD IN1, OUT +D IN2, OUT	MOVD IN1, OUT +D IN2, OUT
功能	IN1+IN2=OUT	IN1−IN2=OUT	IN1+IN2=OUT	IN1−IN2=OUT
操作数及数据类型	IN1/IN2：VW, IW, QW, MW, SW, SMW, T, C, AC, LW, AIW, 常量, *VD, *LD, *AC OUT：VW, IW, QW, MW, SW, SMW, T, C, LW, AC, *VD, *LD, *AC IN/OUT 数据类型：整数		IN1/IN2：VD, ID, QD, MD, SMD, SD, LD, AC, HC, 常量, *VD, *LD, *AC OUT：VD, ID, QD, MD, SMD, SD, LD, AC, *VD, *LD, *AC IN/OUT 数据类型：双整数	

（1）整数加法（ADD - I）和减法（SUB - I）指令：使能输入有效时，将两个 16 位符号整数相加或相减，并产生一个 16 位的结果输出到 OUT。

（2）双整数加法（ADD - D）和减法（SUB - D）指令：使能输入有效时，将两个 32 位符号整数相加或相减，并产生一个 32 位结果输出到 OUT。

说明：

（1）采用梯形图指令编程，可直接将两数进行相加运算。如果采用语句表指令编程，则必须先将其中一个常数存入存储器或累加器中，然后再将另一个常数与存储器或累加器中内的数据进行加法运算。

（2）整数与双整数加减法指令影响算术标志位 SM1.0（零标志位），SM1.1（溢出标志位）和 SM1.2（负数标志位）。

【例 10 - 14】　假定对常数 5 和常数 3 进行加法运算，对应的梯形图及语句表如图 10 - 16 所示。

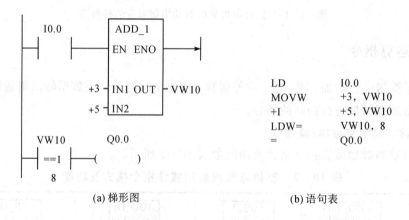

(a) 梯形图　　　　　　　　　　　　(b) 语句表

图 10 - 16　整数加法指令举例 1 对应的梯形图及语句表

【例 10 - 15】　5000 已放在数据存储器 VW200 中，求 5000 加 400 的和，计算结果放入 AC0。其对应的梯形图如图 10 - 17 所示。

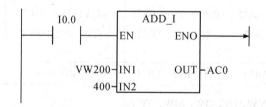

图 10 - 17　整数加法指令举例 2 对应的梯形图

2. 整数、双字整数乘/除指令

整数、双字整数乘/除指令指令格式及功能如表 10 - 8 所示。

（1）整数乘法指令（MUL - I）：使能输入有效时，将两个 16 位符号整数相乘，并产生一个 16 位积，从 OUT 指定的存储单元输出。

表 10 - 8　整数乘除法指令格式及功能

	MUL_I	DIV_I	MUL_DI	MUL_DI	MUL	DIV
LAD	EN ENO / IN1 OUT / IN2	EN ENO / IN1 OUT / IN2	EN ENO / IN1 OUT / IN2	EN ENO / IN1 OUT / IN2	EN ENO / IN1 OUT / IN2	EN ENO / IN1 OUT / IN2
STL	MOVW IN1,OUT * I IN2,OUT	MOVW IN1,OUT /I IN2,OUT	MOVD IN1,OUT * D IN2,OUT	MOVD IN1,OUT /D IN2,OUT	MOVW IN1,OUT MUL IN2,OUT	MOVW IN1,OUT DIV IN2,OUT
功能	IN1 * IN2＝OUT	IN1/IN2＝OUT	IN1 * IN2＝OUT	IN1/IN2＝OUT	IN1 * IN2＝OUT	IN1/IN2＝OUT

(2) 整数除法指令(DIV - I)：使能输入有效时，将两个 16 位符号整数相除，并产生一个 16 位商，从 OUT 指定的存储单元输出，不保留余数。如果输出结果大于一个字，则溢出位 SM1.1 置位为 1。

(3) 双整数乘法指令(MUL - D)：使能输入有效时，将两个 32 位符号整数相乘，并产生一个 32 位乘积，从 OUT 指定的存储单元输出。

(4) 双整数除法指令(DIV - D)：使能输入有效时，将两个 32 位整数相除，并产生一个 32 位商，从 OUT 指定的存储单元输出，不保留余数。

(5) 整数乘法产生双整数指令(MUL)：使能输入有效时，将两个 16 位整数相乘，得出一个 32 位乘积，从 OUT 指定的存储单元输出。

(6) 整数除法产生双整数指令(DIV)：使能输入有效时，将两个 16 位整数相除，得出一个 32 位结果，从 OUT 指定的存储单元输出。其中高 16 位放余数，低 16 位放商。

【例 10 - 16】　假定 I0.0 得电时，执行 VW10 乘以 VW20、VD40 除以 VD50 操作，并分别将结果存入 VW30 和 VD60 中。则对应的梯形图及运算过程如图 10 - 18 所示。

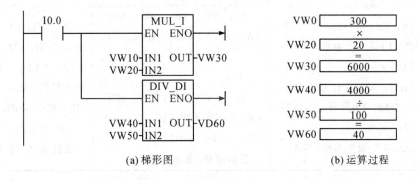

(a) 梯形图　　　　　　(b) 运算过程

图 10 - 18　整数乘除指令编程举例对应的梯形图及运算过程

【例 10 - 17】　采用整数乘除到双字整数指令计算 4000×20 及 4000÷56 的值。梯形图及运算过程如图 10 - 19 所示。

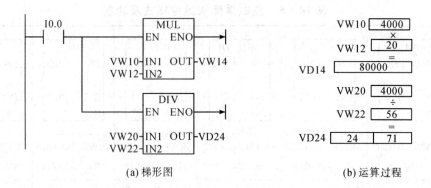

(a) 梯形图　　　　　　　　(b) 运算过程

图 10-19　整数乘除到双字整数指令举例对应的梯形图及运算过程

3. 递增、递减指令

递增、递减指令用于对输入无符号数字节、符号数字、符号数双字进行加 1 或减 1 的操作，并将结果置入 OUT 指定的变量中。递增、递减指令格式及功能如表 10-9 所示。

表 10-9　递增、递减指令格式及功能

LAD	INC_B —EN　ENO— —IN　OUT— DEC_B —EN　ENO— —IN　OUT—		INC_W —EN　ENO— —IN　OUT— DEC_W —EN　ENO— —IN　OUT—		INC_DW —EN　ENO— —IN　OUT— DEC_DW —EN　ENO— —IN　OUT—	
STL	INCB OUT	DECB OUT	INCW OUT	DECW OUT	INCD OUT	DECD OUT
功能	字节加 1	字节减 1	字加 1	字减 1	双字加 1	双字减 1
操作及数据类型	IN：VB，IB，QB，MB，SB，SMB，LB，AC，常量，＊VD，＊LD，＊AC OUT：VB，IB，QB，MB，SB，SMB，LB，AC，＊VD，＊LD，＊AC IN/OUT 数据类型：字节		IN：VW，IW，QW，MW，SW，SMW，AC，AIW，LW，T，C，常量，＊VD，＊LD，＊AC OUT：VW，IW，QW，MW，SW，SMW，LW，AC，T，C，＊VD，＊LD，＊AC 数据类型：整数		IN：VD，ID，QD，MD，SD，SMD，LD，AC，HC，常量，＊VD，＊LD，＊AC OUT：VD，ID，QD，MD，SD，SMD，LD，AC，＊VD，＊LD，＊AC 数据类型：双整数	

说明：

（1）字、双字增减指令是有符号的，影响特殊存储器位 SM1.0 和 SM1.1 的状态；字节增减指令是无符号的，影响特殊存储器位 SM1.0、SM1.1 和 SM1.2 的状态。

（2）在梯形图指令中，IN 和 OUT 可以指定为同一存储单元，这样可以节省内存，在语句表指令中不需使用数据传送指令。

【例10-18】 I0.2每接通一次，AC0的内容自动加1，VW100的内容自动减1。其梯形图及语句表程序如图10-20所示。

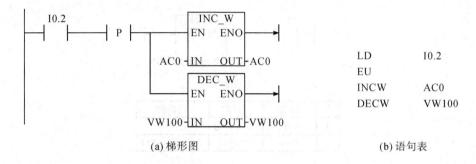

(a) 梯形图

```
LD        I0.2
EU
INCW      AC0
DECW      VW100
```

(b) 语句表

图10-20 递增递减指令编程举例对应的梯形图及语句表

六、显示译码指令

七段显示译码指令的指令格式及功能如表10-10所示。

表10-10 七段显示译码指令格式及功能

梯形图 LAD	语句表 STL	功 能
SEG EN ENO ????-IN OUT-????	SEG IN，OUT	当使能位 EN 为"1"时，将输入字节 IN 的低四位有效数字值，转换为七段显示码，并输出到字节 OUT

说明：STL 中的操作数 IN、OUT 寻址范围不包括专用的字及双字存储器如 T、C、HC 等，其中 OUT 不能寻址常数。

七段显示码的编码规则如表10-11所示。

表10-11 七段显示译码编码规则

IN	OUT . g f e d c b a	段码显示	IN	OUT . g f e d c b a
0	0 0 1 1 1 1 1 1		8	0 1 1 1 1 1 1 1
1	0 0 0 0 0 1 1 0	a	9	0 1 1 0 0 1 1 1
2	0 1 0 1 1 0 1 1	f g b	A	0 1 1 1 0 1 1 1
3	0 1 0 0 1 1 1 1		B	0 1 1 1 1 1 0 0
4	0 1 1 0 0 1 1 0		C	0 0 1 1 1 0 0 1
5	0 1 1 0 1 1 0 1	e c	D	0 1 0 1 1 1 1 0
6	0 1 1 1 1 1 0 1	d	E	0 1 1 1 1 0 0 1
7	0 0 0 0 0 1 1 1		F	0 1 1 1 0 0 0 1

【例 10 - 19】　设 VB2 字节中存有十进制数 9，当 I0.0 得电时对其进行段码转换，以便进行段码显示。其梯形图及执行结果如图 10 - 21 所示。

(a) 梯形图

	地　址	格　式	当前值
1	VB2	不带符号	9
2	VB8	二进制	2#0110_0111

(b) 执行结果

图 10 - 21　显示译码指令举例对应的梯形图及执行结果

任务二　项目实施举例

项目一　多种参数设定值的选择控制

1. 控制要求

设某厂生产的三种型号产品所需加热时间分别为 30 min、20 min、10 min。为方便操作，设置一个选择手柄来设定定时器的设定值，选择手柄分三个挡位，每一挡位对应一个设定值；另设一个启动开关，用于启动加热炉；加热炉由接触器通断。

2. I/O 端口分配

根据控制要求，I/O 端口分配情况如表 10 - 12 所示。

表 10 - 12　I/O 端口分配表

输 入 信 号			输 出 信 号		
PLC 地址	电气符号	功能说明	PLC 地址	电气符号	功能说明
I0.0	SW1	选择时间 1(30min)	Q0.0	KM1	加热接触器
I0.1	SW2	选择时间 2(20min)			
I0.2	SW3	选择时间 3(10min)			
I0.3	SB1	加热炉启动开关			

3. 程序设计

预选时间控制梯形图如图 10-22 所示。

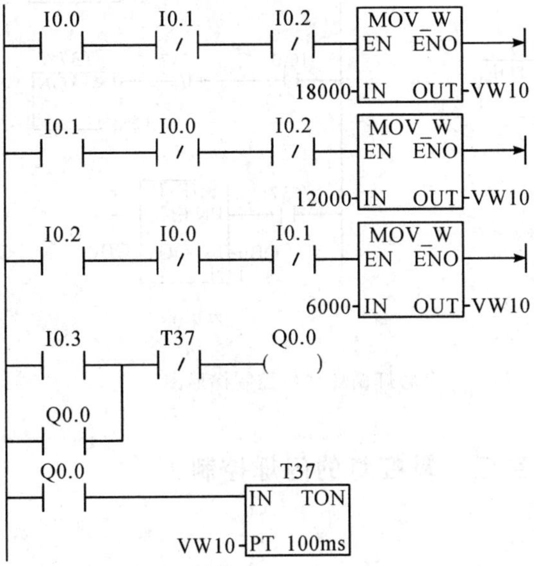

图 10-22　预选时间控制梯形图

项目二　八个彩灯循环移位控制

1. 控制要求

用 I0.0 控制接在 Q0.0～Q0.7 上的 8 个彩灯循环移位,从右到左以 0.5 s 的速度依次点亮,保持任意时刻只有一个指示灯亮,到达最左端后,再从右到左依次点亮。

2. I/O 端口分配

根据控制要求,I/O 端口分配情况如表 10-13 所示。

表 10-13　I/O 端口分配表

输 入 信 号			输 出 信 号		
PLC 地址	电气符号	功能说明	PLC 地址	电气符号	功能说明
I0.0	SB1	启动开关	Q0.0～Q0.7	HL1～HL8	8 个彩灯

3. 程序设计

八个彩灯循环移位控制梯形图如图 10-23 所示。

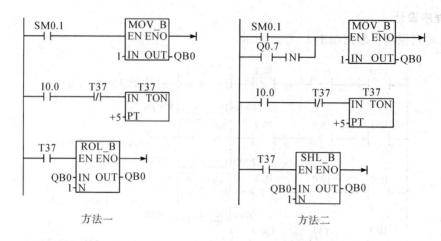

方法一   方法二

图 10 - 23   八个彩灯循环移位控制梯形图

项目三   霓虹灯的闪烁控制

1. 控制要求

用 HL1～HL4 四个霓虹灯，分别做成"欢迎光临"四个字。其闪烁要求见表 10 - 14，其时间间隙为 1 s，反复循环进行。

表 10 - 14   "欢迎光临"闪烁流程表

步序 灯号	1	2	3	4	5	6	7	8
HL1	亮				亮		亮	
HL2		亮			亮		亮	
HL3			亮		亮		亮	
HL4				亮	亮		亮	

2. I/O 端口分配

根据控制要求，霓虹灯闪烁的 PLC 控制系统的 I/O 端子分配如表 10 - 15 所示。

表 10 - 15   PLC 输入输出端子分配

输 入 信 号			输 出 信 号		
PLC 地址	电气符号	功能说明	PLC 地址	电气符号	功能说明
I0.0	SB1	启动按钮，常开	Q0.0	HL1	"欢"字灯
			Q0.1	HL2	"迎"字灯
			Q0.2	HL3	"光"字灯
			Q0.3	HL4	"临"字灯

3. 程序设计

霓虹灯的闪烁控制梯形图如图 10 - 24 所示。

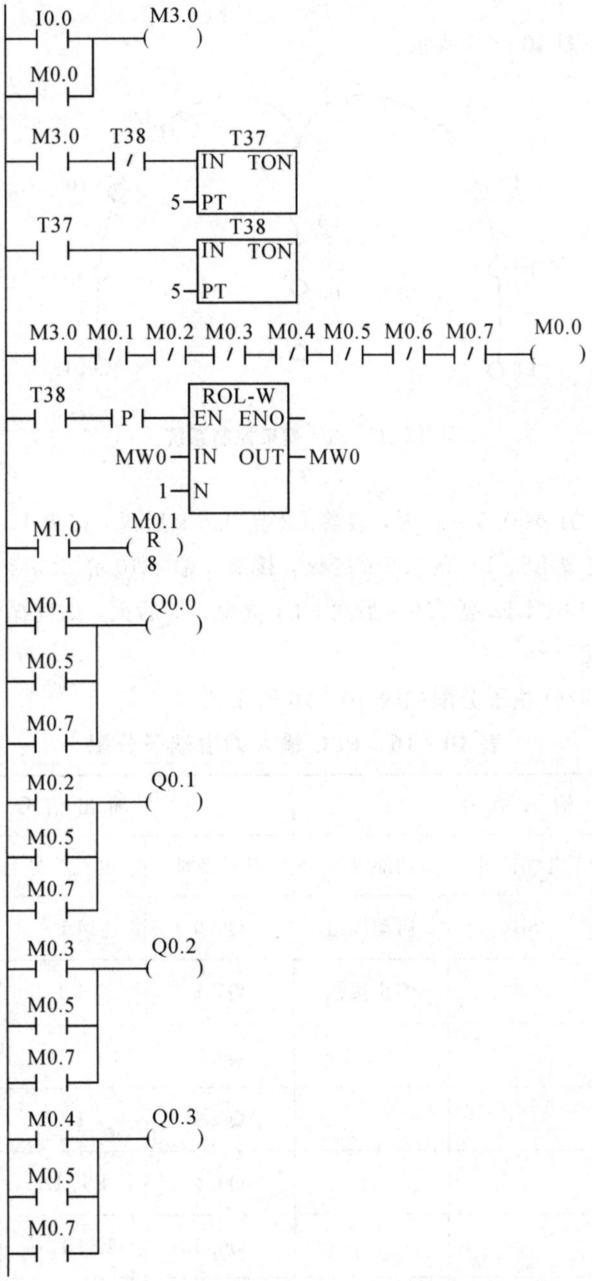

图 10 - 24　霓虹灯的闪烁控制梯形图

项目四　喷泉模拟控制系统

喷泉控制系统如图 10 - 25 所示。

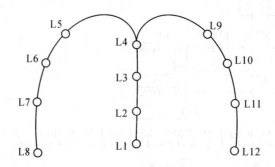

图 10 - 25　喷泉控制系统

1. 控制要求

实现隔灯闪烁，L1 亮 0.5 s 后灭，接着 L2 亮 0.5 s 后灭，接着 L3 亮 0.5 s 后灭，接着 L4 亮 0.5 s 后灭，接着 L5、L9 亮 0.5 s 后灭，接着 L6、L10 亮 0.5 s 后灭，接着 L7、L11 亮 0.5 s 后灭，接着 L8、L12 亮 0.5 s 后灭，L1 亮 0.5 s 后灭，如此循环下去。

2. I/O 端口分配

根据控制要求，I/O 端子分配如表 10 - 16 所示。

表 10 - 16　PLC 输入输出端子分配

输 入 信 号			输 出 信 号		
PLC 地址	电气符号	功能说明	PLC 地址	电气符号	功能说明
I0.0	SB1	启动按钮	Q0.0	L1	喷泉
I0.1	SB2	停止按钮	Q0.1	L2	喷泉
			Q0.2	L3	喷泉
			Q0.3	L4	喷泉
			Q0.4	L5、L9	喷泉
			Q0.5	L6、L10	喷泉
			Q0.6	L7、L11	喷泉
			Q0.7	L8、L12	喷泉

3. 程序设计

喷泉模拟控制梯形图如图 10-26 所示。

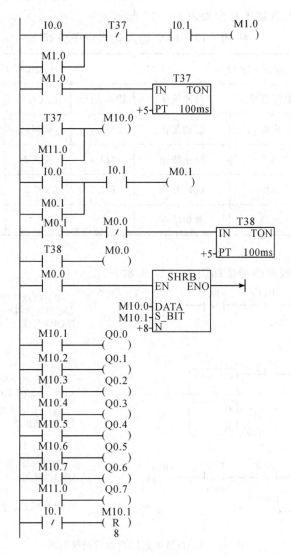

图 10-26 喷泉模拟控制梯形图

项目五　材料的定尺裁剪控制

材料的定尺裁剪可通过对脉冲计数的方式进行控制。在电动机轴上装一多齿凸轮，用接近开关检测多齿凸轮，产生的脉冲输入至 PLC 的计数器。脉冲数的多少，反映了电动机转过的角度，进而间接地反映了材料前进的距离。

1. 控制要求

电动机启动后计数器开始计数，计数至 4900 个脉冲时，电动机开始减速，计数到 5000

个脉冲时，电动机停止，同时剪切机动作将材料切断，并使脉冲计数复位。

2. I/O 端口分配

根据控制要求，I/O 端子分配如表 10 - 17 所示。

表 10 - 17　PLC 输入输出端子分配

输入信号			输出信号		
PLC 地址	电气符号	功能说明	PLC 地址	电气符号	功能说明
I0.0	SB1	启动按钮	Q0.0	KM1	电机高速运转
I0.1	SB2	停止按钮	Q0.1	KM2	电机低速运转
I0.2	SQ1	接近开关	Q0.2	KM3	剪切机
I0.3	SQ2	剪切结束			

3. 程序设计

材料的定尺裁剪控制梯形图如图 10 - 27 所示。

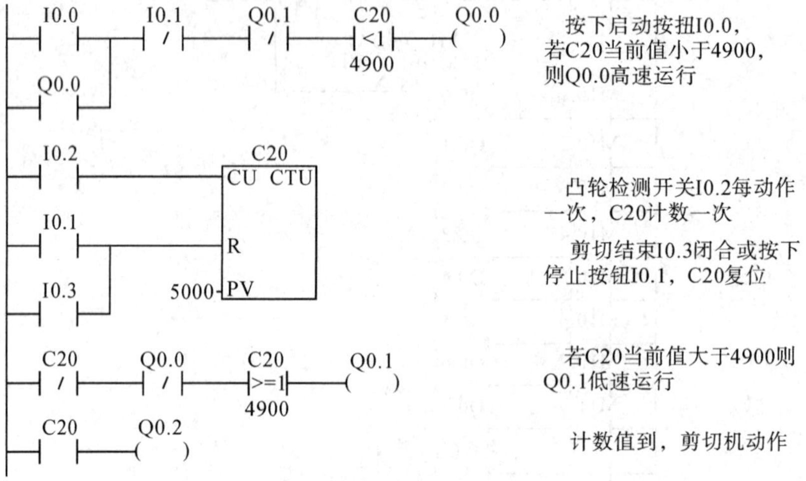

图 10 - 27　材料的定尺裁剪控制梯形图

思 考 与 练 习

(1) 用传送指令实现 2 台电机启停控制。I0.0 为启动输入信号，2 台电动机 Q0.0、Q0.1 同时启动；I0.1 为停止信号，2 台电动机 Q0.0、Q0.1 同时停止。

(2) 九只彩灯，要求隔两灯闪烁，即 L1、L4、L7 亮 1 s 后灭，接着 L2、L5、L8 亮 1 s 后灭，再接着 L3、L6、L9 亮 1 s 后灭，并循环。

(3) 用循环指令编写一段输出控制程序，假设有 8 个指示灯，从左到右 0.5 s 速度依次点亮，保持任一时刻只有一个指示灯亮，到达最右端后，再从左到右依次点亮，每按一次启动按钮，循环显示 20 次。

（4）用 SHRB 指令实现数码管每隔 1 s 分别显示 0→1→2→3，并循环。

（5）一自动仓库存放某种货物，最多能放 6000 箱，需对所存的货物进出计数。货物多于 1000 箱时，灯 L1 亮；货物多于 5000 箱时，灯 L2 亮。

（6）试用七段显示译码指令控制数码管输出显示字符 A。

（7）试用七段显示译码指令控制数码管每隔 1 s 输出显示字符 0→1→2→3，并循环。

模块十一　　PLC 综合应用

任务一　　PLC 控制系统的设计

 任务描述

在了解了 PLC 的基本工作原理和常用指令之后，本任务将在此基础上结合几个具体的应用实例，阐述 PLC 控制系统设计的方法和注意事项，使学习者对 PLC 的使用和设计有一个比较全面的了解。

 任务分析

本任务通过对液体搅拌机、水塔水位、五相步进电机、装配流水线、机械手等多个被控设备的综合应用案例设计，学习 PLC 控制系统设计方法，力争通过一系列项目的学习与训练，使学习者逐步掌握 S7 - 200PLC 控制系统的设计与调试。

相关知识

一、PLC 控制系统的设计原则

在了解了 PLC 的基本工作原理和指令系统之后，可以结合实际进行 PLC 的设计，PLC 的设计包括硬件设计和软件设计两部分，PLC 设计的基本原则是：

（1）完整性原则。充分发挥 PLC 的控制功能，最大限度地满足被控制的生产机械或生产过程的控制要求。

（2）可靠性原则。确保计算机控制系统的可靠性。

（3）经济性原则。力求控制系统简单、实用、合理。

（4）发展性原则。适当考虑生产发展和工艺改进的需要，在 I/O 接口、通信能力等方面要留有余地。

二、PLC 控制系统的设计步骤

PLC 控制系统设计的一般步骤如图 11 - 1 所示。

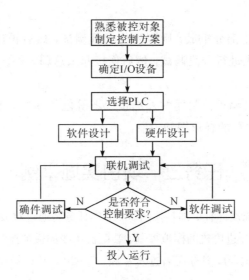

图 11-1　PLC 控制系统设计的一般步骤

由图 11-1 可知，PLC 控制系统设计的一般步骤如下：

1. 熟悉被控对象、制定控制方案

深入了解控制对象的工艺过程、工作特点、控制要求，并划分控制的各个阶段，归纳各个阶段的特点和各阶段之间的转换条件，画出控制流程图或功能流程图。根据设计任务书，进行工艺分析，并确定控制方案，它是设计的依据。

2. 确定 I/O 控制点数

根据控制要求，统计被控制系统的开关量、模拟量的 I/O 点数，并考虑以后的扩充（一般加上 10%～20%的备用量），确定 I/O 点数，从而选择 PLC 的 I/O 点数和输出规格。

3. 选择合适的 PLC 类型

在选择 PLC 机型时，主要考虑下面几点：

（1）功能的选择。对于小型的 PLC 主要考虑 I/O 扩展模块、A/D 与 D/A 模块以及指令功能（如中断、PID 等）。

（2）内存的估算。用户程序所需的内存容量主要与系统的 I/O 点数、控制要求、程序结构长短等因素有关。一般可按下式估算：存储容量＝开关量输入点数×10＋开关量输出点数×8＋模拟通道数×100＋定时器÷计数器数量×2＋通信接口个数×300＋备用量。

（3）分配 I/O 点。分配 PLC 的输入/输出点，编写输入/输出分配表或画出输入/输出端子的接线图。

4. 软件程序设计

对于较复杂的控制系统，根据生产工艺要求，画出控制流程图或功能流程图，然后设计出梯形图，对程序进行模拟调试和修改，直到满足控制要求为止。

5. 硬件设计

设计控制柜及操作台的电器布置图及安装接线图；设计控制系统各部分的电气互锁图；根据图纸进行控制柜或操作台的设计和现场施工和接线，并检查。

6. 联机调试

如果控制系统由几个部分组成，则应先作局部调试，然后再进行整体调试；如果控制程序的步序较多，则可先进行分段调试，然后连接起来总调。

7. 编制技术文件

技术文件应包括：可编程控制器的外部接线图等电气图纸，电器布置图，电器元件明细表，顺序功能图，带注释的梯形图和说明。

任务二　项目实施举例

为了对 PLC 控制系统设计有更加具体的认识，本任务将通过对液体搅拌机的 PLC 控制、水塔水位的模拟控制、五相步进电机的模拟控制、装配流水线的模拟控制、机械手的模拟控制等多个综合应用案例的介绍与学习，使学习者逐步掌握 S7 - 200 PLC 控制系统的设计与调试。

项目一　液体搅拌机的 PLC 控制

液体 A 和液体 B 混合搅拌机如图 11 - 2 所示。H 为高液面，SL1 为高液位传感器；M 为中液面，SL2 为中液位传感器；L 为低液面，SL3 为低液位传感器；YV1、YV2、YV3 为电磁阀。当液面到达相应位置时，相应的传感器送出 ON 信号，否则为 OFF。初始状态下，容器为空容器，电磁阀 YV1、YV2、YV3 为关闭状态；传感器 SL1、SL2、SL3 为 OFF 状态，搅拌器 M 未启动。

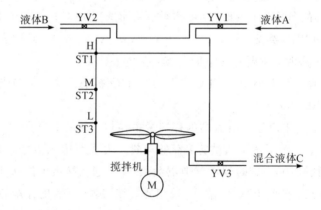

图 11 - 2　液体混合搅拌机

1. 控制要求

（1）按下启动按钮 SB1，电磁阀 YV1 打开，液体 A 开始注入容器内，经过一定时间，液体达到低液面(L)处，低液位传感器 SL3＝ON，继续往容器内注入液体 A。

（2）当液面到达中液面(M)处时，中液面传感器 SL2＝ON，此时电磁阀 YV1 关闭，液体 A 停止注入，电磁阀 YV2 打开，液体 B 开始注入容器中。

（3）当液体到达高液面（H）处时，高液面传感器 SL1＝ON，电磁阀 YV2 关闭，液体 B 停止注入，同时搅拌电动机 M 启动运转，对液体进行搅拌。

（4）经过 1 min 后，搅拌机停止搅拌，电磁阀 YV3 打开，放出液体。

（5）当液面低于低液面时，低液面传感器 SL3＝OFF，延时 8 s 后，容器中的液体放完，电磁阀 YV3 关闭，搅拌机又开始执行下一个循环。

2. I/O 端口分配

根据控制要求，I/O 端口分配如表 11-1 所示。

表 11-1　液体混合搅拌机 I/O 端口分配

输 入 信 号			输 出 信 号		
PLC 地址	电气符号	功能说明	PLC 地址	电气符号	功能说明
I0.0	SB1	启动按钮，常开触点	Q0.0	YV1	电磁阀
I0.5	SB2	停止按钮，常开触点	Q0.1	YV2	电磁阀
I0.1	SL1	高液面传感器，常开触点	Q0.2	YV3	电磁阀
I0.2	SL2	中液面传感器，常开触点	Q0.3	KM	电机控制接触器
I0.3	SL3	低液面传感器，常开触点			

3. 程序设计

液体混合搅拌装置的梯形图如图 11-3 所示。

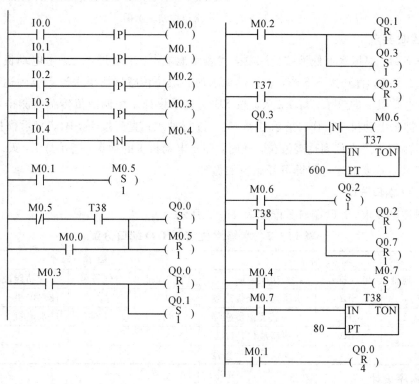

图 11-3　液体混合搅拌装置梯形图

项目二　水塔水位的模拟控制

水塔水位控制系统主要包括水池进水部分(下)和水塔抽水部分(上)两部分组成,如图 11-4 所示。在模拟控制中,用按钮 SB 来模拟液位传感器,用 L2 指示灯来示意水池进水电动机的工作,用 L1 指示灯来示意水塔抽水电动机的工作。

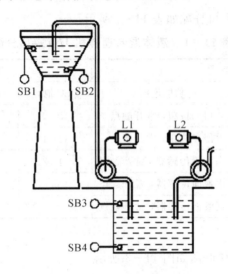

图 11-4　水塔水位控制示意图

1. 控制要求

按下 SB4,模拟水池低液位传感器,代表水池缺水,需要进水,进水电动机 2 工作,其指示灯 L2 点亮;直到按下 SB3,表示模拟水池高液位传感器测得水池水位到达高液位;此时,停止电动机 2 的进水,灯 L2 灭;按 SB2,表示模拟水塔低液位传感器测得水塔水位低需抽水,抽水电动机 1 工作,指示灯 L1 亮,进行抽水;直到按下 SB1,表示模拟水塔高液位传感器测得水塔水位到达高液位;此时,停止电动机 1 的抽水,指示灯 L1 灭。过 2 秒后,水塔放完水后重复上述过程即可开始新的循环。

2. I/O 端口分配

根据控制要求,I/O 端口分配如表 11-2 所示。

表 11-2　水塔水位控制 I/O 端口分配

输入信号			输出信号		
PLC 地址	电气符号	功能说明	PLC 地址	电气符号	功能说明
I0.1	SB1	水塔高液位传感器	Q0.1	L1	抽水电机 1 指示灯
I0.2	SB2	水塔低液位传感器	Q0.2	L2	进水电机 2 指示灯
I0.3	SB3	水池高液位传感器			
I0.4	SB4	水池低液位传感器			

3. 程序设计

水塔水位控制的梯形图如图 11-5 所示。

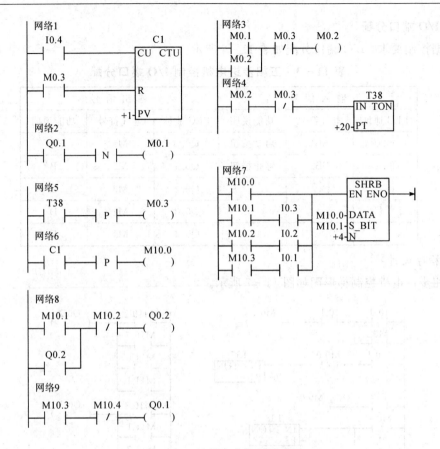

图 11-5　水塔水位控制梯形图

项目三　五相步进电机的模拟控制

1. 控制要求

五相步进电机控制示意图如图 11-6 所示。按下启动按钮 SB1，A 相通电（A 亮）→B 相通电（B 亮）→C 相通电（C 亮）→D 相通电（D 亮）→E 相通电（E 亮）→A→AB→B→BC→C→CD→D→DE→E→EA→A→B……循环下去。按下停止按钮 SB2，所有操作都停止，需重新启动。

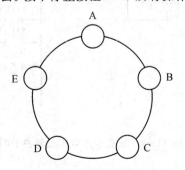

图 11-6　五相步进电机控制示意图

2. I/O 端口分配

根据控制要求，I/O 端口分配如表 11-3 所示。

表 11-3　五相步进电机控制 I/O 端口分配

输 入 信 号			输 出 信 号		
PLC 地址	电气符号	功能说明	PLC 地址	电气符号	功能说明
I0.0	SB1	启动按钮	Q0.0	M1	A
I0.1	SB2	停止按钮	Q0.1	M2	B
			Q0.2	M3	C
			Q0.3	M4	D
			Q0.4	M5	E

3. 程序设计

五相步进电机控制梯形图如图 11-7 所示。

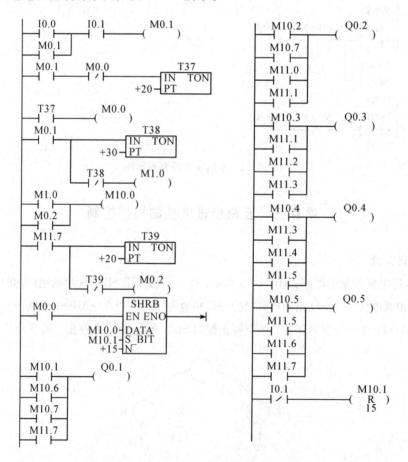

图 11-7　五相步进电机控制梯形图

项目四　装配流水线的模拟控制

1. 控制要求

装配流水线控制示意图如图 11-8 所示。

启动后，按以下规律显示：D→E→F→G→A→D→E→F→G→B→D→E→F→G→C→D→E→F→G→H→D→E→F→G→A……循环，D、E、F、G 分别是用来传送的，A 是操作 1，B 是操作 2，C 是操作 3，H 是仓库。

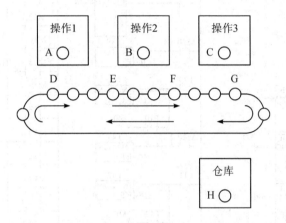

图 11-8　装配流水线控制示意图

2. I/O 端口分配

根据控制要求，I/O 端口分配如表 11-4 所示。

表 11-4　装配流水线控制 I/O 端口分配

输 入 信 号			输 出 信 号		
PLC 地址	电气符号	功能说明	PLC 地址	电气符号	功能说明
I0.0	SB1	启动按钮	Q0.0～Q0.7	M1～M7	A～H
I0.1	SB2	复位按钮			
I0.2	SB3	移位按钮			

3. 程序设计

装配流水线控制的梯形图如图 11-9 所示。

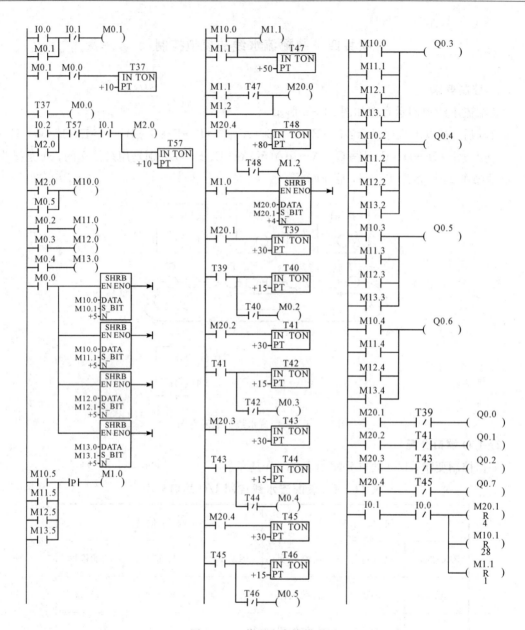

图 11-9　装配流水线梯形图

项目五　机械手的模拟控制

1. 控制要求

图 11-10 为传送工件的某机械手的工作示意图，其任务是将工件从传送带 A 搬运到传送带 B。按启动按钮后，传送带 A 运行直到按一下光电开关才停止，同时机械手下降。下降到位后机械手夹紧物体，2 s 后开始上升，而机械手保持夹紧。上升到位左转，左转到位下降，下降到位机械手松开，2 s 后机械手上升。上升到位后，传送带 B 开始运行，同时机械手右转，右转

到位，传送带 B 停止，此时传送带 A 运行直到按一下光电开关才停止，往复循环。

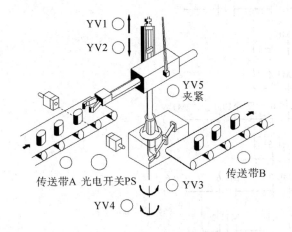

图 11 - 10　机械手控制示意图

2. I/O 端口分配

根据控制要求，I/O 端子分配如表 11 - 5 所示。

表 11 - 5　PLC 输入输出端子分配

输 入 信 号			输 出 信 号		
PLC 地址	电气符号	功能说明	PLC 地址	电气符号	功能说明
I0.0	SB1	启动按钮	Q0.1	YV1	上升
I0.5	SB2	停止按钮	Q0.2	YV2	下降
I0.1	SQ1	上升限位	Q0.3	YV3	左转
I0.2	SQ2	下降限位	Q0.4	YV4	右转
I0.3	SQ3	左转限位 SQ3	Q0.5	YV5	夹紧
I0.4	SQ4	右转限位 SQ4	Q0.6	KM	传送带 A
I0.6	PS	光电开关	Q0.7	KM	传送带 B

3. 程序设计

根据控制要求进行程序设计，梯形图如图 11 - 11 所示。

```
   I0.0      I0.5      M0.0
  ──┤├──────┤├────────( )

   M0.0
  ──┤├──

   I0.1      Q0.2      M1.1
  ──┤├──────┤/├────────( )

   M0.0
  ──┤├──

   M1.1
  ──┤├──
```

```
        I0.4      Q0.3      M1.4
      ──┤ ├──────┤/├───────(   )
        M0.0
      ──┤ ├──┐
        M1.4 │
      ──┤ ├──┘

        I0.6      M0.0      M1.6
      ──┤ ├──────┤ ├───────(   )
        M1.6
      ──┤ ├──┐
             │

        M0.0      M1.6      Q0.6
      ──┤ ├──────┤/├───────(   )
        M11.1     M11.2
      ──┤ ├──────┤/├──┘

        M1.1  M1.4  M10.1  M10.2  M10.3  M10.4  M10.5  M10.6
      ──┤ ├──┤ ├──┤/├───┤/├───┤ ├───┤ ├───┤ ├───┤ ├──────→
              M10.7   M11.0   M11.1   M1.6    M10.0
      ←────────┤/├────┤/├────┤/├────┤ ├──────(   )

        I0.5      M0.0
      ──┤/├───────( R )
                   255

        M10.0                          ┌──────────────┐
      ──┤ ├───────────────────┬───────EN   SHRB   ENO├────┤
        M10.1     I0.2         │        │              │
      ──┤ ├──────┤ ├───────────┤  M10.0─┤DATA         │
        M10.2     T37          │  M10.1─┤S_BIT        │
      ──┤ ├──────┤ ├───────────┤    +10─┤N            │
        M10.3     I0.1         │        └──────────────┘
      ──┤ ├──────┤ ├───────────┤
        M10.4     I0.3         │
      ──┤ ├──────┤ ├───────────┤
        M10.5     I0.2         │
      ──┤ ├──────┤ ├───────────┤
        M10.6     T38          │
      ──┤ ├──────┤ ├───────────┤
        M10.7     I0.1         │
      ──┤ ├──────┤ ├───────────┤
        M11.0     I0.4         │
      ──┤ ├──────┤ ├───────────┤
        M11.1     I0.6         │
      ──┤ ├──────┤ ├───────────┘
```

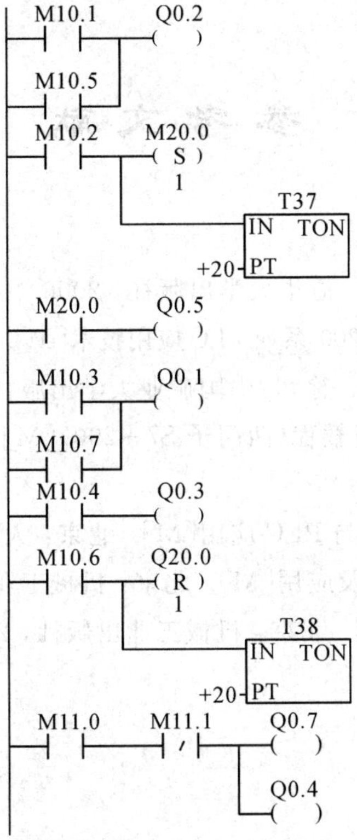

图 11 - 11 机械手控制梯形图

思 考 与 练 习

(1) 简述可编程控制器设计的一般原则。

(2) 简述可编程控制器设计的步骤。

(3) 在选择 PLC 机型时，需要考虑哪些问题？

(4) 要求用自己的方法编程，实现任务一、任务二、任务三、任务四、任务五。

参 考 文 献

[1] 孙旭东. 电机学[M]. 北京：清华大学出版社，2006.

[2] 祝福，陈贵银. 西门子 S7 - 200 系列 PLC 应用技术[M]. 北京：电子工业出版社，2015.

[3] 伍斌. 电力拖动与控制[M]. 徐州：中国矿业大学出版社，2000.

[4] 姜新桥. PLC 应用技术项目教程（西门子 S7 - 200）[M]. 西安：西安电子科技大学出版社，2012.

[5] 华满香，刘小春. 电气控制与 PLC 应用[M]. 北京：人民邮电出版社，2015.

[6] 田淑珍. S7 - 200PLC 原理及应用[M]. 北京：机械工业出版社，2009.

[7] 徐国林. PLC 应用技术[M]. 北京：机械工业出版社，2010.